计 算 机 科 学 理 论 系 列 丛 书

教育部高等学校计算机类专业教学指导委员会推荐教材

量子计算理论基础

邱道文 著

清华大学出版社

北京

内 容 简 介

量子计算是基于量子力学原理调控量子比特进行信息处理的计算模式，是国内外重点关注的交叉研究领域。本书介绍量子计算理论中最为重要的基础知识和研究内容，并适当介绍密切相关的最新研究进展。全书共 8 章，第 1 章简要介绍量子计算的发展历史、背景及现状，并指出量子计算的优势及潜在应用；第 2 章描述与量子计算密切相关的基本概念，并指出经典计算是量子计算的特殊情形；第 3 章概述与量子计算密切相关的线性代数基础知识，特别是系统地归纳了算子（矩阵）分解的相关定理和超算子等内容；第 4 章陈述基本的量子密码和通信协议；第 5 章阐述基本的量子计算模型，包括量子有限自动机、量子图灵机与量子电路等；第 6 章介绍量子计算的核心内容——重要的量子算法，主要包括 Deutsch 算法、Deutsch-Jozsa 算法、Simon 算法、Shor 算法与 Grover 算法，以及 HHL 算法、VQE 算法和 QAOA 算法，同时还介绍隐子群算法，总结设计量子算法的基本工具，即量子相位估计方法与量子振幅扩大方法；第 7 章介绍量子计算复杂性的基本知识与方法；第 8 章介绍量子纠错码的基本概念和方法，并阐述它们的纠错原理。

本书是一本关于量子计算基础理论的书籍，非常适合作为面向计算机及相关专业的基础教材，供高等学校理工科大学本科生及研究生使用，同时，对有志于量子计算研究的学者也有很好的参考和引导作用。

图书在版编目（CIP）数据

量子计算理论基础 / 邱道文著. —北京：清华大学出版社，2023.5
（计算机科学理论系列丛书）
ISBN 978-7-302-63253-5

Ⅰ．①量… Ⅱ．①邱… Ⅲ．①量子计算机 Ⅳ．①TP385

中国国家版本馆 CIP 数据核字（2023）第 058318 号

责任编辑：龙启铭
封面设计：刘　建
责任校对：郝美丽
责任印制：宋　林

出版发行：清华大学出版社
　　　　网　　　　址：http://www.tup.com.cn，http://www.wqbook.com
　　　　地　　　　址：北京清华大学学研大厦 A 座　　邮　　编：100084
　　　　社　总　机：010-83470000　　邮　　购：010-62786544
　　　　投稿与读者服务：010-62776969，c-service@tup.tsinghua.edu.cn
　　　　质　量　反　馈：010-62772015，zhiliang@tup.tsinghua.edu.cn

印 装 者：三河市天利华印刷装订有限公司
经　　销：全国新华书店
开　　本：200mm×230mm　　印　　张：17.75　　字　　数：292 千字
版　　次：2023 年 7 月第 1 版　　印　　次：2023 年 7 月第 1 次印刷
定　　价：69.00 元

产品编号：086343-01

编 委 的 话

全国每年有不计其数的计算机专业教学研讨会，所讨论的内容大同小异。其中的一个名为"说书论教"的研讨会吸引了众多一线教师参与。会议组织者每年邀请四位教材作者进行为期两天的研讨。报告者均为某领域的学者，活跃于国际学术界，多年来一直讲授其研究领域内的一门核心课，并用心为该门课程撰写了教材。会议组织者希望这些作者和与会教师分享授课心得，介绍教材的组织、选题和撰写过程，给出如何围绕该教材开展课堂教学的详细建议。

今日的计算机专业教育被迫放弃一个想法：在本科阶段让学生把该学的都学了。该学的太多了，对计算机科技工作者和从业人员而言，终身学习才是道理。在信息技术迅猛发展的今天，计算机专业负责人只负责为专业学生的终身学习计划的前四年提供引导，剩下的都是学生自己的事。基于这一认识，系主任应将计算机专业的基因培育和系统能力培养作为其首选考虑。那么，该如何为学生制定一个终身学习计划的前四年的课程体系？既然我们敢虚构一个研讨会，我们就不怕再虚构一个计算机系。校领导给这个系定名为"机算计系"，要求系主任为计算机专业的学生设计一个开放教育体系。图 1 是系主任的方案框架。系主任认为，本科教育分为三阶段。第一阶段的任务是将专业基因灌注给学生，使学生具备基本的数理、计算思维、问题求解能力；第二阶段为学生提供各类可供选择的课程模块，如系统模块、人机交互模块、计算机应用技术 2.0 模块（即大数据-人工智能模块）、信息安全模块、物联网技术模块等；第三阶段要求每位学生设计一个系统或参与一个成品的研发，并允许学生在全校范围内选听任何和项目相关的课程。系主任认为，开放系统可动态地建立和取消一个模块，也没有必要为每届学生安排同样的模块，所以能以最低的成本应对人才市场的需求变化。

学生首选的模块"计算机应用技术 2.0"越来越像社会科学那样大量地使用统计方法。当对事物的本质一无所知，当无法用数学时，我们只能借助于统计。但是，必须充分认识到，理论计算机科学在纵横两个方向有了极大的发展，

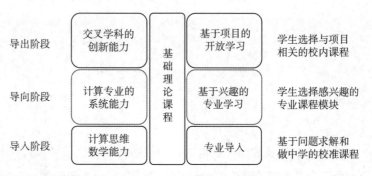

图 1   计算机专业教育的开放体系

一些计算机应用技术的重大突破源自深层次的理论结果。一个好的 211 大学的计算机专业应能在四年时间里为学生提供充足的理论课程。理论课程不一定要每年开设，可以两三年一循环，只要给每位在校生一次选听的机会即可。

　　无论是"说书论教"还是"机算计系"，都在呼唤好作者、好教材。教育部高等学校计算机类教学指导委员会于 2019 年 5 月启动了"计算机专业教育丛书"计划，基础理论系列丛书是该计划启动的首个项目。十余位志同道合的学者和出版社同仁走到一起，组成了编委会。他们中的好几位教授，已与出版社签订了出书合同。中国的计算机教育界期待着这套系列中的每一本早日与师生见面。正如一位编委所说的，"计算机专业教育丛书"不止是一套丛书，它是一项事业。

　　　　　　计算机科学基础理论系列丛书编委会，二〇二二年十二月二十六日

鸣　谢

　　国画大师汤胜天先生为本系列的每部著作赐画一幅，吾等感激备至。"科学与艺术是一个硬币的两面，谁也离不开谁"（李政道）。

　　计算机科学基础理论系列丛书编委会，二〇二二年十二月二十六日

前　言

这是一本关于量子计算基础理论的书籍，是面向计算机专业的基础教材，适合高等学校理工科大学本科生及研究生使用。同时，对有志于量子计算研究的学者也有一定的借鉴和引导作用。本书介绍量子计算中最为重要的基础知识和研究内容，也会适当提及密切相关的最新研究进展。

本书共包括 8 章内容，分别如下：

第 1 章简要介绍量子计算的发展历史、背景及现状，并指出量子计算的优势及潜在应用。

第 2 章描述与量子计算密切相关的一些基本概念。通过将基本的量子逻辑门与经典逻辑门进行比较，可以清晰地认识到量子计算与经典计算的基本关系：经典计算是量子计算的特殊情形。

第 3 章概述与量子计算密切相关的线性代数基础知识，包括线性算子、Pauli 矩阵、量子力学基本假设、密度算子、偏迹及超算子等基本概念。特别地，该章系统地归纳了算子分解的相关定理。

第 4 章陈述基本的量子密码和通信协议，主要包括离散变量量子密钥分发协议，如 BB84 协议、B92 协议与 E91 协议，以及量子超密编码与量子隐形传态协议。

第 5 章阐述基本的量子计算模型。因为有限自动机是经典计算理论的基本而重要的计算模型，所以该章内容包括量子有限自动机、量子图灵机、基本量子电路和量子电路对量子图灵机的有效模拟。这些是量子计算机的形式化描述，也是量子计算机计算能力的本质刻画。

第 6 章是量子算法的核心内容。首先介绍第一个量子算法——Deutsch 算法；接着介绍 Deutsch-Jozsa 算法和 Simon 算法；然后介绍量子相位估计方法，从而详细描述大数分解的 Shor 算法；之后阐述 Grover 搜索算法，并适当介绍量子振幅扩大的基本方法；最后介绍求解线性方程组的 HHL 算法、VQE 算法和 QAOA 算法。同时，该章也适当介绍求解隐子群问题的量子算法。

第 7 章是关于量子计算复杂性的基本知识，主要包括量子查询模型、量子查询复杂性的基本概念，以及求解量子查询复杂性下界的多项式法和敌对法。

第 8 章介绍量子纠错码的基本概念和方法，主要包括 Shor 码、线性码、CSS 码、稳定子码及 MDS 码，并阐述它们的纠错原理。

本书中带 * 号的章节具有一定难度，可作为选学章节。

邱道文

2023 年 1 月

中山大学

目　　录

第 1 章 量子计算的发展历史与潜在应用

迄今，量子计算是非经典计算中最重要的研究领域，是后摩尔时代取得深远进展的研究方向，目前已经得到世界各国的高度重视。

量子计算在理论方面已经取得了丰富的研究成果，在实验方面也得到了广泛的研究。本章简要介绍量子计算发展历程中取得的重要成果并阐述量子计算的优势及潜在应用。

1.1 量子计算的发展历史

量子计算机的想法最早是由 Benioff[1] 和 Feynman[2] 于二十世纪八十年代初提出的。Feynman 认为在经典计算机上模拟量子力学系统将十分困难，并指出遵循量子力学原理的计算机可能可以克服这些困难。

一般来说，量子计算是一种遵循量子力学规律调控量子信息单元进行计算的新型计算模式，它不同于现有的经典计算模式。为了更好地理解量子计算的概念，通常将它与经典计算进行比较。经典计算中会使用二进制数进行编码运算，且二进制数总是处于确定的状态——要么是 0 要么是 1。量子计算借助量子力学的叠加特性，能够实现叠加状态的并行处理。量子叠加态指的是不仅包含 0 或 1，还包含 0 和 1 同时存在的状态。因此，量子计算机是利用量子的叠加与纠缠特性，运行量子算法与量子软件的新型计算设备。量子计算机的特点主要有运行速度较快、处置信息能力较强以及应用范围较广等。

称一个计算模型是可逆的当且仅当根据输出结果可以知道输入。实际上，不可逆的计算（如经典的逻辑运算 $\wedge$ 和 $\vee$）会导致比特的消失和擦除，因而会散热。Bennett[3] 在 1973 年证明了任一图灵机可被一可逆图灵机有效地模拟。1985 年，Deutsch[4] 设计了可以模拟任意量子机器（指数时间内）的量子图灵机，并提出量子邱奇-图灵（Church-Turing）命题：任意算法过程都可以被量子图灵机有效地模拟。实际上可逆图灵机是特殊的量子图灵机[5]（转移函数的振幅为 0 和 1 的量子图灵机是可逆图灵机）。由于量子图灵机的计算过程满足酉性，所以量子计算具有可逆性[3]。1989 年，Deutsch 提出了量子电路模型。之后，Yao[6] 在 1993 年证明了一个重要的结果：量子电路可有效地模拟量子图灵机。Bernstein 和 Vazirani[5] 进一步证明了通用量子计算机不仅存在而且可在多项式时间内模拟其他量子图灵机，并澄清了量子计算、概率计算与可逆计算之间的基本关系。

量子算法是运行在量子计算机上的特定算法。在处理某些问题时，量子算法比经典算法具有指数级别的加速优势（如 Shor 算法），很可能为密码分析、气象预报、石油勘探和药物设计等所需的大规模计算难题提供解决方案，并可能揭示高温超导和量子霍尔效应等复杂物理机制，为先进材料制造和新能源开发等奠定科学基础。

Deutsch[4] 在 1985 年的同一论文中设计了第一个量子查询算法来判定布尔函数 $f:\{0,1\}\rightarrow\{0,1\}$ 是平衡函数还是常值函数。Deutsch 算法只要一次查询即可精确判定，而经典查询算法要两次查询。可见 Deutsch 算法已初步显示了量子计算的优势。Deutsch 与 Jozsa[7] 于 1992 年将 Deutsch 算法进一步扩展。他们推广到判定函数 $f:\{0,1\}^n\rightarrow\{0,1\}$ 的性质。设该函数要么是常值函数（即 $f\equiv 1$ 或 0），要么是平衡函数（即定义域中有一半的函数值为 0，另一半为 1）。Deutsch 和 Jozsa 设计的量子查询算法（简称 D-J 算法）只需要一次查询便可知结果，而经典算法的确定性查询次数为 $2^{n-1}+1$。这更进一步显示了量子计算的优势。值得指出的是，1998 年，Cleve、Ekert、Macchiavello 等[8] 进一步改进了 D-J 算法。

在 $\{0,1\}^n$ 上的对称函数是指函数值仅仅与输入串的汉明权有关的布尔函数，偏函数是指其定义域 $D\subseteq\{0,1\}^n$ 的布尔函数。文献 [9] 于 2016 年证明了对任意一个对称偏布尔函数 f，以有界误差计算 f 的查询复杂度为 1 当且仅当 f 可以被 D-J 算法计算。广义 D-J 问题的等价描述为：设函数 $DJ_n^k:\{0,1\}^n\longrightarrow\{0,1\}$，其中 n 为偶数，$0\leqslant k<\frac{n}{2}$，当 $|x|=\frac{n}{2}$ 时，$DJ_n^k=1$；当 $0\leqslant|x|\leqslant k$ 和 $n-k\leqslant|x|\leqslant n$ 时，$DJ_n^k=0$。可见，当 $k=0$ 时，DJ_n^0 为 D-J 问题；当 $k=1$ 时，Montanaro、Jozsa 和 Mitchison[10] 讨论过其上界（但是下界未知）；文献 [11] 给出了一般情形时的最优精确量子查询算法（从而也得到了当 $k=1$ 时的下界）。

在 1994 年，Simon[12] 提出了 Simon 问题并给出了解决该问题的量子算法，即 Simon 算法。Simon 问题可描述为：给定一个布尔函数 $f : \{0,1\}^n \rightarrow \{0,1\}^m$，$n-1 \leqslant m$，并满足：存在 $s \in \{0,1\}^n$ 且 $s \neq 0^n$，使得对任意 $x, y \in \{0,1\}^n$，有 $f(x) = f(y)$ 当且仅当 $x \oplus y \in \{0^n, s\}$，其中 $x_1 \cdots x_n \oplus y_1 \cdots y_n = (x_1 \oplus y_1) \cdots (x_n \oplus y_n)$。

Simon 算法是有误差的，其查询复杂度是 $O(n)$[12]，而且该问题的量子查询复杂度的下界被 Koiran、Nesme 和 Portier[13] 证明是 $\Omega(n)$。de Wolf[14] 证明经典的概率查询复杂度是 $O(\sqrt{2^n})$。这也显示了量子计算的优势。

在 1997 年，Brassard 和 Höyer[15] 给出了一个精确的量子查询算法解决 Simon 问题，其复杂度也是 $O(n)$（进一步发展了 Grover 算法中的振幅扩大方法）。之后 Mihara[16] 对该算法过程进行了一些简化，但 Oracle 的构造比较复杂。因此文献 [17] 利用振幅扩大的思想给出了一个较为简洁清晰的精确量子查询算法解决 Simon 问题，其复杂度也为 $O(n)$，并给出了复杂度与经典概率算法一样为 $O(\sqrt{2^n})$ 的经典确定性算法求解 Simon 问题，因此得到了 Simon 问题的量子与经典复杂度之间的最优分离。

特别地，在 Simon 算法被提出之后不久，Shor[18] 受到了 D-J 算法和 Simon 算法的启发，在 1994 年设计了大数分解的多项式时间量子算法，即 Shor 算法。众所周知，目前最好的经典算法求解大数分解仍然是指数时间的。因为大数分解是 RSA 公钥密码安全性的基础，有十分重要的理论意义和实用价值，所以自那时起量子计算更加引起人们的广泛关注和兴趣。在 Shor 算法中，用多项式时间的量子电路实现量子傅里叶变换被提出，这是量子相位估计方法的关键技术，且已经成为量子算法设计中的一项重要技术和基本工具。

在 1995 年，Grover[19] 提出了关于无序数据库中的量子搜索算法，即 Grover 算法，其复杂性比经典算法有平方根的改进。更具体地说，设函数 $f : \{0,1\}^n \rightarrow \{0,1\}$ 满足 $f(x_0) = 1$，而当 $x \neq x_0$ 时，$f(x) = 0$，目标是寻找 x_0。经典算法的查询复杂度是 $\Theta(2^n)$，而 Grover 算法的查询复杂度是 $\Theta(\sqrt{2^n})$。

在 Grover 算法中，一种新的量子算法设计技术方法——振幅扩大被发现，该方法随后被 Brassard 和 Höyer[15] 及 Ambainis 等许多学者进一步深入研究，现已经成为量子算法设计的另一种重要工具和基本方法。

值得指出的是，在 2009 年，Harrow、Hassidim 和 Lloyd[20] 巧妙地利用量子相位估计的方法设计了求解线性方程组的量子算法，在一些有意义的情形下其时间复杂度比经典算法有指数级的优势。

量子有限自动机（Quantum Finite Automata，QFA[21-22]）是比量子图灵机更为简单的量子计算模型。QFA 首先由 Moore 和 Crutchfield[21]，以及 Kondacs 和 Watrous[22] 提出。Moore 和 Crutchfield 提出的是单向 QFA 并且计算过程中只测量一次，同时对量子文法也进行了一定的研究。Kondacs 和 Watrous 提出的单向 QFA 的计算过程中每步都测量，而且对双向 QFA（2QFA）进行了重要的研究。由于 2QFA 中的带头是量子化的，不易于物理实现，所以 Ambainis 和 Watrous[23] 在 2002 年提出了带经典和量子状态的双向 QFA（简称 2QCFA)，其带头是经典的。特别地，2QCFA 可以在多项式时间内识别非正则语言 $L_{eq} = \{a^n b^n : n \in \mathbb{N}\}$；在指数时间内识别回文语言 $L_{pal} = \{x \in \{a,b\} : x = x^R\}$，其中 x^R 表示 x 中从右到左的串。然而，2QFA 与 2QCFA 的关系目前尚不清楚，这是一个值得探讨的问题。

量子复杂性包括量子计算复杂性和量子通信复杂性[24]。Bernstein 和 Vazirani 首先对量子计算复杂性进行了深入的研究，证明了存在通用量子计算机并且它可以在多项式时间内模拟其他量子图灵机，同时证明了量子计算机计算能力不弱于经典计算机。确定量子计算复杂性的下界通常有两种基本的方法：多项式法[25] 和敌对法[26]。

量子计算代表了当今快速发展和重要的新兴技术。目前世界各国都在关注量子计算，各国政府和各行业正在加大对量子计算研究和开发的投资，公共和私营机构都投入了大量资源。

习近平总书记在党的二十大报告中指出"坚持面向世界科技前沿、面向经济主战场、面向国家重大需求、面向人民生命健康，加快实现高水平科技自立自强"，"以国家战略需求为导向，集聚力量进行原创性引领性科技攻关，坚决打赢关键核心技术攻坚战"，由此可见科学技术对国家的重要性。量子计算作为世界科技的重要前沿，是世界各国科技竞争的重要赛道之一，具备重大的研究价值。2020 年 10 月 16 日，中央政治局就量子科技研究和应用前景举行第二十四次集体学习，习近平总书记在主持学习时强调，"要充分认识推动量子科技发展的重要性和紧迫性，加强量子科技发展战略谋划和系统布局，把握大趋势，下好先手棋"。因此，对量子计算进行深入研究、让更多高水平人才加入量子计算的研究是必要且迫切的。本书根据二十大精神，介绍量子计算的基础理论，旨在促进量子计算的研究，激发更多学者进行原创性探索，鼓励更多人在量子计算领域的学习，并可能取得突出的创新性成果。

1.2　量子计算的潜在应用

量子计算在某些方面显示了巨大的优势，如前面提到的几个代表性的量子算法都显示了量子计算的潜在影响。

Shor 的大数分解和离散对数量子算法，对于分解一个整数 n 的问题，需要在量子计算机上耗费 $O(\log n)$ 的空间和 $O((\log n)^2 \log(\log n))$ 的时间；而在经典计算机上耗费 $O(\log n)$ 的时间，已知的经典算法需要指数级别的时间复杂度。Shor 算法可以用来攻击多种加密算法，例如 RSA 加密算法和椭圆曲线加密算法，有可能对人们的生活产生颠覆性影响。

Grover 提出的量子搜索算法在规模为 N 的无序数据库中找出一个特定目标只需要 $O(\sqrt{N})$ 的时间复杂度，而经典算法需要 $O(N)$ 的时间复杂度，这无疑能加速特定信息的搜索速度。

在常见的求解线性方程组问题上，HHL 算法比经典算法在时间复杂度上有本质的优势。由于大数据、人工智能和深度学习等领域都涉及大量求解线性方程组的运算，所以科学家们逐渐将量子计算与深度学习等结合，其中 HHL 算法就被应用于量子机器学习的相关研究。

除此之外，量子计算在多个行业也有广泛的应用。

生物医学行业——结构生物学及蛋白质结构模拟需要大量的计算资源，也导致药物开发过程相当复杂耗时。量子计算机可以在短时间内绘制出数以万亿计的分子组合模式，并迅速确定最有可能生效的组合，有效压缩新药物研发的成本与时间。

天气预测行业——即使用最尖端的仪器分析温度和气压，也难以追赶千变万化的大气运动。随着时效延长，天气预报的准确性也会下降。此外，天气预报多属预报员根据过往数据计算和分析出来的结果，出现误差的可能性也较大。因此要更加精准地预测天气，计算速度就要尽量跟上天气变化的速度。2019 年，IBM 公司推出了全球高分辨率大气预测系统（GRAF），运用其超级计算机来执行更具体的区域分析。随着量子计算机的日渐成熟，相信未来天气预测工作也将受益于量子计算。

金融服务行业——量子计算可能帮助消除金融分析师所忽略的数据盲点，

避免造成损失。在数千个具有相互依赖关系的资产的情况下，量子计算可用于更好地确定有吸引力的投资组合，并更有效地识别金融欺诈模式。2021 年，量子计算创业公司 Rigetti 和澳洲联邦银行的资深技术科学家合作进行了一项利用量子计算优化投资组合再平衡的研究，以理解量子计算在金融服务的潜在应用。

信息加密行业——量子计算机可用于破解我们今天用来保护敏感数据和电子通信安全的加密代码。反之，量子加密技术也可用于保护数据免受量子黑客攻击。在量子通信中，若窃听者想要复制粒子的状态，都需先测量粒子的状态。然而，根据量子非克隆定理，这样的测量会导致量子态塌陷，从而被通信方发现。

1.3　量子计算的硬件发展

鉴于量子计算机强大的运算能力和在军事国防、金融、信息安全、灾害预报等领域的潜在应用价值，欧美等发达国家的政府、高校、公司以及各大机构都纷纷介入研发。然而，实现具有容错能力的通用量子计算机仍需要重大的理论和技术创新，而展示量子加速效应的专用量子计算机有可能更快实现应用价值。

目前，可进行量子计算实验研究的物理系统主要包括超导、离子阱、光子、量子点、金刚石色心、冷原子气体和核磁共振，以及仍处于理论研究阶段的拓扑量子系统等。这几种系统各有优势，也都存在亟待解决的关键难点。

量子计算机大致可以分为两类：一类是通用量子计算机，可以通过量子逻辑门电路编程，在一定误差范围内执行任意量子算法；另一类是专用量子计算机，其特点是运行特定类型的量子电路，执行预先设定好的特定任务，一般不能实现其他量子算法，如 D-Wave 公司推出的 Ising 模型量子退火机和我国的"九章"波色采样量子专用机等。

自 2010 年以后，各大研究公司在量子计算软硬件方面均有不同程度的突破。2013 年，加拿大 D-Wave 系统公司发布了 512Q 量子计算设备；2016 年，IBM 公司发布了 6 个量子比特的可编程量子计算机；2019 年 1 月，IBM 公司发布了世界上第一台独立的量子计算机 IBM Q System One；2019 年 9 月，谷歌公司研发了 53 个量子比特的量子芯片"悬铃木"；2020 年，我国在 76 个光子量子计算原型机"九章"上完成了"高斯玻色采样"计算；2021 年 5 月，我国构建了 62 个量子比特超导量子计算机原型机"祖冲之号"；2021 年 11 月，IBM 公司开发了 127 个量子比特超导量子计算机"鹰"；2022 年 11 月，IBM 公司推出了 433 个量子比特超导量子计算机"鱼鹰"。作为一种新型的计算模式，量子计算的硬件研究也在蓬勃发展之中，有望在各学科领域发挥越来越重要的作用。

思 考 题

1.1　证明：DJ_N^0 等价于 D-J 问题，其中 $N = 2^n$。

1.2　假设 D-J 问题不要求精确计算，而是以小于 $\frac{1}{2}$ 的误差 ϵ 计算，那么如何设计这样一个概率算法？

1.4　小结

从量子计算的发展历史和潜在应用可以看到，量子计算作为一种新型的计算模式，其独特的叠加与纠缠特性是经典物理无法解释清楚的。同时也看到，在处理某些特定问题上，量子算法比经典算法具有指数级别的加速优势，这为很多需要大规模计算的难题提供了解决方案。

目前存在多种物理系统可进行量子计算的实验研究，各个系统有其自身的优势。量子计算机的研发还处于发展阶段，通用量子计算机的研制还有很长的一段路要走。一旦通用量子计算机面世，这将是人类科技文明的一个重要里程碑。

参考文献

[1]　BENIOFF P. Quantum mechanical Hamiltonian models of Turing machines[J]. Journal of Statistical Physics, 1982, 29(3): 515-546.

[2]　FEYNMAN R P. Simulating physics with computers[J]. International Journal of Theoretical Physics, 1982, 21(6/7): 467-488.

[3]　BENNETT C H. Logical reversibility of computation[J]. IBM Journal of Research and Development, 1973, 17(6): 525-532.

[4]   DEUTSCH D. Quantum theory, the Church-Turing principle and the universal quantum computer[J]. Proceedings of the Royal Society of London. A. Mathematical and Physical Sciences, 1985, 400(1818): 97-117.

[5]   BERNSTEIN E, VAZIRANI U. Quantum complexity theory[J]. SIAM Journal on Computing, 1997, 26(5): 1411-1473.

[6]   YAO A C C. Quantum circuit complexity[C]//Proceedings of 1993 IEEE 34th Annual Foundations of Computer Science. 1993: 352-361.

[7]   DEUTSCH D, JOZSA R. Rapid solution of problems by quantum computation[J]. Proceedings of the Royal Society of London. Series A: Mathematical and Physical Sciences, 1992, 439(1907): 553-558.

[8]   CLEVE R, EKERT A, MACCHIAVELLO C, et al. Quantum algorithms revisited [J]. Proceedings of the Royal Society of London. Series A: Mathematical, Physical and Engineering Sciences, 1998, 454(1969): 339-354.

[9]   QIU D W, ZHENG S G. Characterizations of symmetrically partial Boolean functions with exact quantum query complexity[A]. 2016: arXiv:1603.06505.

[10] MONTANARO A, JOZSA R, MITCHISON G. On exact quantum query complexity[J]. Algorithmica, 2015, 71(4): 775-796.

[11] QIU D W, ZHENG S G. Generalized Deutsch-Jozsa problem and the optimal quantum algorithm[J]. Physical Review A, 2018, 97(6): 062331.

[12] SIMON D R. On the power of quantum computation[C]//Proceedings of the 35th Annual Symposium on Foundations of Computer Science. 1994: 116-123.

[13] KOIRAN P, NESME V, PORTIER N. A quantum lower bound for the query complexity of Simon's problem[C]//International Colloquium on Automata, Languages, and Programming. 2005: 1287-1298.

[14] BUHRMAN H, de WOLF R. Complexity measures and decision tree complexity: a survey[J]. Theoretical Computer Science, 2002, 288(1): 21-43.

[15] BRASSARD G, HÖYER P. An exact quantum polynomial-time algorithm for Simon's problem[C]//Proceedings of the Fifth Israeli Symposium on Theory of Computing and Systems. 1997: 12-23.

[16] MIHARA T, SUNG S C. Deterministic polynomial-time quantum algorithms for Simon's problem[J]. Computational Complexity, 2003, 12(3): 162-175.

[17] CAI G Y, QIU D W. Optimal separation in exact query complexities for Simon's problem[J]. Journal of Computer and System Sciences, 2018, 97: 83-93.

[18]　SHOR P W. Algorithms for quantum computation: discrete logarithms and factoring[C]//Proceedings 35th annual symposium on foundations of computer science. 1994: 124-134.

[19]　GROVER L K. A fast quantum mechanical algorithm for database search[C]// Proceedings of the twenty-eighth annual ACM symposium on Theory of computing. 1996: 212-219.

[20]　HARROW A W, HASSIDIM A, LLOYD S. Quantum algorithm for linear systems of equations[J]. Physical Review Letters, 2009, 103(15): 150502.

[21]　MOORE C, CRUTCHFIELD J P. Quantum automata and quantum grammars [J]. Theoretical Computer Science, 2000, 237(1-2): 275-306.

[22]　KONDACS A, WATROUS J. On the power of quantum finite state automata[C]// Proceedings of the 38th IEEE Conference on Foundations of Computer Science. 1997: 66-75.

[23]　AMBAINIS A, WATROUS J. Two-way finite automata with quantum and classical states[J]. Theoretical Computer Science, 2002, 287(1): 299-311.

[24]　KAYE P, LAFLAMME R, MOSCA M. An introduction to quantum computing [M]. Oxford, 2006.

[25]　BEALS R, BUHRMAN H, CLEVE R, et al. Quantum lower bounds by polynomials [J]. Journal of the ACM, 2001, 48(4): 778-797.

[26]　AMBAINIS A. Quantum lower bounds by quantum arguments[J]. Journal of Computer and System Sciences, 2002, 64: 750-767.

第 2 章　量子计算基本概念

本章介绍本书涉及的数学符号、数学概念以及相关性质，特别是介绍与量子计算密切相关的基本概念，包括量子比特和基本的量子逻辑门等。$\mathbb{N}$、$\mathbb{Z}$、$\mathbb{Q}$、$\mathbb{R}$ 和 $\mathbb{C}$ 分别表示自然数集、整数集、有理数集、实数集及复数集。

2.1　量子比特

一个量子比特（quantum bit，简称 qubit）可由一个二维单位列向量 $\begin{bmatrix} \alpha \\ \beta \end{bmatrix} \in \mathbb{C}^2$ 表示。$\begin{bmatrix} 1 \\ 0 \end{bmatrix}$ 和 $\begin{bmatrix} 0 \\ 1 \end{bmatrix}$ 是两个特殊的量子比特，称为可计算基态，用狄拉克符号表示为 $|0\rangle = \begin{bmatrix} 1 \\ 0 \end{bmatrix}$，$|1\rangle = \begin{bmatrix} 0 \\ 1 \end{bmatrix}$。一般的单量子比特 $\begin{bmatrix} \alpha \\ \beta \end{bmatrix}$ 用 $|\psi\rangle$ 表示，即 $|\psi\rangle = \begin{bmatrix} \alpha \\ \beta \end{bmatrix}$。因此 $|\psi\rangle = \alpha|0\rangle + \beta|1\rangle$，且 $|\alpha|^2 + |\beta|^2 = 1$。

由于 $|\alpha|^2 + |\beta|^2 = 1$，所以存在实数 θ、φ 和 γ 使得

$$\alpha = \mathrm{e}^{i\gamma} \cos\left(\frac{\theta}{2}\right), \quad \beta = \mathrm{e}^{i(\gamma+\varphi)} \sin\left(\frac{\theta}{2}\right) \tag{2.1}$$

该结论的证明留作习题。后面将看到 $\mathrm{e}^{i\gamma}$ 对观测没有影响，因而可以忽略，即 $|\psi\rangle$ 也可以表示为

$$|\psi\rangle = \cos\left(\frac{\theta}{2}\right)|0\rangle + \mathrm{e}^{i\varphi} \sin\left(\frac{\theta}{2}\right)|1\rangle \tag{2.2}$$

其中，$\theta \in [0, \pi], \varphi \in [0, 2\pi]$。

可见，所有单量子比特 $|\psi\rangle$ 与 Bloch 球面上的点一一对应，如图 2.1 所示。

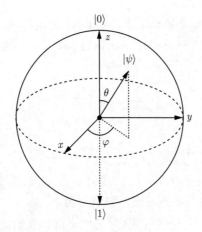

图 2.1　Bloch 球面

进一步考虑双量子比特的表示。两个经典比特有四种可能：00、01、10、11。双量子比特的可计算基态为 $|00\rangle$、$|01\rangle$、$|10\rangle$、$|11\rangle$。一般地，$|ab\rangle = |a\rangle \otimes |b\rangle$，其中 $\otimes$ 表示张量积，其定义如下：

任意两个矩阵 $\boldsymbol{A} = \begin{bmatrix} a_{11} & \cdots & a_{1n} \\ \vdots & \ddots & \vdots \\ a_{m1} & \cdots & a_{mn} \end{bmatrix}$ 与 $\boldsymbol{B}$ 的张量积为

$$\boldsymbol{A} \otimes \boldsymbol{B} = \begin{bmatrix} a_{11}\boldsymbol{B} & \cdots & a_{1n}\boldsymbol{B} \\ \vdots & \ddots & \vdots \\ a_{m1}\boldsymbol{B} & \cdots & a_{mn}\boldsymbol{B} \end{bmatrix} \tag{2.3}$$

因此，任意一个双量子比特的 $|\psi\rangle$ 可表示为

$$|\psi\rangle = \sum_{i=0}^{1} \sum_{j=0}^{1} \alpha_{i,j}|ij\rangle \tag{2.4}$$

其中 $\alpha_{i,j}$ 为复数，且 $\sum_{i=0}^{1} \sum_{j=0}^{1} |\alpha_{i,j}|^2 = 1$。

一个重要的双量子比特态是 Bell 态（或称为 EPR 对），即

$$\frac{|00\rangle + |11\rangle}{\sqrt{2}} \tag{2.5}$$

进一步,可表示 n 个量子比特(n-qubit)为 $|i_1 i_2 \cdots i_n\rangle$,其中 $i_j \in \{0,1\}$,$j = 1, 2, \cdots, n$,因而任意一 n 个量子比特的 $|\psi\rangle$ 可表示为

$$|\psi\rangle = \sum_{i_1, i_2, \cdots, i_n = 0}^{1} \alpha_{i_1, i_2, \cdots, i_n} |i_1 i_2 \cdots i_n\rangle \tag{2.6}$$

其中 $\alpha_{i_1, i_2, \cdots, i_n}$ 为复数,且 $\sum\limits_{i_1, i_2, \cdots, i_n = 0}^{1} |\alpha_{i_1, i_2, \cdots, i_n}|^2 = 1$。

类似地,有 $|i_1 i_2 \cdots i_n\rangle = |i_1\rangle \otimes |i_2\rangle \otimes \cdots \otimes |i_n\rangle$。由于张量积满足结合律,因此,任意次序的张量积运算都不影响结果。

$i_1 i_2 \cdots i_n$ 相当于一个二进制数,若用十进制表示则属于 $\{0, 1, \cdots, 2^n - 1\}$。若 $i_1 i_2 \cdots i_n = k$,则 $|i_1 i_2 \cdots i_n\rangle = [\overbrace{0 \cdots 0}^{k} \, 1 \, 0 \cdots 0]^{\mathrm{T}}$。显然,这里向量的维数是 2^n。

$\langle\psi|$ 表示 $|\psi\rangle$ 的共轭转置,即

$$\langle\psi| = \sum_{i_1, i_2, \cdots, i_n = 0}^{1} \alpha_{i_1, i_2, \cdots, i_n}^{*} \langle i_1 i_2 \cdots i_n| \tag{2.7}$$

其中 $\alpha_{i_1, i_2, \cdots, i_n}^{*}$ 是 $\alpha_{i_1, i_2, \cdots, i_n}$ 的共轭复数,$\langle i_1 i_2 \cdots i_n|$ 为 $|i_1 i_2 \cdots i_n\rangle$ 的共轭转置,是行向量。

设 $|\psi^{(j)}\rangle = \sum\limits_{i_1, i_2, \cdots, i_n = 0}^{1} \alpha_{i_1, i_2, \cdots, i_n}^{(j)} |i_1 i_2 \cdots i_n\rangle$,$j = 1, 2$,则 $\langle\psi^{(2)}|\psi^{(1)}\rangle$ 表示内积并定义为

$$\sum_{i_1, i_2, \cdots, i_n = 0}^{1} (\alpha_{i_1, i_2, \cdots, i_n}^{(2)})^{*} \alpha_{i_1, i_2, \cdots, i_n}^{(1)} \tag{2.8}$$

这也就是通常的内积 $(|\psi^{(2)}\rangle, |\psi^{(1)}\rangle)$。

称定义了加法和数乘运算的非空集合 V 为在复数域 $\mathbb{C}$ 上的一个向量空间,且满足以下性质。

加法满足下面 4 条规则:

(1) $\forall \alpha, \beta \in V$,有 $\alpha + \beta = \alpha + \beta$;

(2) $\forall \alpha, \beta, \gamma \in V$,有 $(\alpha + \beta) + \gamma = \alpha + (\beta + \gamma)$;

(3) $\exists 0 \in V$,$\forall \alpha \in V$,有 $0 + \alpha = \alpha$;

（4）$\forall \alpha \in V$，$\exists \beta \in V$，有 $\alpha + \beta = 0$；

数乘满足下面两条规则：

（5）$\forall \alpha \in V$，有 $1\alpha = \alpha$；

（6）$\forall k, l \in \mathbb{C}$，$\alpha \in V$，有 $k(l\alpha) = (kl)\alpha$；

数乘与加法满足下面两条规则：

（7）$\forall k, l \in \mathbb{C}$，$\alpha \in V$，有 $(k + l)\alpha = k\alpha + l\alpha$；

（8）$\forall \alpha, \beta \in V$，$\forall k \in \mathbb{C}$，有 $k(\alpha + \beta) = k\alpha + k\beta$。

例如 $\mathbb{C}^n = \left\{ \left[x_1, x_2, \cdots, x_n \right]^{\mathrm{T}} \middle| x_i \in \mathbb{C}, i = 1, 2, \cdots, n \right\}$ 是一个向量空间，其中 T 表示转置。

下面具体定义内积。设 V 是一个向量空间，若 $V \times V \to \mathbb{C}$ 上的一个函数 $(\cdot, \cdot)$ 满足：

（1）第一变元的共轭线性性：$|v_i\rangle, |w\rangle \in V$，$\alpha_i \in \mathbb{C}$，$i = 1, 2, \cdots, n$，

$$\left(\sum_{i=1}^{n} \alpha_i |v_i\rangle, |w\rangle \right) = \sum_{i=1}^{n} \alpha_i^* (|v_i\rangle, |w\rangle) \tag{2.9}$$

（2）共轭对称性：对 $\forall |v\rangle, |w\rangle \in V$，有 $(|v\rangle, |w\rangle) = (|w\rangle, |v\rangle)^*$；

（3）正定性：$(|v\rangle, |v\rangle) \geqslant 0$ 当且仅当 $|v\rangle = 0$ 时等式成立，则称 $(\cdot, \cdot)$ 为在 V 上的一个内积。

令 $\||\varphi\rangle\| = \sqrt{\langle \varphi | \varphi \rangle}$。若对任意实数 $\epsilon > 0$，存在正整数 N，使得对任意整数 n、$m > N$，都有 $\||\varphi_n\rangle - |\varphi_m\rangle\| < \epsilon$，则称 $\{|\varphi_i\rangle\}$ 为 Cauchy 列。

带有内积的向量空间称为内积空间。若对内积空间 V 中的任意 Cauchy 列 $\{|\varphi_i\rangle\}$，都存在 $|\varphi\rangle \in V$，使得 $\{|\varphi_i\rangle\}$ 收敛于 $|\varphi\rangle$，则称 V 为完备的内积空间，也称为 Hilbert 空间。

$|\psi^{(1)}\rangle\langle\psi^{(2)}|$ 表示外积，也是两个向量相乘，不过其结果是 $n \times n$ 方阵。实际上，对任意一 n 个量子比特的 $|\varphi\rangle$，有

$$\left(|\psi^{(1)}\rangle\langle\psi^{(2)}| \right) |\varphi\rangle = \left(\langle\psi^{(2)}|\varphi\rangle \right) |\psi^{(1)}\rangle \tag{2.10}$$

2.2　经典的逻辑运算门和电路

设 a 与 b 表示两个命题的真值，则

　　非：$a \to \neg a = 1 - a$ $\tag{2.11}$

$$与：(a, b) \rightarrow a \wedge b = \min(a, b) \tag{2.12}$$

$$或：(a, b) \rightarrow a \vee b = \max(a, b) \tag{2.13}$$

$$异或（exclusive\ OR）：(a, b) \rightarrow a \oplus b = (\neg a \wedge b) \vee (a \wedge \neg b) \tag{2.14}$$

注意：异或也称为 XOR 门。

设 a 与 b 为任意两个命题的真值，则

$$a \vee b = \neg(\neg a \wedge \neg b) \tag{2.15}$$

$$a \oplus b = (a \wedge \neg b) \vee (\neg a \wedge b) \tag{2.16}$$

$$= \neg(\neg(a \wedge \neg b) \wedge \neg(\neg a \wedge b)) \tag{2.17}$$

可见 $\neg$ 和 $\wedge$ 可以表示另外的逻辑运算，因此称 $\{\neg, \wedge\}$ 是 Boolean 运算的完备集。其实，除了 $\{\neg, \wedge\}$ 之外，与非门 NAND 也是完备集，其定义为：设 a 与 b 为两真值，并记 NAND 为 $\uparrow$，则

$$a \uparrow b = \neg(a \wedge b) \tag{2.18}$$

由于 $\neg a = \neg(a \wedge a) = a \uparrow a$ 和 $a \wedge b = \neg(a \uparrow b)$，因此 $\{\neg, \wedge\}$ 可由 NAND 表示，那么 {NAND} 也是完备的。

门的描述：

非门 NOT 如图 2.2 所示。

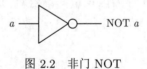

图 2.2　非门 NOT

与门 AND 如图 2.3 所示。

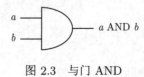

图 2.3　与门 AND

或门 OR 如图 2.4 所示。

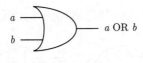

图 2.4　或门 OR

与非门 NAND 如图 2.5 所示。

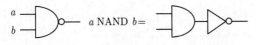

图 2.5　与非门 NAND

命题 **2.1**　与非门 NAND 是通用门。

逻辑门的电路表示：

（1）描述 $\neg(\neg a \wedge \neg b)$ 的电路如图 2.6 所示。

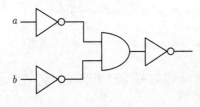

图 2.6　$\neg(\neg a \wedge \neg b)$ 的电路

（2）描述 $a \uparrow a$ 的电路如图 2.7 所示。

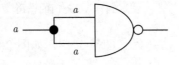

图 2.7　$a \uparrow a$ 的电路

其中，扇出电路如图 2.8 所示。

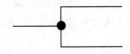

图 2.8　扇出电路

（3）描述 $(a\uparrow b)\uparrow(a\uparrow b)$ 的电路如图 2.9 所示。

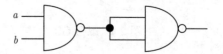

图 2.9　$(a\uparrow b)\uparrow(a\uparrow b)$ 的电路

可逆逻辑门的电路表示：

（4）受控非门的电路如图 2.10 所示。

$$(a,b)\xrightarrow{\text{CNOT}}(a,a\oplus b) \tag{2.19}$$

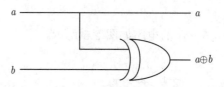

图 2.10　受控非门的电路

其中，XOR 门的电路如图 2.11 所示。

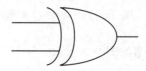

图 2.11　XOR 门的电路

（5）Toffoli 门——也称为 CCNOT 门，如图 2.12 所示。

$$(a,b,c)\xrightarrow{\text{CCNOT}}(a,b,(a\wedge b)\oplus c) \tag{2.20}$$

注意到，$\text{T}(a,b,1)=(a,b,\neg(a\wedge b))$，即 T 门可模拟 NAND 门。此外，因为 $\text{T}(a,1,0)=(a,1,a)$，所以 T 门还可模拟扇出。

（6）Fredkin 门——也称为 CSWAP 门，如图 2.13 所示。

$$(0,y,z)\xrightarrow{\text{CSWAP}}(0,y,z);\ (1,y,z)\to(1,z,y) \tag{2.21}$$

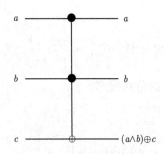

图 2.12 Toffoli 门的电路

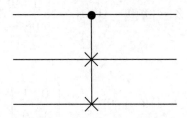

图 2.13 Fredkin 门的电路

2.3 基本量子门与电路

基本量子门：

（1）CNOT 门如图 2.14 所示。

$$|00\rangle \xrightarrow{\text{CNOT}} |00\rangle; \quad |01\rangle \xrightarrow{\text{CNOT}} |01\rangle \tag{2.22}$$

$$|10\rangle \xrightarrow{\text{CNOT}} |11\rangle; \quad |11\rangle \xrightarrow{\text{CNOT}} |10\rangle \tag{2.23}$$

可以用外积形式表示 CNOT：

$$\text{CNOT} = |00\rangle\langle00| + |01\rangle\langle01| + |11\rangle\langle10| + |10\rangle\langle11| \tag{2.24}$$

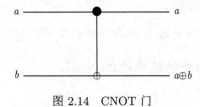

图 2.14 CNOT 门

注意，

$$\left(\frac{1}{\sqrt{2}}(|0\rangle + |1\rangle)|0\rangle\right) \xrightarrow{\text{CNOT}} \frac{1}{\sqrt{2}}(|00\rangle + |11\rangle) \tag{2.25}$$

输出的是一个 Bell 态（也是纠缠态）。

（2）I 和 Z 门：

$$I = |0\rangle\langle 0| + |1\rangle\langle 1| = \begin{bmatrix} 1 & 0 \\ 0 & 1 \end{bmatrix} \tag{2.26}$$

$$Z = |0\rangle\langle 0| - |1\rangle\langle 1| = \begin{bmatrix} 1 & 0 \\ 0 & -1 \end{bmatrix} \tag{2.27}$$

（3）X 和 Y 门：

$$X = |1\rangle\langle 0| + |0\rangle\langle 1| = \begin{bmatrix} 0 & 1 \\ 1 & 0 \end{bmatrix} \tag{2.28}$$

$$Y = -i(|0\rangle\langle 1| - |1\rangle\langle 0|) = \begin{bmatrix} 0 & -i \\ i & 0 \end{bmatrix} \tag{2.29}$$

（4）Hadamard 门如图 2.15 所示。

$$H = \frac{1}{\sqrt{2}}(|0\rangle + |1\rangle)\langle 0| + \frac{1}{\sqrt{2}}(|0\rangle - |1\rangle)\langle 1| = \frac{1}{\sqrt{2}}\begin{bmatrix} 1 & 1 \\ 1 & -1 \end{bmatrix} \tag{2.30}$$

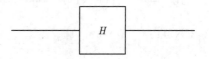

图 2.15　Hadamard 门

下面介绍非克隆定理。

定理 2.1　不存在量子电路 U 使得对任意量子态 $|\psi\rangle$ 有 $U|\psi\rangle|0\rangle = |\psi\rangle|\psi\rangle$。

证明　（反证法）若存在 U 满足上式，则

$$U|0\rangle|0\rangle = |0\rangle|0\rangle \tag{2.31}$$

$$U|1\rangle|0\rangle = |1\rangle|1\rangle \tag{2.32}$$

$$U\left(\frac{1}{\sqrt{2}}(|0\rangle + |1\rangle)|0\rangle\right) = \frac{1}{\sqrt{2}}(|0\rangle + |1\rangle)\frac{1}{\sqrt{2}}(|0\rangle + |1\rangle) \tag{2.33}$$

然而

$$U\left(\frac{1}{\sqrt{2}}(|0\rangle + |1\rangle)|0\rangle\right) \tag{2.34}$$

$$=U\left(\frac{1}{\sqrt{2}}(|00\rangle + |10\rangle)\right) \tag{2.35}$$

$$=\frac{1}{\sqrt{2}}(U|00\rangle + U|10\rangle) \tag{2.36}$$

$$=\frac{1}{\sqrt{2}}(|00\rangle + |11\rangle) \tag{2.37}$$

$$\neq\frac{1}{\sqrt{2}}(|0\rangle + |1\rangle)\frac{1}{\sqrt{2}}(|0\rangle + |1\rangle) \tag{2.38}$$

这是矛盾的，故这样的 U 不存在。定理证毕。　　　　　□

简单的量子电路:

（1）CNOT $\cdot$ $(H \otimes I)$ 的电路如图 2.16 所示。

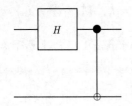

图 2.16　CNOT $\cdot$ $(H \otimes I)$ 的电路

矩阵表示为 CNOT $\cdot$ $(H \otimes I)$，其中 CNOT $= \begin{bmatrix} 1 & 0 & 0 & 0 \\ 0 & 1 & 0 & 0 \\ 0 & 0 & 0 & 1 \\ 0 & 0 & 1 & 0 \end{bmatrix}$，它可以

实现以下变换:

$$|00\rangle \xrightarrow{\text{CNOT}\cdot(H\otimes I)} \frac{1}{\sqrt{2}}(|00\rangle + |11\rangle) \tag{2.39}$$

（2）$(H \otimes I) \cdot \mathrm{CNOT} \cdot \mathrm{CNOT} \cdot (H \otimes I)$ 的电路如图 2.17 所示。

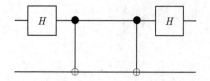

图 2.17 $(H \otimes I) \cdot \mathrm{CNOT} \cdot \mathrm{CNOT} \cdot (H \otimes I)$ 的电路

矩阵表示为 $(H \otimes I) \cdot \mathrm{CNOT} \cdot \mathrm{CNOT} \cdot (H \otimes I)$，它可以实现以下变换：

$$|00\rangle \xrightarrow{(H\otimes I)\cdot\mathrm{CNOT}\cdot\mathrm{CNOT}\cdot(H\otimes I)} |00\rangle \tag{2.40}$$

习　　题

2.1　证明：若对 α、$\beta \in \mathbb{C}$，$|\alpha|^2 + |\beta|^2 = 1$，$|\psi\rangle = \alpha|0\rangle + \beta|1\rangle$，则存在实数 θ、φ、γ 使得：

$$\alpha = \mathrm{e}^{i\gamma}\cos\left(\frac{\theta}{2}\right), \quad \beta = \mathrm{e}^{i(\gamma+\varphi)}\sin\left(\frac{\theta}{2}\right)$$

2.2　证明：张量积运算满足结合律，即 $(A \otimes B) \otimes C = A \otimes (B \otimes C)$。

2.3　证明：若 $i_1 i_2 \cdots i_n = k$，则 $|i_1 i_2 \cdots i_n\rangle = [\overbrace{0 \cdots 0}^{k}\ 1\ 0 \cdots 0]^{\mathrm{T}}$。

2.4　用 CNOT 门和 Hadamard 门产生量子态 $\dfrac{|00\rangle - |11\rangle}{\sqrt{2}}$、$\dfrac{|01\rangle + |10\rangle}{\sqrt{2}}$ 和 $\dfrac{|01\rangle - |10\rangle}{\sqrt{2}}$。

2.5　证明：$(|\psi^{(1)}\rangle\langle\psi^{(2)}|)\,|\psi\rangle = (\langle\psi^{(2)}|\psi\rangle)\,|\psi^{(1)}\rangle$。

2.6　量子态 $|01\rangle$、$|10\rangle$、$|11\rangle$ 经过图 2.18 所示的电路作用后分别为什么状态？

图 2.18 $\mathrm{CNOT} \cdot (H \otimes I)$ 的电路

2.7　四个 Bell 态经过图 2.19 所示的电路作用后分别为什么状态？

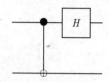

图 2.19　$(H \otimes I) \cdot$ CNOT 的电路

思　考　题

2.8　证明：若存在一台可精确区分两个非正交量子态 $|\psi\rangle$ 与 $|\phi\rangle$ 的装置，则违背量子不可克隆原理；反过来，若存在一台可克隆量子态的装置，则非正交量子态可以精确区分。

2.9　求出 Pauli 矩阵的特征向量在 Bloch 球面上对应的点。

2.4　小结

通过本章的学习，可以了解到与量子计算密切相关的数学符号和数学概念，例如，量子比特的列向量表示、矩阵间的张量积、向量和量子态的共轭转置、向量空间中关于内积的定义以及向量的外积等。此外，还回顾了经典计算中常用的逻辑门，例如非门 NOT、与门 AND、或门 OR、异或门 XOR 和与非门 NAND 等。同时还介绍了一些常用的逻辑门的电路。最后介绍了一些基本量子门和量子电路，例如 CNOT 门、X 门和 Y 门、Hadamard 门，另外还介绍了非克隆定理以及几个简单的量子电路。以上的知识是本书后面学习的基础，更具体的内容可以参考文献 [1] 和文献 [2]。

参考文献

[1] NIELSEN M A, CHUANG I L. Quantum computation and quantum information: 10th anniversary edition[M]. Cambridge University Press, 2010.

[2] KAYE P, LAFLAMME R, MOSCA M. An introduction to quantum computing[M]. Oxford, 2006.

第 3 章　线性代数基础

前面章节介绍了狄拉克符号，并用它描述了量子态，定义了张量积、内积及外积。这些定义与线性代数中讲的完全一致，但狄拉克符号的引入使得很多运算更简洁明了。本章将进一步介绍与量子计算相关的线性代数知识。

3.1　线性无关与基

设 $|v_1\rangle, \cdots, |v_n\rangle$ 是向量空间 V 中 n 个向量，若 $\forall \alpha_i \in \mathbb{C}$ 且有 $\sum\limits_{i=1}^{n} \alpha_i |v_i\rangle = 0$ 时蕴含 $\alpha_i = 0$，$i = 1, 2, \cdots, n$，则称 $|v_1\rangle, \cdots, |v_n\rangle$ 是线性无关的。

若

$$\langle v_i | v_j \rangle = \begin{cases} 1, & i = j \\ 0, & i \neq j \end{cases} \tag{3.1}$$

则称 $\{|v_1\rangle, \cdots, |v_n\rangle\}$ 是一组正交模向量组。进一步，若 $\forall |v\rangle \in V$，都存在 $\alpha_1, \cdots, \alpha_n \in \mathbb{C}$ 使得 $|v\rangle = \sum\limits_{i=1}^{n} \alpha_i |v_i\rangle$，则称 $\{|v_1\rangle, \cdots, |v_n\rangle\}$ 是 V 上的一组正交模基，并称 n 为 V 的维数，记为 $\dim(V)$。

3.2　线性算子与矩阵

设 V 和 W 是任意两个向量空间，A 是 V 到 W 的映射且满足 $\forall |v_i\rangle \in V$，$\forall a_i \in \mathbb{C}$ $(i = 1, 2, \cdots, n)$ 有 $A\left(\sum\limits_{i=1}^{n} a_i |v_i\rangle\right) = \sum\limits_{i=1}^{n} a_i A|v_i\rangle$，则称 A 是 V 到 W 的一个线性算子。

下面讨论矩阵与线性算子之间的关系。设 V 和 W 是两向量空间，且 $\dim(V) = n, \dim(W) = m$，设 $A = [a_{ij}]_{m \times n}$ 是 $m \times n$ 矩阵，设 $\{|v_1\rangle, \cdots, |v_n\rangle\}$ 是 V 的一组正交模基，$\{|w_1\rangle, \cdots, |w_m\rangle\}$ 是 W 的一组正交模基，定义 V 到

W 的一个映射，$\forall c_j \in \mathbb{C}$，$j = 1, 2, \cdots, n$，$T_A\left(\sum\limits_{j=1}^{n} c_j|v_j\rangle\right) = \sum\limits_{i=1}^{m}\sum\limits_{j=1}^{n} a_{ij} c_j|w_i\rangle$，则可证明 T_A 是 V 到 W 的一个线性算子。

若 T 是 V 到 W 的一个线性算子，$\{|v_1\rangle, \cdots, |v_n\rangle\}$ 和 $\{|w_1\rangle, \cdots, |w_m\rangle\}$ 分别是 V 和 W 的正交模基，设 $T|v_j\rangle = \sum\limits_{i=1}^{m} a_{ij}|w_i\rangle$，$j = 1, 2, \cdots, n$，则 T 对应一个 $m \times n$ 矩阵 $A = [a_{ij}]_{m \times n}$。由此可得到如下定理。

定理 3.1　设 V 和 W 分别是 n 和 m 维向量空间，则所有 $m \times n$ 矩阵集与 V 到 W 的所有线性算子集之间存在一一对应。

实际上，量子计算基于复欧氏空间 $\mathbb{C}^n$ 上讨论，我们把 n 维向量空间看作 $\mathbb{C}^n$ 即可。

3.3　Pauli 矩阵

以下四个矩阵称为 Pauli 矩阵：

$$
\sigma_0 = I = \begin{bmatrix} 1 & 0 \\ 0 & 1 \end{bmatrix}, \qquad\qquad \sigma_1 = \sigma_x = X = \begin{bmatrix} 0 & 1 \\ 1 & 0 \end{bmatrix},
$$
$$
\sigma_2 = \sigma_y = Y = \begin{bmatrix} 0 & -i \\ i & 0 \end{bmatrix}, \quad \sigma_3 = \sigma_z = Z = \begin{bmatrix} 1 & 0 \\ 0 & -1 \end{bmatrix} \tag{3.2}
$$

在向量空间 $\mathbb{C}^2$ 上，由于 $\{|0\rangle, |1\rangle\}$ 为 $\mathbb{C}^2$ 的一组正交模基，Pauli 矩阵分别等于如下四个线性算子：

$$T_I = |0\rangle\langle 0| + |1\rangle\langle 1| \tag{3.3}$$

$$T_X = |0\rangle\langle 1| + |1\rangle\langle 0| \tag{3.4}$$

$$T_Y = -i(|0\rangle\langle 1| - |1\rangle\langle 0|) \tag{3.5}$$

$$T_Z = |0\rangle\langle 0| - |1\rangle\langle 1| \tag{3.6}$$

3.4　Cauchy-Schwarz 不等式

下面用一个定理描述 Cauchy-Schwarz 不等式。

定理 3.2　对 Hilbert 空间中任意两个向量 $|v\rangle$ 和 $|w\rangle$（这里可以不要求单位向量），有 $|\langle v|w\rangle|^2 \leqslant \langle v|v\rangle\langle w|w\rangle$，且等号成立当且仅当 $|v\rangle$ 与 $|w\rangle$ 线性相关。

证明　$|v\rangle$ 为非零向量，否则自然成立。设 $|i_0\rangle = \dfrac{|v\rangle}{\sqrt{\langle v|v\rangle}}$，并将 $|i_0\rangle$ 扩张成空间的一组标准正交基 (也称为正交模基)，记为 $\{|j\rangle\}$，则

$$|\langle v|w\rangle|^2 = \langle w|v\rangle\langle v|w\rangle \tag{3.7}$$

$$= \langle w|i_0\rangle\langle i_0|w\rangle\langle v|v\rangle \tag{3.8}$$

$$\leqslant \sum_j \langle w|j\rangle\langle j|w\rangle\langle v|v\rangle \tag{3.9}$$

$$= \langle w|\left(\sum_j |j\rangle\langle j|\right)|w\rangle\langle v|v\rangle \tag{3.10}$$

$$= \langle w|w\rangle\langle v|v\rangle \tag{3.11}$$

$$\text{等号成立} \Leftrightarrow \text{当 } j \neq i_0 \text{时，} \quad \langle w|j\rangle = 0 \tag{3.12}$$

$$\Leftrightarrow |w\rangle = \sum_j \alpha_j|j\rangle \text{且当 } j \neq i_0 \text{时，} \alpha_j = 0 \tag{3.13}$$

$$\Leftrightarrow |w\rangle = \alpha_{i_0}|i_0\rangle = \frac{\alpha_{i_0}|v\rangle}{\sqrt{\langle v|v\rangle}} \tag{3.14}$$

$$\square$$

3.5　特征值与特征向量

设 A 是向量空间 V 上的线性算子，$|v\rangle$ 是 V 中一个非零向量，若 $A|v\rangle = \lambda|v\rangle$，其中 λ 是复数，则称 $|v\rangle$ 为 A 的特征向量，λ 为关于 $|v\rangle$ 的特征值。实际上，令特征函数 $c(\lambda) = \det(A - \lambda I) = 0$，可求出矩阵 A 的所有特征值，其中 $\det(A)$ 表示矩阵 A 的行列式。称上述方程 $\det(A - \lambda I) = 0$ 为关于 A 的特征方程。

关于特征值 λ 的特征空间为集合 $\{|v\rangle \in V \mid A|v\rangle = \lambda|v\rangle\}$（该集合是 V 的子空间，也称为关于 λ 的特征子空间）。若 $A = \sum_i \lambda_i|i\rangle\langle i|$，其中 $|i\rangle$ 为 A 的特征向量且 $\{|i\rangle\}$ 形成一组正交模基，λ_i 为关于 $|i\rangle$ 的特征值，则称其为 A 的对角表示。然而，并非所有线性算子都存在对角表示。若线性算子 A 存在对角表示，则称 A 是可对角化的。

3.6　伴随算子和 Hermitian 算子

设 A 是 Hilbert 空间 V 上的线性算子，若存在 V 上的线性算子 B 使得 $\forall |v\rangle, |w\rangle \in V$，有 $(|v\rangle, A|w\rangle) = (B|v\rangle, |w\rangle)$，则称 B 为 A 的伴随算子（或 Hermitian 共轭算子），记为 $A^\dagger$。事实上，$A^\dagger$ 为 A 的共轭转置矩阵。

定义 3.1　若线性算子（或矩阵）A 满足 $A = A^\dagger$，则称 A 是自伴的或 Hermitian 的。

设 W 是向量空间 V 的子空间，设 $\{|1\rangle, \cdots, |k\rangle\}$ 为 W 的一组正交模基，$\{|1\rangle, \cdots, |k\rangle, \cdots, |n\rangle\}$ 为 V 的正交模基，定义算子 P 为 $P = \sum\limits_{i=1}^{k} |i\rangle\langle i|$，则称 P 为 V 到 W 上的投影算子。

定义 3.2　若线性算子（或矩阵）A 满足 $AA^\dagger = A^\dagger A$，则称 A 为正规算子（矩阵）。

定义 3.3　若线性算子（或矩阵）U 满足 $U^\dagger U = I$，则称 U 是酉算子（矩阵）。

定义 3.4　若对任意向量 $|v\rangle$，线性算子（或矩阵）A 满足 $(|v\rangle, A|v\rangle) \geqslant 0$，则称 A 是半正定算子（矩阵）。

3.7　算子函数

设 A 是正规算子，且 $A = \sum\limits_{i} \lambda_i |i\rangle\langle i|$，$f$ 是一个函数，则定义算子函数

$$f(A) = \sum_{i} f(\lambda_i)|i\rangle\langle i| \tag{3.15}$$

设 $A = [a_{ij}]_{n \times n}$ 是任意 n 阶方阵，则 A 的迹定义为 $\mathrm{Tr}(A) = \sum\limits_{i=1}^{n} a_{ii}$。对任意两矩阵 A 与 B，有 $\mathrm{Tr}(AB) = \mathrm{Tr}(BA)$；对任意酉矩阵 U 有 $\mathrm{Tr}(UAU^\dagger) = \mathrm{Tr}(A)$。

设 A 是线性算子，定义 $\mathrm{Tr}(A)$ 为 A 在任意正交模基下对应的矩阵的迹（不同的正交模基下 A 的迹不变）。等价地，$\mathrm{Tr}(A) = \sum\limits_{i} \langle i|A|i\rangle$，其中 $\{|i\rangle\}$ 为任意一组正交模基。

设 A 是线性算子，$|\psi\rangle$ 为任意向量，将 $\dfrac{|\psi\rangle}{\sqrt{\langle\psi|\psi\rangle}}$ 扩充为一组正交模基，记为 $\{|i\rangle\}$，则

$$\mathrm{Tr}(A|\psi\rangle\langle\psi|) = \sum_i \langle i|A|\psi\rangle\langle\psi|i\rangle \tag{3.16}$$

$$= \frac{\langle\psi|A|\psi\rangle\langle\psi|\psi\rangle}{\langle\psi|\psi\rangle} \tag{3.17}$$

$$= \langle\psi|A|\psi\rangle \tag{3.18}$$

定理 3.3 （同时可对角化）设 A 和 B 为两个 Hermitian 算子，则 $AB = BA$ 当且仅当存在一组正交模基 $|i\rangle$ 和实数 a_i 及 b_i，使得 $A = \sum_i a_i|i\rangle\langle i|$，$B = \sum_i b_i|i\rangle\langle i|$。

3.8 算子分解定理

定理 3.4 （谱分解）设 V 为 Hilbert 空间，A 是作用于 V 上的线性算子，则 $AA^\dagger = A^\dagger A \iff A = \sum_i \lambda_i|\varphi_i\rangle\langle\varphi_i|$，其中 λ_i 为复数，$\{|\varphi_i\rangle\}$ 为一组正交模基。

证明 "$\Leftarrow$" 的证明是显然的，所以只要考虑 "$\Rightarrow$" 的证明。对 A 的像空间的维数 d 进行数学归纳。

若 $d = 1$，则可以验证定理结论成立；假设 $d \leqslant k$ 时定理结论也成立，下面证明 $d = k+1$ 时定理结论成立。设 λ 是 A 的特征值，P 是到 λ 的特征子空间上的投影算子，Q 是 P 的正交补（Q 也是投影算子）。这时可以验证：$PAQ = QAP = 0$。因此，$A = (P+Q)A(P+Q) = PAP + QAQ$。

进一步，可以验证 $PAP = \lambda P$ 以及 QAQ 是正规算子。前者是显然的，所以只需证明后者。由于 $QA = QA(Q+P) = QAQ$，$QA^\dagger = QA^\dagger(Q+P) = QA^\dagger Q$，且由已知条件 $AA^\dagger = A^\dagger A$，所以可以得到 $QAQQA^\dagger Q = QA^\dagger QQAQ$。由于 PAP 的像空间的维数大于或等于 1，所以 QAQ 的像空间的维数小于或等于 k。根据归纳假设，定理证毕。 $\square$

3.7　设 A 是正规算子，证明 A 是 Hermitian 算子当且仅当 A 的特征值为实数。

3.8　证明：$H^{\otimes n} = \dfrac{1}{\sqrt{2^n}} \sum\limits_{x,y \in \{0,1\}^n} (-1)^{x \cdot y} |x\rangle \langle y|$。

3.9　求 $\sqrt{\begin{bmatrix} 4 & 3 \\ 3 & 4 \end{bmatrix}}$ 和 $\ln \begin{bmatrix} 4 & 3 \\ 3 & 4 \end{bmatrix}$。

3.10　证明 Pauli 矩阵满足：$\sigma_i \sigma_j + \sigma_j \sigma_i = \begin{cases} 0, & i \neq j, \\ 2I, & i = j, \end{cases}$ 其中 i、$j = 1$、2、3。

3.11　记 $\vec{v} \cdot \vec{\sigma} = \sum\limits_{i=1}^{3} v_i \sigma_i$，其中 $\vec{v} = (v_1, v_2, v_3)$ 为单位实向量，$\sigma_1 = X$，$\sigma_2 = Y$，$\sigma_3 = Z$，证明

$$\exp(i\theta \vec{v} \cdot \vec{\sigma}) = \cos(\theta)I + i\sin(\theta)\vec{v} \cdot \vec{\sigma}$$

3.12　证明对任意线性算子 A 及正交模基 $\{|\varphi_i\rangle | i = 1, \cdots, n\}$ 与 $\{|\psi_j\rangle | j = 1, \cdots, n\}$，有 $\sum\limits_i \langle \varphi_i | A | \varphi_i \rangle = \sum\limits_j \langle \psi_j | A | \psi_j \rangle$。

3.13　证明对任意线性算子 A、B 有 $\mathrm{Tr}(AB) = \mathrm{Tr}(BA)$。

3.14　设 A 是线性算子，定义 $\mathrm{Tr}(A) = \sum\limits_i \langle i | A | i \rangle$，其中 $\{|i\rangle\}$ 为一组正交模基，证明该定义的合理性，即对任意另一组正交模基 $\{|j\rangle\}$，有 $\sum\limits_j \langle j | A | j \rangle = \sum\limits_i \langle i | A | i \rangle$。

3.15　证明：在谱分解定理的证明中，

（1）当 $d = 1$ 时验证定理结论成立；

（2）$PAQ = QAP = 0$；

（3）$PAP = \lambda P$。

3.16　验证对任意 $|\Phi\rangle \in \mathcal{A} \otimes \mathcal{B}$，存在唯一的 $T \in L(\mathcal{B}, \mathcal{A})$ 使得 $vec(T) = |\Phi\rangle$。

3.17　设 $\mathcal{A}$ 与 $\mathcal{B}$ 为两 Hilbert 空间，证明对任意 $|\varphi\rangle \in \mathcal{A}, |\psi\rangle \in \mathcal{B}$，有 $vec(|\varphi\rangle \langle \psi|) = |\varphi\rangle (|\psi\rangle)^*$。

3.18 设 V 是二维向量空间，其基向量为 $|0\rangle$ 与 $|1\rangle$，A 是一从 V 到 V 的线性算子，满足 $A|0\rangle = |1\rangle$，$A|1\rangle = |0\rangle$。当输入基和输出基都为 $|0\rangle$ 和 $|1\rangle$ 时，写出 A 的一矩阵表示。当选用另一组基时，写出 A 不同的矩阵表示。

3.19 定义 $((y_1, \cdots, y_n), (z_1, \cdots, z_n)) \equiv \sum_i y_i^* z_i$，证明该定义为 $\mathbb{C}^n$ 上一内积。

3.20 证明：对任意内积 $(\cdot, \cdot)$ 的第一个变量具有共轭线性性质，即

$$\left(\sum_i \lambda_i |w_i\rangle, |v\rangle \right) = \sum_i \lambda_i^* (|w_i\rangle, |v\rangle)$$

3.21 证明 Gram-Schmidt 算法生成向量空间 V 的一组正交模基。

3.22 在二维的 Hilbert 空间中，在标准正交基 $|0\rangle$ 及 $|1\rangle$ 下写出 Pauli 矩阵相关的算子表示，并将每一 Pauli 算子用外积形式表示。

3.23 证明：对任意线性算子 A_i 和复数 a_i，有

$$\left(\sum_i a_i A_i \right)^\dagger = \sum_i a_i^* A_i^\dagger$$

3.24 设 A 为一线性算子，证明 $(A^\dagger)^\dagger = A$。

3.25 证明 Pauli 矩阵是 Hermitian 和酉的。

3.26 证明 Hermitian 算子不同特征值对应的特征向量正交。

3.27 证明投影算子特征值为 0 或 1。

3.28 证明正算子一定是 Hermitian 算子。

3.29 证明对任意算子 A，$A^\dagger A$ 是半正定算子。

3.30 证明转置、复共轭与自伴运算关于张量积运算满足分配律，即 $(A \otimes B)^* = A^* \otimes B^*$；$(A \otimes B)^{\mathrm{T}} = A^{\mathrm{T}} \otimes B^{\mathrm{T}}$；$(A \otimes B)^\dagger = A^\dagger \otimes B^\dagger$，其中 A 和 B 为矩阵。

3.31 给出 Hermitian 矩阵的极分解形式。

3.32 写出矩阵 $\begin{bmatrix} 1 & 0 \\ 1 & 1 \end{bmatrix}$ 的极分解并证明。

思 考 题

3.33　设 $A = \sum_i \lambda_i |i\rangle\langle i|$，$f$ 为函数，则 $f(A) = \sum_i f(\lambda_i)|i\rangle\langle i|$。问：为什么 $f(A)$ 的定义是合理的？

3.9　量子力学假设

量子力学的基本假设，有四条或五条等多种表述方式，本书采用四条方式进行叙述。读者需要熟练掌握并应用这些假设。

假设 1.　一个物理系统由一个 Hilbert 空间 $\mathcal{H}$ 来刻画，该系统的状态由 $\mathcal{H}$ 中的向量来描述。

如用 $|\psi\rangle = \alpha|0\rangle + \beta|1\rangle$ 来描述一个量子比特系统的状态，其中 $|\alpha|^2 + |\beta|^2 = 1$，且 α、$\beta \in \mathbb{C}$。

假设 2.　一个封闭的量子系统的状态演化由酉变换来描述，即任一状态 $|\psi\rangle$ 到状态 $|\psi'\rangle$ 的变换满足 $|\psi'\rangle = U|\psi\rangle$，其中 U 是酉算子。

如 Hadamard 变换 $H = \dfrac{1}{\sqrt{2}} \begin{bmatrix} 1 & 1 \\ 1 & -1 \end{bmatrix}$。

假设 3.　量子测量用测量算子集 $\{M_m\}$ 来描述，且满足完备性等式 $\sum_m M_m^\dagger M_m = I$。这些测量算子作用于被测量系统的状态，$m$ 是测量结果。如果测量前量子状态是 $|\psi\rangle$，那么得到 m 的概率是 $p(m) = \langle\psi|M_m^\dagger M_m|\psi\rangle$，且系统状态塌陷为

$$\frac{M_m|\psi\rangle}{\sqrt{\langle\psi|M_m^\dagger M_m|\psi\rangle}} \tag{3.19}$$

例如，取 $M_0 = |0\rangle\langle 0|$，$M_1 = |1\rangle\langle 1|$，则 $\{M_0, M_1\}$ 构成关于单个量子比特的一组测量算子。若取 $|\psi\rangle = a|0\rangle + b|1\rangle$，则

$$p(0) = \langle\psi|M_0^\dagger M_0|\psi\rangle = |a|^2 \tag{3.20}$$

$$p(1) = \langle\psi|M_1^\dagger M_1|\psi\rangle = |b|^2 \tag{3.21}$$

且测量后这两种情形的状态分别为 $\dfrac{a}{|a|}|0\rangle$ 和 $\dfrac{b}{|b|}|1\rangle$。

我们讨论测量算子的一个应用：量子状态的区分。

设 $|\psi_1\rangle$ 和 $|\psi_2\rangle$ 是空间中两个量子态且 $\langle\psi_1|\psi_2\rangle \neq 0$，则不存在测量 $\{E_i | i = 1, 2\}$ 使得

$$\langle\psi_i|E_j^\dagger E_j|\psi_i\rangle = \begin{cases} 0, & i \neq j \\ 1, & i = j \end{cases} \tag{3.22}$$

证明　若存在这样的测量，则 $E_2|\psi_1\rangle = 0$ 及 $E_1|\psi_2\rangle = 0$。令 $|\psi_2\rangle = \alpha|\psi_1\rangle + \beta|\psi\rangle$，其中 $\langle\psi_1|\psi\rangle = 0$，且 $|\beta| < 1$（否则 $\langle\psi_2|\psi_1\rangle = 0$）。这时，$E_2|\psi_2\rangle = \beta E_2|\psi\rangle$，因而 $1 = \langle\psi_2|E_2^\dagger E_2|\psi_2\rangle = |\beta|^2\langle\psi|E_2^\dagger E_2|\psi\rangle \leqslant |\beta|^2 < 1$，矛盾！故这样的测量不存在。　　　　　　　　　　　　　　　　　　　　　　　　　　　　　　　　□

假设 4. 一个复合系统的状态空间可由各个子系统的张量积来描述。如，若 $|\psi_i\rangle$ 是第 i 个系统的状态，且有 n 个子系统，则复合系统的状态为 $|\psi_1\rangle \otimes |\psi_2\rangle \otimes \cdots \otimes |\psi_n\rangle$。

3.10　密度算子

描述量子系统除了用向量（称为状态）外，还可以用密度算子或密度矩阵（称为混合态）来描述。设一量子系统是状态 $|\psi_i\rangle$ 的概率为 p_i，则称 $\{p_i, |\psi_i\rangle\}$ 为一个纯态的系综，且系统的状态定义为密度算子 $\rho = \sum_i p_i|\psi_i\rangle\langle\psi_i|$。

ρ 也称为密度矩阵。若一个封闭的量子系统的状态演化由酉算子 U 描述，则密度矩阵 ρ 的演化为

$$\rho \xrightarrow{U} \sum_i p_i U|\psi_i\rangle\langle\psi_i|U^\dagger = U\rho U^\dagger \tag{3.23}$$

若初始状态是 $|\psi_i\rangle$，则测得 m 的概率为

$$p(m|i) = \langle\psi_i|M_m^\dagger M_m|\psi_i\rangle = \mathrm{Tr}(M_m^\dagger M_m|\psi_i\rangle\langle\psi_i|) \tag{3.24}$$

由全概率公式，测得 m 的概率为

$$p(m) = \sum_i p_i p(m|i) \tag{3.25}$$

$$= \sum_i p_i \mathrm{Tr}(M_m^\dagger M_m|\psi_i\rangle\langle\psi_i|) \tag{3.26}$$

$$= \mathrm{Tr}(M_m^\dagger M_m \rho) \tag{3.27}$$

若初始状态为 $|\psi_i\rangle$，则测得 m 后的状态为

$$|\psi_i^m\rangle = \frac{M_m|\psi_i\rangle}{\sqrt{\langle\psi_i|M_m^\dagger M_m|\psi_i\rangle}} \tag{3.28}$$

因此，测量得到结果 m 后系统的状态为

$$\rho_m = \sum_i p(i|m)|\psi_i^m\rangle\langle\psi_i^m| \quad \left(p(i|m) = \frac{p(m,i)}{p(m)} = \frac{p_i p(m|i)}{p(m)}\right) \tag{3.29}$$

$$= \sum_i \frac{p_i p(m|i)}{p(m)} \frac{M_m|\psi_i\rangle\langle\psi_i|M_m^\dagger}{\langle\psi_i|M_m^\dagger M_m|\psi_i\rangle} \tag{3.30}$$

$$= \sum_i p_i \frac{M_m|\psi_i\rangle\langle\psi_i|M_m^\dagger}{p(m)} \tag{3.31}$$

$$= \frac{M_m \rho M_m^\dagger}{\mathrm{Tr}(M_m^\dagger M_m \rho)} \tag{3.32}$$

下面给出密度算子的基本性质。

定理 3.8 ρ 是一个密度算子当且仅当

(1) $\mathrm{Tr}(\rho)=1$；

(2) ρ 是半正定算子。

证明 "⇒" 若 ρ 是一个密度算子，则 ρ 表示为形式 $\rho = \sum_i p_i|\psi_i\rangle\langle\psi_i|$，其中 $\sum_i p_i = 1$。这时 (1) 和 (2) 显然满足。

"⇐" 由 (2) 知 ρ 有谱分解 $\rho = \sum_i \lambda_i|i\rangle\langle i|$，又由 (1) 知 $1=\mathrm{Tr}(\rho)=\sum_i \lambda_i$。因而，$\{\lambda_i, |i\rangle\}$ 构成一个纯态的系综，所以 ρ 为密度算子。 □

状态向量只能用于描述纯态。混合态的描述需要借助密度算子。可以用密度算子的方式重新描述量子力学的四个基本假设。

假设 1. 任意一个独立的物理系统由一个 Hilbert 空间来刻画，该系统的状态由一个密度算子来描述。如果该系统处于状态 ρ_i 的概率为 p_i，那么系统

的状态为

$$\rho = \sum_i p_i \rho_i \tag{3.33}$$

假设 2. 一个封闭的量子物理系统的状态演化由酉算子描述。系统的状态在时间 t_1 为 ρ，通过一个酉算子 U 的作用演化到时间 t_2 的状态 ρ'，即

$$\rho' = U\rho U^\dagger \tag{3.34}$$

假设 3. 量子测量由一组测量算子 $\{M_m\}$ 构成，且满足 $\sum_m M_m^\dagger M_m = I$，$m$ 是指测量后的结果。若系统当前状态为 ρ，则测量后得到 m 的概率 $p(m) = \text{Tr}(M_m^\dagger M_m \rho)$ 且新的状态为

$$\frac{M_m \rho M_m^\dagger}{\text{Tr}(M_m^\dagger M_m \rho)} \tag{3.35}$$

假设 4. 一个复合物理系统的状态由各个分系统的状态张量而成。若系统 1 到系统 n 的状态分别为 $\rho_1, \rho_2, \cdots, \rho_n$，则复合系统的状态为 $\rho_1 \otimes \rho_2 \otimes \cdots \otimes \rho_n$。

关于密度矩阵（算子），有以下性质（证明见参考文献 [1]）。

定理 3.9   若 ρ 是一密度算子且有表示 $\rho = \sum_i p_i |\psi_i\rangle\langle\psi_i| = \sum_j q_j |\varphi_j\rangle\langle\varphi_j|$，其中 $\{p_i, |\psi_i\rangle\}$ 和 $\{q_j, |\varphi_j\rangle\}$ 都为系综的状态，则 $\sqrt{p_i}|\psi_i\rangle = \sum_j u_{ij}\sqrt{q_j}|\varphi_j\rangle$，$i = 1, \cdots, m, j = 1, \cdots, n$，其中 $[u_{ij}]$ 为酉矩阵。

习　　题

3.34   设 ρ 是一个密度算子，证明 $\text{Tr}(\rho^2) \leqslant 1$，且 $\text{Tr}(\rho^2) = 1$ 当且仅当 ρ 是一个纯态。

3.35   （1）证明任意混合态的二阶密度矩阵 ρ 可表示为 $\rho = \dfrac{I + \boldsymbol{r} \cdot \boldsymbol{\sigma}}{2}$，其中 $\boldsymbol{r}$ 为实的三维向量且 $||\boldsymbol{r}|| \leqslant 1$，$\boldsymbol{\sigma} = (\sigma_x, \sigma_y, \sigma_z)$，向量 $\boldsymbol{r}$ 称为 ρ 的 Bloch 向量；

（2）写出 $\rho = \dfrac{I}{2}$ 的 Bloch 向量表示；

（3）证明 ρ 是纯态当且仅当 $||\boldsymbol{r}|| = 1$；

（4）证明纯态的 Bloch 向量表示与（1）的表示一致。

3.36　证明：

（1）Hadamard 门 H 是酉的；

（2）$H^2 = I$；

（3）求 H 的特征值与特征向量。

3.37　证明：

（1）$|\psi\rangle = \dfrac{|00\rangle + |11\rangle}{\sqrt{2}}$ 是纠缠态；

（2）Bell 基构成一组标准正交基。

3.11　偏迹

设一个复合的物理系统 AB 由两个子系统 A 与 B 构成，并设 Hilbert 空间 $\mathcal{H}_A$ 和 $\mathcal{H}_B$ 分别描述 A 和 B，因而系统 AB 由 $\mathcal{H}_A \otimes \mathcal{H}_B$ 描述。若 $\rho^{AB} \in L(\mathcal{H}_A \otimes \mathcal{H}_B)$ 为 AB 中的密度算子，则一个问题是：如何从 ρ^{AB} 中得到每个子系统的状态信息？为此需要介绍偏迹的定义。

令 $\rho^{AB} = \sum\limits_i \lambda_i |\psi_i\rangle_{AB}{}_{AB}\langle\psi_i|$，其中 $|\psi_i\rangle_{AB} \in \mathcal{H}_A \otimes \mathcal{H}_B$，根据 Schmidt 分解定理可设

$$|\psi_i\rangle_{AB} = \sum_j \mu_j^{(i)} |\psi_j^{(i)}\rangle_A |\psi_j^{(i)}\rangle_B \tag{3.36}$$

其中 $\{|\psi_j^{(i)}\rangle_A\}$ 和 $\{|\psi_j^{(i)}\rangle_B\}$ 分别为 $\mathcal{H}_A$ 和 $\mathcal{H}_B$ 中的正交模向量组。

这时，

$$|\psi_i\rangle_{AB}{}_{AB}\langle\psi_i| = \sum_{j,k} \mu_j^{(i)}(\mu_k^{(i)})^* |\psi_j^{(i)}\rangle_A |\psi_j^{(i)}\rangle_B {}_A\langle\psi_k^{(i)}|{}_B\langle\psi_k^{(i)}| \tag{3.37}$$

$$= \sum_{j,k} \mu_j^{(i)}(\mu_k^{(i)})^* |\psi_j^{(i)}\rangle_A {}_A\langle\psi_k^{(i)}| \, |\psi_j^{(i)}\rangle_B {}_B\langle\psi_k^{(i)}| \tag{3.38}$$

定义

$$\mathrm{Tr}_A(|\psi_i\rangle_{AB}{}_{AB}\langle\psi_i|) \tag{3.39}$$

$$= \sum_{j,k} \mu_j^{(i)}(\mu_k^{(i)})^* |\psi_j^{(i)}\rangle_B {}_B\langle\psi_k^{(i)}| \cdot \mathrm{Tr}(|\psi_j^{(i)}\rangle_A {}_A\langle\psi_k^{(i)}|) \tag{3.40}$$

类似地，定义

$$\mathrm{Tr}_B(|\psi_i\rangle_{AB\ AB}\langle\psi_i|) \tag{3.41}$$

$$= \sum_{j,k} \mu_j^{(i)}(\mu_k^{(i)})^* |\psi_j^{(i)}\rangle_A\ {}_A\langle\psi_k^{(i)}| \cdot \mathrm{Tr}(|\psi_j^{(i)}\rangle_B\ {}_B\langle\psi_k^{(i)}|) \tag{3.42}$$

进一步，定义

$$\mathrm{Tr}_A(\rho^{AB}) = \sum_i \lambda_i \mathrm{Tr}_A(|\psi_i\rangle_{AB\,AB}\langle\psi_i|) \tag{3.43}$$

和

$$\mathrm{Tr}_B(\rho^{AB}) = \sum_i \lambda_i \mathrm{Tr}_B(|\psi_i\rangle_{AB\,AB}\langle\psi_i|) \tag{3.44}$$

并记 $\rho^A = \mathrm{Tr}_B(\rho^{AB})$，$\rho^B = \mathrm{Tr}_A(\rho^{AB})$。

其实，ρ^A 与 ρ^B 分别描述了 ρ^{AB} 中关于系统 A 与 B 的状态信息。

当然，定义偏迹也可不需要应用 Schmidt 分解。设 $|\psi\rangle \in \mathcal{H}_A \otimes \mathcal{H}_B$，不妨设 $|\psi\rangle = \sum_{i,j} \lambda_{i,j} |\psi_i\rangle_A |\psi_j\rangle_B$，其中 $\{|\psi_i\rangle_A\}$ 与 $\{|\psi_j\rangle_B\}$ 分别为 $\mathcal{H}_A$ 与 $\mathcal{H}_B$ 的正交模基，则

$$|\psi\rangle\langle\psi| = \sum_{i,j} \lambda_{i,j}|\psi_i\rangle_A|\psi_j\rangle_B \sum_{k,l} \lambda_{k,l\,A}^* \langle\psi_k|_B\langle\psi_l| \tag{3.45}$$

$$= \sum_{i,j,k,l} \lambda_{i,j}\lambda_{k,l}^* |\psi_i\rangle_{A\,A}\langle\psi_k| \otimes |\psi_j\rangle_{B\,B}\langle\psi_l| \tag{3.46}$$

定义

$$\mathrm{Tr}_A(|\psi\rangle\langle\psi|) = \sum_{i,j,k,l} \lambda_{i,j}\lambda_{k,l}^* \mathrm{Tr}(|\psi_i\rangle_{A\,A}\langle\psi_k|)|\psi_j\rangle_{B\,B}\langle\psi_l| \tag{3.47}$$

类似地，可定义 $\mathrm{Tr}_B(|\psi\rangle\langle\psi|)$。

简单地，设 $|\psi_A\rangle\langle\psi_A| \otimes |\psi_B\rangle\langle\psi_B| \in \mathcal{H}_A \otimes \mathcal{H}_B$，则根据以上一般的定义可知

$$\mathrm{Tr}_A(|\psi_A\rangle\langle\psi_A| \otimes |\psi_B\rangle\langle\psi_B|) = \langle\psi_A|\psi_A\rangle|\psi_B\rangle\langle\psi_B| \tag{3.48}$$

类似地，可定义 Tr_B。

实际上，对多个系统构成的复合系统 $\mathcal{H}_{A_1} \otimes \mathcal{H}_{A_2} \otimes \cdots \otimes \mathcal{H}_{A_k}$ 求偏迹可类似地定义，设 $\rho = |\psi_1\rangle\langle\psi_1| \otimes |\psi_2\rangle\langle\psi_2| \otimes \cdots \otimes |\psi_k\rangle\langle\psi_k| \in \mathcal{H}_{A_1} \otimes \mathcal{H}_{A_2} \otimes \cdots \otimes \mathcal{H}_{A_k}$，其中 $|\psi_i\rangle\langle\psi_i| \in \mathcal{H}_{A_i}$，则定义

$$\mathrm{Tr}_{A_i}(\rho) = \mathrm{Tr}(|\psi_i\rangle\langle\psi_i|)|\psi_1\rangle\langle\psi_1| \otimes \cdots \otimes |\psi_{i-1}\rangle\langle\psi_{i-1}|$$
$$\otimes |\psi_{i+1}\rangle\langle\psi_{i+1}| \otimes \cdots \otimes |\psi_k\rangle\langle\psi_k| \tag{3.49}$$

其中 $i = 1, 2, \cdots, k$。

例 3.1 设

$$|\psi_{AB}\rangle = \frac{|00\rangle_{AB} + |11\rangle_{AB}}{\sqrt{2}} \tag{3.50}$$

$$\rho^{AB} = |\psi\rangle_{AB}{}_{AB}\langle\psi| \tag{3.51}$$

$$= \frac{|00\rangle_{AB}{}_{AB}\langle00| + |00\rangle_{AB}{}_{AB}\langle11| + |11\rangle_{AB}{}_{AB}\langle00| + |11\rangle_{AB}{}_{AB}\langle11|}{2} \tag{3.52}$$

则

$$\mathrm{Tr}_A(\rho^{AB}) = \frac{|0\rangle_B{}_B\langle0| + |1\rangle_B{}_B\langle1|}{2} \tag{3.53}$$

$$= \frac{I_B}{2} \tag{3.54}$$

$$\mathrm{Tr}_B(\rho^{AB}) = \frac{I_A}{2} \tag{3.55}$$

习　　题

3.38　设 $\rho \in \mathcal{H}_A \otimes \mathcal{H}_B$，证明 $\mathrm{Tr}_B((U \otimes I)\rho(U^\dagger \otimes I)) = U(\mathrm{Tr}_B\rho)U^\dagger$。

3.39　（1）求一纯态 $\rho^{AB} \in \mathcal{H}_{AB}$，使其满足 $\rho^{AB} \neq \mathrm{Tr}_B(\rho^{AB}) \otimes \mathrm{Tr}_A(\rho^{AB})$。

（2）证明对于在系统 A 上的任意密度算子 ρ，在更大的系统 $A \otimes B$ 上，存在一纯态 $|\psi\rangle$，使得 $\rho = \mathrm{Tr}_B|\psi\rangle\langle\psi|$ 且 $\dim(A) \geqslant \dim(B)$。

3.12　超算子

在封闭的量子系统中，系统的状态 $|\psi\rangle$ 在酉算子 U 的作用下演化为 $U|\psi\rangle$。然而，当量子系统与外界发生作用时，整个物理系统的状态需要用混合态来描

述，其数学表示为密度算子（或矩阵），可记为 ρ。这时状态的演化需要用更广义的量子运算来作用，这其实是从算子空间到算子空间的算子，也称为超算子。当然，这里用的是一类特殊的超算子，本节对此进行具体介绍。

设 V 是有限维 Hilbert 空间，$L(V)$ 为 V 上所有线性算子构成的集合。实际上，$L(V)$ 也可以按以下内积定义构成一 Hilbert 空间：$(A, B) = \mathrm{Tr}(A^\dagger B)$。称 $L(V)$ 到 $L(V)$ 的线性算子为超算子。

设 $\rho \in L(V)$ 为一密度算子，$A_i \in L(V)$，$i = 1, 2, \cdots, k$，且 $\sum\limits_{i=1}^{k} A_i^\dagger A_i = I$，定义

$$\mathcal{T}(\rho) = \sum_{i=1}^{k} A_i \rho A_i^\dagger \tag{3.56}$$

其中称 A_i 为 Kraus 算子[2]。称以上算子 $\mathcal{T}$ 为可允许的量子运算，方程 (3.56) 称为 $\mathcal{T}$ 的算子和表示。显然，$\mathcal{T}$ 是超算子。

定义 3.5 设 $\mathcal{T}$ 为 $L(V)$ 到 $L(V)$ 的超算子，若 $\mathcal{T}$ 满足以下两条，则称 $\mathcal{T}$ 为完全正算子：(1) 对任意正算子 $A \in L(V)$，$\mathcal{T}(A)$ 也为正算子；(2) 设 R 为任意有限维 Hilbert 空间，$\mathcal{I}$ 为 $L(R)$ 上的超算子，也为恒等算子，则任意 $A \in L(R \otimes V)$，当 A 为正算子时，$(\mathcal{I} \otimes \mathcal{T})(A)$ 也为正算子。

实际上，上述方程 (3.56) 定义的可允许量子运算 $\mathcal{T}$ 是完全正算子，且保迹。$\mathcal{T}$ 为保迹是不难证明的，下面证明 $\mathcal{T}$ 是完全正的。

首先需要一个引理（证明作为习题）。

引理 3.2 设 $A_i \in L(V)$，则任意 $A \in L(R \otimes V)$ 有 $\sum\limits_{i} (\mathcal{I} \otimes A_i) A (\mathcal{I} \otimes A_i^\dagger) = (\mathcal{I} \otimes \mathcal{T})(A)$，其中 $\mathcal{I}$ 为 $L(R)$ 上的恒等算子，而 $\mathcal{T}$ 定义如方程 (3.56)，即 $\mathcal{T}(B) = \sum\limits_{i} A_i B A_i^\dagger$，对任意 $B \in L(V)$。

根据引理 3.2，可以直接证明 $\mathcal{T}$ 为完全正的。任意正算子 $A \in L(R \otimes V)$ 和任意 $|\psi\rangle \in R \otimes V$，有

$$\langle\psi|(\mathcal{I} \otimes \mathcal{T})(A)|\psi\rangle = \langle\psi| \sum_i (\mathcal{I} \otimes A_i) A (\mathcal{I} \otimes A_i^\dagger)|\psi\rangle \tag{3.57}$$

$$= \sum_i \langle\psi|(\mathcal{I} \otimes A_i) A (\mathcal{I} \otimes A_i^\dagger)|\psi\rangle \geqslant 0 \tag{3.58}$$

下面给出几个例子。

例 3.2　设量子系统 V 与外界环境 E 作用后系统表示为 $V \otimes E$，$\rho \in L(V)$ 为密度算子，$\rho_e \in L(E)$ 也为密度算子，U 为酉算子作用于整个系统，定义超算子 $\mathcal{T}$ 为

$$\mathcal{T}(\rho) = \mathrm{Tr}_e[U(\rho \otimes \rho_e)U^\dagger] \tag{3.59}$$

设 $\rho_e = \sum_i \lambda_i |\varphi_i\rangle\langle\varphi_i|$，其中 $\{|\varphi_i\rangle\}$ 为 E 的一组正交模基，并设 $\{|e_i\rangle\}$ 为 E 的另一组正交模基，则有

$$\mathcal{T}(\rho) = \sum_k (I_v \otimes \langle e_k|)U(\rho \otimes \rho_e)U^\dagger(I_v \otimes |e_k\rangle) \tag{3.60}$$

$$= \sum_k A_k \rho A_k^\dagger \tag{3.61}$$

其中 $A_k = \sum_i \sqrt{\lambda_i}(I_v \otimes \langle e_k|)U(I_v \otimes |\varphi_i\rangle)$。

进一步有

$$\sum_k A_k^\dagger A_k \tag{3.62}$$

$$= \sum_k \Big(\sum_i \sqrt{\lambda_i}(I_v \otimes \langle\varphi_i|)U^\dagger(I_v \otimes |e_k\rangle) \Big)\Big(\sum_j \sqrt{\lambda_j}(I_v \otimes \langle e_k|)U(I_v \otimes |\varphi_j\rangle) \Big) \tag{3.63}$$

$$= \sum_k \sum_{i,j} \sqrt{\lambda_i}\sqrt{\lambda_j}(I_v \otimes \langle\varphi_i|)U^\dagger(I_v \otimes |e_k\rangle)(I_v \otimes \langle e_k|)U(I_v \otimes |\varphi_j\rangle) \tag{3.64}$$

$$= \sum_{i,j} \sqrt{\lambda_i}\sqrt{\lambda_j}(I_v \otimes \langle\varphi_i|)U^\dagger \cdot \sum_k (I_v \otimes |e_k\rangle)(I_v \otimes \langle e_k|)U(I_v \otimes |\varphi_j\rangle) \tag{3.65}$$

$$= \sum_{i,j} \sqrt{\lambda_i}\sqrt{\lambda_j}(I_v \otimes \langle\varphi_i|)U^+ \cdot (I_v \otimes I_e) \cdot U(I_v \otimes |\varphi_j\rangle) \tag{3.66}$$

$$= \sum_{i,j} \sqrt{\lambda_i}\sqrt{\lambda_j}(I_v \otimes \langle\varphi_i|)(I_v \otimes I_e)(I_v \otimes |\varphi_j\rangle) \tag{3.67}$$

$$= I_v \tag{3.68}$$

其中 I_e 与 I_v 分别为 E 与 V 上的恒等算子。

根据前面引理可知 $\mathcal{T}$ 为可允许的量子运算，也为完全正保迹算子。□

特别地，当环境的状态为纯态 $|\rho_0\rangle\langle\rho_0|$ 与内部量子系统 ρ 作用时，有

$$\mathcal{T}(\rho) = \mathrm{Tr}_e(U(\rho \otimes |\rho_0\rangle\langle\rho_0|)U^\dagger) \tag{3.69}$$

这时 $A_i = (I_v \otimes \langle e_k \rangle U(I_v \otimes |e_0\rangle))$，其中 $\{|e_k\rangle\}$ 为环境系统的一组正交模基。

在前面算子和表示的可允许量子运算中，要求 $\sum_i A_i^\dagger A_i = I$。其实，若该运算中没有涉及测量，可允许量子运算也可用算子和表示，只是 $\sum_i A_i^\dagger A_i \leqslant I$。

例 3.3 设一物理系统 V 与外界环境 E 作用，密度算子 ρ 与 ρ_e 分别表示 V 与 E 的状态，U 是作用于 $\mathcal{H}_V \otimes \mathcal{H}_E$ 上的酉算子，$\{P_i\}$ 为 $\mathcal{H}_V \otimes \mathcal{H}_E$ 上的投影测量，这时量子运算为

$$\mathcal{T}_k(\rho) = \mathrm{Tr}_e(P_k U(\rho \otimes \rho_e)U^\dagger P_k) \tag{3.70}$$

设 $\rho_e = \sum_j \mu_j |\varphi_j\rangle\langle\varphi_j|$，$\mu_j \geqslant 0$ 且 $\sum_j \mu_j = 1$，并令 $\{|e_i\rangle\}$ 为 $\mathcal{H}_E$ 上的一组正交模基，则

$$\mathcal{T}_k(\rho) = \sum_i (I_v \otimes \langle e_i|)P_k U(\rho \otimes \rho_e)U^\dagger P_k(I_v \otimes |e_i\rangle) \tag{3.71}$$

$$= \sum_{i,j} \mu_j(I_v \otimes \langle e_i|)P_k U(\rho \otimes |\varphi_j\rangle\langle\varphi_j|)U^\dagger P_k(I_v \otimes |e_i\rangle) \tag{3.72}$$

其中 I_v 为 $\mathcal{H}_V$ 上的恒等算子。

令 $E_{i,j} = \sqrt{\mu_j}(I_v \otimes \langle e_i|)P_k U(I_v \otimes |\varphi_j\rangle)$，则可以验证上述 $\mathcal{T}_k(\rho)$ 为以下算子和表示：

$$\mathcal{T}_k(\rho) = \sum_{i,j} E_{ij}\rho E_{ij}^\dagger \tag{3.73}$$

例 3.4 考虑三维 Hilbert 空间，其正交模基为 $\{|0\rangle, |1\rangle, |2\rangle\}$，$A_i = |i\rangle\langle i|$，$i = 0, 1, 2$，$|\psi\rangle = \sum_{i=0}^2 \alpha_i|i\rangle$，$\rho = |\psi\rangle\langle\psi|$，则 $\mathcal{T}(\rho)$ 定义如下：

$$\mathcal{T}(\rho) = \sum_{i=0}^2 A_i\rho A_i^\dagger \tag{3.74}$$

$$= \sum_{i=0}^{2} |\alpha_i|^2 |i\rangle\langle i| \tag{3.75}$$

习　题

3.40　设 V 是有限维 Hilbert 空间，$L(V)$ 为 V 上所有线性算子构成的集合。实际上，$L(V)$ 也可以按以下内积定义构成一 Hilbert 空间：$(A, B) = \mathrm{Tr}(A^\dagger B)$。证明：

（1）$L(V)$ 为向量空间；

（2）(A, B) 的定义为内积；

（3）$L(V)$ 的维数为 $d(V)^2$，其中 $d(V)$ 为 V 的维数。

3.41　证明由方程 (3.56) 定义的可允许量子运算 $\mathcal{T}$ 是保迹的。

3.42　证明引理 3.2（提示：利用 Schmidt 分解定理）。

3.43　证明等式 (3.73)。

3.13　小结

　　与经典物理相比，量子力学是对微观世界的精确描述。由于量子力学基于 Hilbert 空间理论，所以泛函分析是量子力学的数学基础。可参阅 Von Neumann 等著的 *Mathematical Foundations of Quantum Mechanics*。当然，掌握线性代数与矩阵分析的基本知识，即可开展量子计算的研究，而不需要学习量子力学。

　　本章先介绍了量子计算相关的线性代数基础，包括各种算子以及算子函数；然后专门系统地介绍了几种重要的算子（矩阵）分解定理，澄清了这些结果之间的相互关系。之后，我们分别用状态向量和密度算子两种方法，给出了量子计算中的四个基本假设的描述。需要指出的是，状态向量只能用来描述纯态，但密度算子可以描述纯态和混合态。为了描述复合物理系统中每个子系统的性质，我们给出了偏迹的概念和基本性质。混合态到混合态的演化过程，是密度算子到密度算子的映射，也就是一种超算子，所以，最后一节介绍了超算子的基本概念和性质。

参考文献

[1] NIELSEN M A, CHUANG I L. Quantum computation and quantum information: 10th anniversary edition[M]. Cambridge University Press, 2010.

[2] KAYE P, LAFLAMME R, MOSCA M. An introduction to quantum computing[M]. Oxford, 2006.

第 4 章　基本的量子通信协议

量子通信是量子力学和量子信息完美结合的产物，主要包括量子密钥分发（Quantum Key Distribution，QKD）和量子隐形传态。按照通信所使用的量子资源类型的不同，现有的 QKD 可以分为离散变量 QKD 和连续变量 QKD 两大类。前者将密钥信息编码在有限维 Hilbert 空间的离散变量（比如光子偏振）上，它的主要优点是原理简单，传输距离长；缺点是完美的信号源难以实现，探测设备的性能需求高，因而成本高。典型的离散变量 QKD 协议有 BB84 协议 [1]、B92 协议 [2] 及 E91 协议 [3]。连续变量 QKD 将密钥信息编码在无限维 Hilbert 空间的连续变量（比如光场的正则分量）上，其主要优点是成本低，与传统通信系统融合性强；缺点是传输距离相对较短。最为著名的连续变量 QKD 当属由 Grosshans 和 Grangier [4] 于 2002 年提出的 GG02 协议。本章前三节主要介绍离散变量 QKD 的三个基本协议，4.4 节和 4.5 节介绍著名的量子超密编码 [5] 与量子隐形传态协议 [6]。

4.1　BB84 协议

量子密码中的第一个协议是 BB84 协议，它由 Bennett 和 Brassard [1] 于 1984 年提出。该协议原理简单，结构易于物理实现，其无条件安全性可由量子非克隆定理以及非正交态不能被完备区分来保证。此后，QKD 从理论到实验均得到了广泛和深入的研究与发展。

记 $Z = \{|0\rangle, |1\rangle\}$，$X = \{|+\rangle, |-\rangle\}$。协议的具体步骤如下。

（1）Alice 准备一组由 0 和 1 组成的随机序列 $a_1, a_2, \cdots, a_n$ 和一组编码基序列 $b_1, b_2, \cdots, b_n$，其中 $b_i \in \{Z, X\}$。

（2）Alice 将这一组随机序列编码成量子比特序列 $|q_1\rangle, |q_2\rangle, \cdots, |q_n\rangle$，编码规则为：若 $a_i = 0$ 且 $b_i = Z$，则 $|q_i\rangle$ 编码为量子态 $|0\rangle$；若 $a_i = 0$ 且

$b_i = X$，则 $|q_i\rangle$ 编码为量子态 $|+\rangle$；若 $a_i = 1$ 且 $b_i = Z$，则 $|q_i\rangle$ 编码为量子态 $|1\rangle$；若 $a_i = 1$ 且 $b_i = X$，则 $|q_i\rangle$ 编码为量子态 $|-\rangle$）。

（3）Alice 将这组量子比特序列 $|q_1\rangle, |q_2\rangle, \cdots, |q_n\rangle$ 通过量子信道传输至 Bob 端。

（4）对每一位接收到的量子比特 $|q_i\rangle$，Bob 随机地选取 Z 或者 X 作为测量基对其进行独立测量。

（5）Bob 通过经典信道公开测量序列。

（6）Alice 告知 Bob 测量基中哪些是与之相同的，哪些是不同的。

（7）Alice 和 Bob 删除测量基不同的对应的比特位，保存测量基是相同的对应的比特位，从而得到生钥（raw key）。

（8）Alice 和 Bob 将他们的部分生钥用于对比，如果其误码率不超过阈值 R_0，则对剩余的生钥继续进行信息调整（纠错）和保密增强[7]，进而获取安全密钥。否则，终止协议。

协议中涉及的保密增强可定义如下。

设合法用户 Alice 和 Bob 之间进行信息调整后的密钥为 K_0，窃听者 Eve 对 K_0 的估计是 K_e，设 K_0 和 K_e 的互信息为 $I(K_0 : K_e)$。Alice 和 Bob 对 K_0 进行某种操作，通过此操作后，Alice 和 Bob 之间的密钥变为 K_0^*，窃听者 Eve 对 K_0^* 的估计为 K_e^*。此时，$I(K_0^* : K_e^*) \approx 0$，即 Eve 几乎不掌握关于最终密钥的信息。降低 Eve 获取关于最终密钥的信息的过程称为保密增强。

值得注意的是，协议的步骤（5）到步骤（8）是通过经典信道完成信息传输的。

为了更好地理解密钥生成的过程，下面给出了一个简单的例子。

例 4.1

随机序列	1	0	0	1	1	0	1	1	0
Alice 编码序列	X	Z	Z	Z	Z	X	X	Z	X
量子序列	$|-\rangle$	$|0\rangle$	$|0\rangle$	$|1\rangle$	$|1\rangle$	$|+\rangle$	$|-\rangle$	$|1\rangle$	$|+\rangle$
Bob 测量序列	X	X	Z	X	Z	X	X	Z	Z

Bob 的测量结果	$|-\rangle$	$|-\rangle$	$|0\rangle$	$|+\rangle$	$|1\rangle$	$|+\rangle$	$|-\rangle$	$|1\rangle$	$|0\rangle$
Bob 解码的序列	1	1	0	0	1	0	1	1	0
生钥	1		0		1	0	1	1	

首先，由量子非克隆定理可知，窃听者 Eve 不能克隆 Alice 的量子比特。其次，BB84 协议中所使用的 $\{|0\rangle, |1\rangle\}$ 和 $\{|+\rangle, |-\rangle\}$ 之间是满足非正交性的，它们是不可精确区分的，Eve 不可能精确地测量所截获的每一个量子态。例如，当 Eve 实施常用的截获-重放攻击时，会导致生钥误码率升高，Alice 和 Bob 通过误码率分析而发现 Eve 的存在。这有别于经典密码学的安全性依赖于求解某些问题的困难性，BB84 协议的安全性源于量子力学的本质特征，与窃听者的计算能力无关。

上述的 BB84 协议基于准备-测量模型，为了定量地进行安全性分析，常常将其等效为基于纠缠的模型。1999 年，Lo 和 Chau[8] 给出了与 BB84 协议几乎等效的基于纠缠模型的协议，从纠缠提纯角度证明了 BB84 协议的无条件安全性。下面给出无条件安全性证明中的一个重要定理。

定理 4.1　Alice 制备 N 个 EPR 对：$|\psi\rangle_N = \left(\dfrac{|00\rangle + |11\rangle}{\sqrt{2}}\right)^{\otimes N}$，并通过一个量子信道与 Bob 共享，假设该量子信道存在噪声和窃听者 Eve（可以实施任意窃听策略）。设 Alice 和 Bob 共享的量子态由密度矩阵 ρ_{AB} 来描述。若 ρ_{AB} 与 $|\psi\rangle_N$ 的保真度满足

$$F(\rho_{AB}, |\psi\rangle_N) > 1 - 2^{-k} \tag{4.1}$$

其中 k 是一个足够大的参数，则 Eve 获取关于最终密钥的信息量的上界为

$$2^{-c} + O(2^{-2k}) \tag{4.2}$$

其中 $c = k - \log_2\left(2N + k + \dfrac{1}{\log_e 2}\right)$。

定理 4.1 的证明主要涉及以下两个引理。

引理 4.1　（高保真度蕴含低熵值）

若保真度满足 $F(\rho_{AB}, |\psi\rangle_N) > 1 - \varepsilon$，其中 $0 < \varepsilon \ll 1$，则 ρ_{AB} 的冯·诺依曼熵满足

$$S(\rho_{AB}) < -(1-\varepsilon)\log_2(1-\varepsilon) - \varepsilon\log_2\left(\frac{\varepsilon}{2^{2N}-1}\right) \tag{4.3}$$

引理 4.1 的证明思路为: 如果 $F(\rho_{AB}, |\psi\rangle_N) = 1-\varepsilon$, 那么在 N-Bell 态基组下, ρ_{AB} 的最大特征值大于 $1-\varepsilon$。假设 $\rho_{\max}$ 是一个对角密度矩阵并满足最大对角元为 $1-\varepsilon$, 其余 $2^{2N}-1$ 项均分概率 ε, 即

$$\rho_{\max} = \mathrm{diag}\left\{1-\varepsilon, \frac{\varepsilon}{2^{2N}-1}, \cdots, \frac{\varepsilon}{2^{2N}-1}\right\} \tag{4.4}$$

那么, ρ_{AB} 的冯·诺依曼熵以 $\rho_{\max}$ 的熵为上界。

引理 4.2 (Holevo 界)

设 Alice 的经典事件 X 的可能取值为 $\{x_1, x_2, \cdots, x_n\}$, 其中, 取 x_i $(i = 1, \cdots, n)$ 的概率为 p_i $\left(\sum_{i=1}^{n} p_i = 1\right)$, 且对应编码量子态为 ρ_i, 即 Alice 编码的量子态可以记为 $\rho = \sum_{i=1}^{n} p_i\rho_i$, 则对于 Bob 进行的任意测量方式 $\{M_y\} = \{M_0, M_1, \cdots, M_m\}$ (测量结果为 Y) 都有

$$H(X:Y) \leqslant \chi(\rho) = S(\rho) - \sum_{i=1}^{n} \rho_i S(\rho_i) \tag{4.5}$$

其中 $\chi(\rho)$ 称为 Holevo 界。

可见, ε 越小意味着提纯后的量子态 ρ_{AB} 与 $|\psi\rangle_N$ 越接近。如果一个协议可以确保 Alice 和 Bob 共享后的量子纠缠态的保真度大于 $1-\varepsilon$, 那么, 即使 Eve 可以实施任意攻击策略 (假设窃听者拥有无限的计算资源), 她所获取的密钥信息量都存在一个上界。增大保真度可通过纠缠提纯操作来实现, 而纠缠提纯可通过量子纠错来完成。

习 题

4.1 假设 Alice 的随机序列为 0101001110, 编码序列为 $ZXZZXXXZXZ$, Bob 的测量序列为 $XXZXZXXZZX$, 求 Alice 和 Bob 使用 BB84 协议时共享的生钥串。

4.2 当窃听者 Eve 实施常用的截获-重放攻击时, 假设 Eve 截获信道上的所有量子态并选择 X 基进行测量, 求生钥的误码率。

4.2　B92 协议

B92 协议由 Bennett [2] 在 1992 年提出，该协议与 BB84 协议原理类似，但它是一个两态协议，只使用两个非正交的量子态（如，量子态 $|0\rangle$ 和 $|+\rangle$）完成密钥分发。具体协议步骤如下。

> （1）Alice 准备一组由 0 和 1 组成的随机序列 $a_1, a_2, \cdots, a_n$。
>
> （2）Alice 将这一组随机序列编码成量子比特序列 $|q_1\rangle, |q_2\rangle, \cdots, |q_n\rangle$，编码规则为：若 $a_i = 0$，则 $|q_i\rangle$ 编码为量子态 $|0\rangle$；若 $a_i = 1$，则 $|q_i\rangle$ 编码为量子态 $|+\rangle$。
>
> （3）Alice 将这组量子比特序列 $|q_1\rangle, |q_2\rangle, \cdots, |q_n\rangle$ 通过量子信道传输至 Bob。
>
> （4）对每一位接收到的量子比特 $|q_i\rangle$，Bob 随机地选取 Z 或者 X 作为测量基对其进行独立测量。
>
> （5）Bob 通过公开信道告知 Alice，通过测量结果可以唯一确定的量子态比特位（当测量结果为 $|1\rangle$ 和 $|-\rangle$ 时，可以分别确定初始量子态为 $|+\rangle$ 和 $|0\rangle$），但测量基的选择是秘密的。
>
> （6）Alice 和 Bob 公开讨论，保留所有可以确定量子态 $|q_i\rangle$ 的对应的随机比特位 a_i，放弃其他比特位，从而形成生钥。
>
> （7）通过经典信道，Alice 和 Bob 将部分生钥用于分析误码率，如果误码率超过阈值 R_1，则协议终止，否则，对剩余的生钥继续进行信息调整（纠错）和保密增强从而得到密钥。

下面给出 B92 协议形成生钥的简单例子，以便于更好地理解该协议。

例 4.2

随机序列	0	0	1	1	0	1	0	0	1
量子序列	$|0\rangle$	$|0\rangle$	$|+\rangle$	$|+\rangle$	$|0\rangle$	$|+\rangle$	$|0\rangle$	$|0\rangle$	$|+\rangle$
Bob 测量序列	Z	Z	X	Z	X	Z	Z	X	X
Bob 的测量后的状态	$|0\rangle$	$|0\rangle$	$|+\rangle$	$|1\rangle$	$|-\rangle$	$|1\rangle$	$|0\rangle$	$|-\rangle$	$|+\rangle$
是否保留	N	N	N	Y	Y	Y	N	Y	N
生钥				1	0	1		0	

B92 协议理论上是无条件安全的。同样，它的安全性由量子非克隆定理和非正交态无法被精确区分这一性质来保证。B92 协议所选用的两个量子态是非正交的，窃听者不可能完全区分两者而不引起系统的扰动，这种扰动最终会被系统发现。对于无条件安全的严格证明，2003 年，Tamaki、Koashi 和 Imoto[9] 利用纠缠提纯的思想给出了在无损耗信道上的 B92 协议的安全性证明。2004 年，Tamaki 等[10] 证明上述安全性对含有噪声的损耗信道同样适用。该协议在量子态的种类选择上进行了优化，是两态协议，但是它的生钥产生效率只有 BB84 协议的一半，所以在实际中的应用并不广泛。

习　　题

4.3　假设 Alice 的随机序列为 01010011，编码规则为：二进制数 0 和 1，分别用量子态 $|0\rangle$ 和 $|+\rangle$ 进行编码。Bob 的测量序列为 XXZXZXXZ，求 Alice 和 Bob 使用 B92 协议时共享的可能生钥串。

4.4　分析说明 B92 协议的生钥产生效率为什么只有 BB84 协议的一半。

4.3　E91 协议

上述的两个量子通信协议中所使用的量子态均为单量子态。1991 年，牛津大学的青年学者 Ekert[3] 首次利用具有纠缠特性的双量子 EPR 对设计量子密钥分发协议，协议的安全性由 Bell 不等式理论保证。协议的内容如下。

（1）Alice 和 Bob 分别享有 EPR 对 $|\psi^-\rangle = \frac{1}{\sqrt{2}}(|0_A 1_B\rangle - |1_A 0_B\rangle)$ 的第一位和第二位量子比特。

（2）Alice 和 Bob 分别确定球坐标系下的三个单位矢量 a_i 和 b_i，设 a_i 和 b_i 对应的标准测量基分别为 A_i 基和 B_i 基，其中 $i = 1、2、3$。Alice 从 A_i 基中随机选取一组对她持有的量子比特进行测量。同理，Bob 从 B_i 基中随机选取一组对其拥有的量子比特进行测量。

（3）Alice 和 Bob 通过经典信道公布每次测量所选用的测量基，并将测量结果分为两组：若双方的测量基相同，那么结果放入第一组留存；若双方的测量基不同，则归为第二组并公开这一组的测量结果。

（4）利用第二组的测量结果，Alice 和 Bob 可以判定系统是否可靠。

（5）在确定系统可靠的前提下，Bob 将第一组测量结果对应的二进制数取反，即可得到与 Alice 相同的生钥。

（6）通过经典信道，Alice 和 Bob 将部分生钥用于对比分析误码率，如果误码率超过阈值 R_2，则协议终止，否则，对剩余的生钥继续进行信息调整（纠错）和保密增强从而得到密钥。

假设 a_i 和 b_i 均在 XZ 平面内，设 a_i 与 Z 轴的偏振角度分别为 $\theta_i = \frac{\pi}{4}(i-1)$，对应的测量基为 $A_i = \{|A_i\rangle_+, |A_i\rangle_-\}$。$b_i$ 与 Z 轴的偏振角度分别为 $\theta'_i = \frac{\pi}{4}i$，对应的测量基为 $B_i = \{|B_i\rangle_+, |B_i\rangle_-\}$，其中 $i = 1$、2、3。用 $P_{\pm\pm}(a_i, b_j)$ 表示 Alice 用 A_i 基测量后结果为 $|A_i\rangle_\pm$ 的本征值 ±1，且 Bob 用 B_j 基测量时获得结果为 $|B_i\rangle_\pm$ 的本征值 ±1 的联合概率。对于纠缠态而言，存在由联合概率表示的相关系数，具体公式如下：

$$E(a_i, b_j) = P_{++}(a_i, b_j) + P_{--}(a_i, b_j) - P_{+-}(a_i, b_j) - P_{-+}(a_i, b_j) \qquad (4.6)$$

当双方选择的测量基相同时（如 A_2、B_1，或 A_3、B_2），相关系数为 $E(a_i, b_j) = -1$，此种情况下，Alice 和 Bob 的测量结果是反关联的。当贝尔关联系数 $|C| = |E(a_1, b_1) - E(a_1, b_3) + E(a_3, b_1) + E(a_3, b_3)| = 2\sqrt{2}$ 时，系统没有受到窃听者的干扰，是可靠的；当关联系数 $|C| < 2\sqrt{2}$ 时，表示信道存在扰动。

在该协议中，因为 Alice 和 Bob 之间共享的是具有纠缠特性的 Bell 态，所以在传输过程中，量子比特是不确定的。只有在进行测量后，通信双方的量子比特才完全确定下来。因此，窃听者在量子比特传输过程中无法窃取信息。如果窃听者想要获取密钥信息，那么她必须复制信道中的量子态并存储至合法通信双方公布测量矢量，然后选择与他们相同的测量矢量对存储的量子态进行测量。显然，这是违背量子非克隆定理的，并且量子态的存储在当前也是一大技术挑战。在有损耗和含噪声的信道中，通信双方共享的纠缠态的纠缠度将会下降，E91 协议将提示信道存在扰动而无法建立密钥。1996 年，Deutsch 等[11]对 E91 协议进行了扩展并首次应用纠缠提纯的思想证明了其在含噪声信道下的安全性。

习　题

4.5　验证上述相关系数 $E(a_2, b_1) = E(a_3, b_2) = -1$。

4.4　超密编码

　　量子超密编码协议由 Bennett 和 Wiesner[5] 于 1992 年提出。它是量子纠缠在量子通信中的一个简单应用。在该协议中，Alice 和 Bob 共享一个 Bell 态，Alice 对其拥有的量子比特作用某个量子门（如 X 门）后将该量子比特发送给 Bob，Bob 对这两个量子比特做相应的门操作并测量，即可得 Alice 想要发送的两个经典比特（如 01）。因此，Alice 通过发送一个量子比特，传输了两位经典比特，从而实现了超密编码。

　　超密编码的具体过程如下。

　　（1）Alice 与 Bob 共享 Bell 态 $|\phi^+\rangle = \dfrac{1}{\sqrt{2}}(|00\rangle + |11\rangle))$，且 Alice 拥有第一个量子比特，Bob 拥有第二个量子比特。

　　（2）Alice 根据她想要传送的两比特信息，将对应的量子门作用于她的量子比特，最后发送她的量子比特给 Bob。

　　（3）Bob 将电路 $(H \otimes I) \cdot \text{CNOT}$ 作用于这两个量子比特并测量，即可得 Alice 想要发送的两个经典比特。

　　第（2）步中，Alice 希望传送两个经典比特给 Bob，即 00、01、10、11 四种情况之一，为此 Alice 相应的编码所用门如图 4.1 所示。

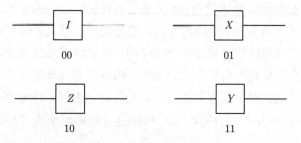

图 4.1　超密编码协议所用门

习　题

4.6　当初始态是 $|00\rangle$ 时，通过某些量子门制备 Bell 态 $\dfrac{1}{\sqrt{2}}(|00\rangle + |11\rangle)$，并在此基础上给出量子超密编码的量子线路图。

4.7　当 Alice 和 Bob 共享的量子态为 $|\varphi\rangle = a|00\rangle + b|11\rangle$，其中 $|a|^2 + |b|^2 = 1$ 且 $|a| \neq |b|$，能否实现超密编码？为什么？

4.5　量子隐形传态

量子隐形传态是量子纠缠的又一个典型应用，它最早由 Bennett 和 Brassard 等 [6] 于 1993 年提出。量子隐形传态可以实现用经典信息传递量子态的功能。

设 Alice 和 Bob 相距遥远，但共享一个 Bell 态。同时，Alice 还拥有另一个未知量子态 $|\psi\rangle$。在量子隐形传态协议中，Alice 可以通过经典信息将未知量子态 $|\psi\rangle$ 传送给 Bob。

具体过程可描述如下。

（1）Alice 和 Bob 共享一个 Bell 态 $|\phi^+\rangle = \dfrac{1}{\sqrt{2}}(|00\rangle + |11\rangle)$。此外，Alice 还拥有另一个未知量子态 $|\psi\rangle = a|0\rangle + b|1\rangle$，其中 $|a|^2 + |b|^2 = 1$。

（2）对 Alice 实施控制 CNOT 门操作。之后，实施 Hadamard 门操作。

（3）Alice 用算子 $\{|00\rangle\langle 00|, |01\rangle\langle 01|, |10\rangle\langle 10|, |11\rangle\langle 11|\}$ 对其拥有的量子比特进行测量，并把结果发送给（经典传输）Bob。

（4）Bob 根据收到的结果对持有的量子比特做相应的酉变换，即可得到未知态。

经过第（2）步的操作后，Alice 和 Bob 系统的 3 比特的量子态可以写成：

$$\frac{1}{2}|00\rangle(a|0\rangle + b|1\rangle) + \frac{1}{2}|01\rangle(a|1\rangle + b|0\rangle) +$$

$$\frac{1}{2}|10\rangle(a|0\rangle - b|1\rangle) + \frac{1}{2}|11\rangle(a|1\rangle - b|0\rangle)$$

第（4）步中，根据收到的经典信息，Bob 具体的酉变换对应如下：

若收到 00，则 Bob 直接拥有 $|\psi\rangle = a|0\rangle + b|1\rangle$，无须进行操作；

若收到 01，则 Bob 用 X 门作用于其量子比特；

若收到 10，则 Bob 用 Z 门作用于其量子比特；

若收到 11，则 Bob 先用 X 门作用后再用 Z 门作用于其量子比特。

上文描述的隐形传态可由如图 4.2 所示的电路实现。

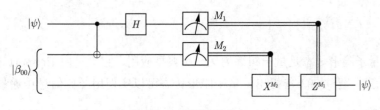

图 4.2　量子隐形传态

习　　题

4.8　当初始纠缠态为 $\beta_{00} = \dfrac{1}{\sqrt{2}}(|01\rangle + |10\rangle)$ 时，给出相应的隐形传态协议。

4.9　该协议是否意味着达到了量子克隆的效果？是否有超光速的传输？

4.6　小结

本章主要介绍了几个基本的量子通信协议，包括离散变量 QKD 的三大协议：BB84 协议、B92 协议、E91 协议，以及著名的量子超密编码协议与量子隐形传态协议。

随着量子通信技术不断发展，量子通信协议的安全性分析也深受关注。学者们从不同角度对量子通信协议的安全性进行了详细而深入的研究。2001 年，Mayers[12] 从窃听者窃取信息量的角度上证明了对称量子密钥分发这一类协议（包括 BB84、B92 和 E91 协议）的无条件安全性。Mayers 证明无论窃听者采取何种攻击策略，窃听者获取密钥的平均信息量存在一个上界。

量子通信因其无条件安全性而备受瞩目，但目前而言，实现量子态的制备和存储需要较大成本，量子的纠缠特性也十分容易受到环境的影响而发生退相干等现象。如何利用较少的量子资源来实现安全可靠的通信是有实际意义的。2007 年，Boyer、Kenigsberg 和 Mor [13] 首次提出了半量子密钥分发协议，半量子指的是通信中的某一方不完全具备量子信息处理的能力。2009 年，Zou 和 Qiu 等 [14] 在此基础上给出了少于 4 个量子态的半量子密钥分发协议。2015 年，Krawec [15] 第一次给出半量子密钥分发协议在集合攻击下的安全性证明及其密钥率的下界。

参考文献

[1]　BENNETT C H, BRASSARD G. Quantum cryptography: Public key distribution and coin tossing[J]. Theoretical Computer Science, 2014, 560: 7-11.

[2]　BENNETT C H. Quantum cryptography using any two nonorthogonal states[J]. Physical Review Letters, 1992, 68(21): 3121-3124.

[3]　EKERT A K. Quantum cryptography based on Bell's theorem[J]. Physical Review Letters, 1991, 67(6): 661-663.

[4]　GROSSHANS F, GRANGIER P. Continuous variable quantum cryptography using coherent states[J]. Physical Review Letters, 2002, 88(5): 057902.

[5]　BENNETT C H, WIESNER S J. Communication via one- and two-particle operators on Einstein-Podolsky-Rosen states[J]. Physical Review Letters, 1992, 69(20): 2881-2884.

[6]　BENNETT C H, BRASSARD G, CRÉPEAU C, et al. Teleporting an unknown quantum state via dual classical and Einstein-Podolsky-Rosen channels[J]. Physical Review Letters, 1993, 70(13): 1895-1899.

[7]　郭宏，李政宇，彭翔. 量子密码[M]. 北京: 国防工业出版社, 2016.

[8]　LO H K, CHAU H F. Unconditional security of quantum key distribution over arbitrarily long distances[J]. Science, 1999, 283(5410): 2050-2056.

[9]　TAMAKI K, KOASHI M, IMOTO N. Unconditionally secure key distribution based on two nonorthogonal states[J]. Physical Review Letters, 2003, 90(16): 167904.

[10]　TAMAKI K, LÜTKENHAUS N. Unconditional security of the Bennett 1992 quantum key-distribution protocol over a lossy and noisy channel[J]. Physical Review A, 2004, 69(3): 032316.

[11]　DEUTSCH D, EKERT A, JOZSA R, et al. Quantum privacy amplification and the security of quantum cryptography over noisy channels[J]. Physical Review Letters, 1996, 77(13): 2818-2821.

[12] MAYERS D. Unconditional security in quantum cryptography[J]. Journal of the
      ACM, 2001, 48(3): 351-406.

[13] BOYER M, KENIGSBERG D, MOR T. Quantum key distribution with classical
      Bob[J]. Physical Review Letters, 2007, 99(14): 140501.

[14] ZOU X F, QIU D W, LI L Z, et al. Semiquantum-key distribution using less than
      four quantum states[J]. Physical Review A, 2009, 79(5): 052312.

[15] KRAWEC W O. Security proof of a semi-quantum key distribution protocol[C]//
      2015 IEEE International Symposium on Information Theory (ISIT). 2015: 686-690.

第 5 章 量子计算模型

自动机理论是计算机科学的理论基础，并有广泛的实际应用价值。量子自动机是最基本的量子计算模型，它比经典自动机有优势且有物理可实现性。本章介绍量子计算中几个基本的量子自动机模型，包括量子有限自动机（QFA）、量子下推自动机（Quantum Pushdown Automata）、量子图灵机（Quantum Turing Machines，QTM）及量子电路（Quantum Circuits）。

首先介绍单向量子有限自动机（One-way QFA，1QFA）。

5.1 单向量子有限自动机（1QFA）

1QFA 包括单次测量的 1QFA、多次测量的 1QFA、多字符 1QFA、带控制语言的 1QFA 及带经典状态的 1QFA 等。以下给出它们的定义和识别语言的情况。

5.1.1 单次测量的 1QFA

单次测量的 1QFA（Measure-once 1QFA，MO-1QFA）是最简单的量子自动机，它在运行时，当带头读完最后一个字符后才测量，而读的过程中不测量。

在介绍量子自动机之前，先回顾一下概率有限自动机（Probabilistic Finite Automata，PFA）和确定性有限自动机（Deterministic Finite Automata，DFA）。

定义 5.1   一个字母表 Σ 上的 PFA $\mathcal{M}$ 定义为一个四元组

$$\mathcal{M} = (S, \boldsymbol{\pi}, M(\sigma)_{\sigma \in \Sigma}, \eta)$$

其中

- $S = \{s_1, s_2, \cdots, s_n\}$ 为有限状态集；
- $\boldsymbol{\pi}$ 是一个 n 维行向量，表示为 S 上的一个初始分布；

- $\forall \sigma \in \Sigma$，$M(\sigma)$ 是 $n \times n$ 随机矩阵（即每一行是一个转移概率向量），$M(\sigma)(i,j)$ 表示机器读 σ 后从状态 s_i 到 s_j 的转移概率；

- $\eta = \left[\eta_1, \cdots, \eta_n\right]^{\mathrm{T}}$ 是 n 维列向量且元素为 0 或 1，$\eta_i = 1$ 表示 s_i 是接受状态。

注 5.1 若在上述定义的 PFA 中 $M(\sigma)$ 中的元素仅为 0 或 1，则 $\mathcal{M}$ 可看作一个 DFA。

对于任意输入串 $x = x_1 x_2 \cdots x_n \in \Sigma^*$，$\mathcal{M}$ 接受 x 的概率为 $P_{\mathcal{M}}(x) = \pi M(x_1) \cdots M(x_n) \eta$。

定义 5.2 一个 DFA 为一个五元组

$$\mathcal{M} = (Q, \Sigma, \delta, q_0, F)$$

其中

- Q 为有限状态集；
- Σ 是有限输入字母表；
- $\delta : Q \times \Sigma \to Q$ 是转移函数；
- q_0 表示初始状态；
- $F \subseteq Q$ 表示接受状态集。

对于任意输入串 $x = x_1 x_2 \cdots x_n \in \Sigma^*$，如果 $\mathcal{M}$ 根据转移函数最终会到达接受态，则 $\mathcal{M}$ 接受 x，否则拒绝。DFA 识别的语言类称为正则语言。

例 5.1 图 5.1 是能精确识别 $\{a,b\}^* a$ 的 DFA（其中 q_0 为初始态，q_1 为接受态）。

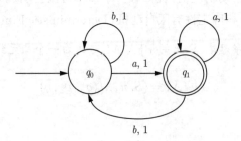

图 5.1 识别 $\{a,b\}^* a$ 的 DFA

不同于确定性有限自动机，概率有限自动机和量子有限自动机都是以一定概率接受输入串的，下面给出几种语言识别方式的定义。设 L 是有限输入字母表 Σ 上的语言，$\mathcal{M}$ 为有限输入字母表为 Σ 的自动机，记 $\mathcal{M}$ 接受输入串 x 的概率为 $P_{\mathcal{M}}(x)$。$\mathcal{M}$ 有多种识别语言的方式，最简单的一种是精确识别。

定义 5.3　若 $\forall x \in \Sigma^*$，当 $x \in L$ 时，$P_{\mathcal{M}}(x) = 1$；当 $x \notin L$ 时，$P_{\mathcal{M}}(x) = 0$，则称 $\mathcal{M}$ 精确识别 L。

我们通常会考虑识别有误差的情况，根据识别误差形式的不同，大致分以下 3 种定义。

定义 5.4　若 $\exists \varepsilon > 0$ 和 $\lambda > 0$，使得 $\forall x \in \Sigma^*$，当 $x \in L$ 时，$P_{\mathcal{M}}(x) \geqslant \lambda + \varepsilon$；当 $x \notin L$ 时，$P_{\mathcal{M}}(x) \leqslant \lambda - \varepsilon$，则称 $\mathcal{M}$ 有界误差识别 L，也称 $\mathcal{M}$ 以孤立截点 λ（和分离半径 ε）识别 L。

定义 5.5　若 $\forall x \in \Sigma^*$，当 $x \in L$ 时，$P_{\mathcal{M}}(x) = 1$；当 $x \notin L$ 时，$P_{\mathcal{M}}(x) \leqslant \epsilon$，则称 $\mathcal{M}$ 以单边误差 ϵ 识别 L。

定义 5.6　若 $\forall x \in \Sigma^*$，当 $x \in L$ 时，$P_{\mathcal{M}}(x) > \lambda$；当 $x \notin L$ 时，$P_{\mathcal{M}}(x) < \lambda$，则称 $\mathcal{M}$ 无界误差识别 L，其中 $\lambda \in [0,1)$。

注 5.2　在定义 5.6 中，若把"$<$"改成"$\leqslant$"，则称 $\mathcal{M}$ 以截点 λ 识别 L。此外，有时候也会考虑以概率识别语言，即，若 $\forall x \in \Sigma^*$，当 $\forall x \in L$ 时，$P_{\mathcal{M}}(x) \geqslant p$；当 $\forall x \notin L$ 时，$P_{\mathcal{M}}(x) \leqslant 1 - p$，则称 $\mathcal{M}$ 以概率 p 识别 L，其中 $p > \dfrac{1}{2}$。

以下给出 MO-1QFA 定义。

定义 5.7　MO-1QFA $\mathcal{M}$ 为一个五元组

$$\mathcal{M} = (Q, \Sigma, \delta, q_0, F)$$

其中

- $Q = \{q_0, q_1, \cdots, q_{n-1}\}$ 为有限状态集；
- Σ 是有限输入字母表；
- $\delta : Q \times \Sigma \times Q \to \mathbb{C}$ 是转移函数且满足对任意 $q_1, q_2 \in Q$，任意 $\sigma \in \Sigma$，

$$\sum_{p \in Q} \delta(q_1, \sigma, p)^* \delta(q_2, \sigma, p) = \begin{cases} 1, & q_1 = q_2 \\ 0, & q_1 \neq q_2 \end{cases} \tag{5.1}$$

其中 $\delta(q_1, \sigma, p)^*$ 表示 $\delta(q_1, \sigma, p)$ 的共轭复数，$\delta(p, \sigma, q)$（$|\delta(p, \sigma, q)|^2$）表示 $\mathcal{M}$ 读 σ 后从状态 p 到状态 q 的振幅（概率）；

- q_0 表示初始状态；
- $F \subseteq Q$ 表示接受状态集。

$\mathcal{M}$ 的状态空间是一个 $|Q|$ 维 Hilbert 空间 $\mathcal{H}$，记为 $\mathcal{H}_Q$。任意经典状态 $q_i \in Q$ 对应一个基态 $|q_i\rangle \in \mathcal{H}_Q$，其中 $|q_i\rangle$ 为列向量，其第 $i+1$ 个元素为 1，其余元素为 0。例如，$|q_0\rangle = (1, 0, \cdots, 0)^{\mathrm{T}}$。

对于任意 $\sigma \in \Sigma$，转移函数 δ 可等价地由一个酉矩阵 $U(\sigma)$ 来描述：

$$U(\sigma)(j, i) = \delta(q_i, \sigma, q_j) \tag{5.2}$$

接受集 F 对应一个投影算子 $P_{\mathrm{acc}} = \sum_{q_i \in F} |q_i\rangle\langle q_i|$。

对于任意输入串 $x = \sigma_1 \sigma_2 \cdots \sigma_n \in \Sigma^*$，$\mathcal{M}$ 的计算过程如下：$\mathcal{M}$ 的初始状态为 $|q_0\rangle$，带头从左到右读输入字符 $\sigma_1, \sigma_2, \cdots, \sigma_n$，每读一个字符 σ_i 时，酉矩阵 $U(\sigma_i)$ 作用于当前状态。当 $U(\sigma_n)$ 作用完后，对该状态进行投影测量 $\{P_{\mathrm{acc}}, I - P_{\mathrm{acc}}\}$，得到接受概率为

$$P_{\mathcal{M}}(x) = \|P_{\mathrm{acc}} U(\sigma_n) U(\sigma_{n-1}) \cdots U(\sigma_1) |q_0\rangle\|^2 \tag{5.3}$$

例 5.2 设 MO-1QFA $\mathcal{M} = (Q, \Sigma, \delta, q_0, F)$，其中 $Q = \{q_0, q_1\}$，$F = \{q_1\}$，$\Sigma = \{a\}$，q_0 为初态，转移函数 δ 定义为：$\delta(q_0, a, q_0) = \dfrac{1}{\sqrt{2}}$，$\delta(q_0, a, q_1) = \dfrac{1}{\sqrt{2}}$，

$\delta(q_1, a, q_0) = \dfrac{1}{\sqrt{2}}$，$\delta(q_1, a, q_1) = -\dfrac{1}{\sqrt{2}}$，那么 $U(a) = \begin{bmatrix} \dfrac{1}{\sqrt{2}} & \dfrac{1}{\sqrt{2}} \\ \dfrac{1}{\sqrt{2}} & -\dfrac{1}{\sqrt{2}} \end{bmatrix}$，且状态

q_0 和 q_1 对应两个量子基态 $|q_0\rangle$ 和 $|q_1\rangle$，即

$$|q_0\rangle = \begin{bmatrix} 1 \\ 0 \end{bmatrix}, \quad |q_1\rangle = \begin{bmatrix} 0 \\ 1 \end{bmatrix} \tag{5.4}$$

投影测量 $\{P_{\mathrm{acc}}, I - P_{\mathrm{acc}}\}$ 为

$$P_{\mathrm{acc}} = |q_1\rangle\langle q_1| = \begin{bmatrix} 0 & 0 \\ 0 & 1 \end{bmatrix}, \quad I - P_{\mathrm{acc}} = \begin{bmatrix} 1 & 0 \\ 0 & 0 \end{bmatrix} \tag{5.5}$$

对输入串 aa，$\mathcal{M}$ 计算过程如下：$\mathcal{M}$ 首先处于状态 $|q_0\rangle$，读完第一个 a 后，$\mathcal{M}$ 的量子态变为

$$|\psi_1\rangle = U(a)|q_0\rangle = \frac{|q_0\rangle + |q_1\rangle}{\sqrt{2}}$$

然后 $\mathcal{M}$ 读第二个 a，量子态变为

$$|\psi_2\rangle = U(a)|\psi_1\rangle = |q_0\rangle$$

这时用测量算子 $\{P_{\mathrm{acc}}, I - P_{\mathrm{acc}}\}$ 对 $|\psi_2\rangle$ 进行测量，并得到接受概率为

$$P_{\mathcal{M}}(aa) = \||P_{\mathrm{acc}}|\psi_2\rangle\|^2 = 0$$

类似于 DFA 的泵引理，我们也有 MO-1QFA 的泵引理。

定理 5.1（MO-1QFA 的泵引理[1]）　设 $\mathcal{M}$ 是字母表 Σ 上的一个 MO-1QFA，$P_{\mathcal{M}}(x)$ 是 $\mathcal{M}$ 接受 x 的概率，则 $\forall w \in \Sigma^*$，$\forall \varepsilon > 0$，存在正整数 k 使得 $\forall u, v \in \Sigma^*$，$|P_{\mathcal{M}}(uw^k v) - P_{\mathcal{M}}(uv)| \leqslant \varepsilon$。

证明　对于字符串 $w = w_1 w_2 \cdots w_n$，令 $U(w) = U(w_n)U(w_{n-1})\cdots U(w_1)$。若 V 为半径是 ϵ' 的 n 维球的体积，则存在 $k \leqslant \dfrac{1}{V}$，使得 $U^k(w)$ 与单位矩阵的距离小于或等于 ϵ'，其中 $U^k(w) = [U(w_n)U(w_{n-1})\cdots U(w_1)]^k$ 矩阵 $U^k(w)$ 与单位矩阵 I 的距离定义为 $\|U^k(w) - I\| = \max_{\||\psi\rangle\|} = (\|(U^k(w) - I|\psi\rangle\|)$。因此可令 $U^k(w) = I + \epsilon' J$，其中 J 是对角矩阵且 $\sum\limits_{i=0}^{n} |J_{ii}|^2 \leqslant 1$，有

$$P_{\mathcal{M}}(uw^k v) = \||P_{\mathrm{acc}}U(v)U^k(w)U(u)|q_0\rangle\|^2 \tag{5.6}$$

$$= \||P_{\mathrm{acc}}U(v)(I + \epsilon' J)U(u)|q_0\rangle\|^2 \tag{5.7}$$

$$= P_{\mathcal{M}}(uv) + \epsilon'\langle q_0|U^\dagger(u)J^\dagger U^\dagger(v)P_{\mathrm{acc}}^\dagger P_{\mathrm{acc}}U(v)U(u)|q_0\rangle +$$

$$\epsilon'\langle q_0|U^\dagger(u)U^\dagger(v)P_{\mathrm{acc}}^\dagger P_{\mathrm{acc}}U(v)JU(u)|q_0\rangle +$$

$$\epsilon'^2||P_{\text{acc}}U(v)JU(u)|q_0\rangle||^2 \tag{5.8}$$

由于

$$||P_{\text{acc}}U(v)JU(u)|q_0\rangle|| \leqslant 1 \tag{5.9}$$

$$||P_{\text{acc}}U(v)U(u)|q_0\rangle|| \leqslant 1 \tag{5.10}$$

且

$$\langle q_0|U^\dagger(u)J^\dagger U^\dagger(v)P_{\text{acc}}^\dagger P_{\text{acc}}U(v)U(u)|q_0\rangle$$
$$= (\langle q_0|U^\dagger(u)U^\dagger(v)P_{\text{acc}}^\dagger P_{\text{acc}}U(v)JU(u)|q_0\rangle)^* \tag{5.11}$$

因此

$$||\langle q_0|U^\dagger(u)J^\dagger U^\dagger(v)P_{\text{acc}}^\dagger P_{\text{acc}}U(v)U(u)|q_0\rangle|| \leqslant 1 \tag{5.12}$$

$$||\langle q_0|U^\dagger(u)U^\dagger(v)P_{\text{acc}}^\dagger P_{\text{acc}}U(v)JU(u)|q_0\rangle|| \leqslant 1 \tag{5.13}$$

若记

$$t = \langle q_0|U^\dagger(u)J^\dagger U^\dagger(v)P_{\text{acc}}^\dagger P_{\text{acc}}U(v)U(u)|q_0\rangle +$$
$$\langle q_0|U^\dagger(u)U^\dagger(v)P_{\text{acc}}^\dagger P_{\text{acc}}U(v)JU(u)|q_0\rangle \tag{5.14}$$

则 t 为满足 $0 \leqslant t \leqslant 2$ 的实数，且

$$P_{\mathcal{M}}(uw^k v) = P_{\mathcal{M}}(uv) + \epsilon't + \epsilon'^2||P_{\text{acc}}U(v)JU(u)|q_0\rangle||^2 \tag{5.15}$$

考虑到

$$||P_{\text{acc}}U(v)JU(u)|q_0\rangle||^2 = ||P_{\text{acc}}U(v)\sum_{i=1}^n J_{ii}|\psi_i\rangle\langle\psi_i|U(u)|q_0\rangle||^2$$

$$\leqslant |||q_0\rangle||^2 \sum_{i=0}^n |J_{ii}|^2 \leqslant 1 \tag{5.16}$$

可得

$$P_{\mathcal{M}}(uw^k v) - P_{\mathcal{M}}(uv) \leqslant 2\epsilon' + \epsilon'^2 \tag{5.17}$$

对任意 $\epsilon > 0$，可取 ϵ' 使得 $2\epsilon' + \epsilon'^2 \leqslant \epsilon$ 成立。因此对任意 $w \in \Sigma^*$，$\varepsilon > 0$，存在正整数 k 使得对任意 $u, v \in \Sigma^*$，有

$$|P_{\mathcal{M}}(uw^k v) - P_{\mathcal{M}}(uv)| \leqslant \varepsilon \tag{5.18}$$

定理证毕。　　　　　　　　　　　　　　　　　　　　　　　　　　　　　　□

实际上，MO-1QFA 接受的语言与可逆有限自动机（Reversible Finite Automata，RFA）密切相关。

定义 5.8　设 $\mathcal{M} = (Q, \Sigma, \delta, q_0, F)$ 是一个 DFA，如果 $\forall q \in Q$，$\forall \sigma \in \Sigma$，存在唯一的 $p \in Q$，使得 $\delta(p, \sigma) = q$，那么称 $\mathcal{M}$ 是一个 RFA。RFA 识别的语言类称为可逆语言类。

定理 5.2 [2]　MO-1QFA 有界误差识别的语言类等于可逆语言类。

例如，由图 5.1可看出识别正则语言 $\{a, b\}^* a$ 的最小 DFA 不是 RFA，因此 $\{a, b\}^* a$ 无法被 MO-1QFA 有界误差识别。考虑无界误差的情况，记 MO-1QFA 无界误差识别的语言类为 UMO，则 UMO 为随机语言（随机语言是 PFA 无界误差识别的语言类）的真子类[3]。

注 5.3　UMO 不包括任意有限语言，而有限语言能被 PFA 无界误差识别[4]。

若把截点语言分为严格和非严格情形，可以定义 Σ 上的自动机 $\mathcal{M}$ 以截点 $\lambda \in (0, 1)$ 严格和非严格识别的语言分别为 $L_>$ 和 $L_{\geqslant}$，即 $L_> = \{x \in \Sigma^* | P_{\mathcal{M}}(x) > \lambda\}$ 和 $L_{\geqslant} = \{x \in \Sigma^* | P_{\mathcal{M}}(x) \geqslant \lambda\}$。对于 $L_>$ 是否为空的判定性问题，有以下结果。

定理 5.3 [5]　设 $L_>$ 为 MO-1QFA 识别的语言，则 $L_>$ 是否为空是不可判定的；若 $L_>$ 为 PFA 识别的语言，则 $L_>$ 是否为空是可以判定的。

注 5.4　"可判定的"可简单理解为：可以给出机械的方法在有限时间内判断出结果。

在经典自动机理论中，一个重要的问题是判定两个自动机是否等价。

定义 5.9　设输入字母表 Σ 上的两个自动机 $\mathcal{M}_1$ 和 $\mathcal{M}_2$ 接受输入串 $x \in \Sigma^*$ 的概率分别为 $P_{\mathcal{M}_1}(x)$ 和 $P_{\mathcal{M}_2}(x)$，若对 Σ^* 上任意长度不长于 k 的字符串 x，有 $P_{\mathcal{M}_1}(x) = P_{\mathcal{M}_2}(x)$，则称 $\mathcal{M}_1$ 和 $\mathcal{M}_2$ k-等价；如果对 Σ^* 上任意字符串 x，有 $P_{\mathcal{M}_1}(x) = P_{\mathcal{M}_2}(x)$，则称 $\mathcal{M}_1$ 和 $\mathcal{M}_2$ 等价。

判定不同 MO-1QFA 是否等价，有以下方法和结果[3,6]。

定理 5.4　两个 MO-1QFA $\mathscr{A}_1$ 与 $\mathscr{A}_2$ 是等价的当且仅当它们是 $(n_1^2 + n_2^2 - 1)$-等价的，其中 n_1 和 n_2 分别是 $\mathscr{A}_1$ 和 $\mathscr{A}_2$ 的状态数。进一步，存在

关于 n_1 和 n_2 的多项式时间算法判定 $\mathscr{A}_1$ 与 $\mathscr{A}_2$ 是否等价。

状态最小化也是经典自动机理论中的重要问题[7]，关于 DFA 的状态最小化，人们已经给出了一种非常优雅的方法[8]，而对 PFA 最小化一般是考虑如何减少状态数以及对最小化的证明[9]。对于 1QFA，我们也有方法可以得到它们的最小化。

定理 5.5 [10] MO-1QFA 的状态最小化问题在 EXSPACE 内是可判定的。

注 5.5 其中 EXSPACE 指的是在确定性图灵机（后面会介绍）上只使用指数级空间就可以解决的问题。

虽然 MO-1QFA 有界误差识别的语言类为正则语言的真子类，但其状态复杂度比经典自动机有本质优势[11]。

定理 5.6 记 $L_m = \{a^{km} | k \in \mathbb{N}\}$，对任意 $m > 0$，$m = p_1^{\alpha_1} p_2^{\alpha_2} \cdots p_s^{\alpha_s}$，则有

（1）DFA（或 NFA）$\mathcal{M}$ 识别 L_m 至少要 m 个状态；

（2）双向 DFA（或 NFA）以及单向 PFA 有界误差识别 L_m 至少要 $p_1^{\alpha_1} + p_2^{\alpha_2} + \cdots + p_s^{\alpha_s}$ 个状态。

定理 5.7 对任意 $m > 0$，L_m 可被两个量子基态的 MO-1QFA $\mathcal{A}$ 有界误差识别。

证明 设 $\mathcal{A} = (Q, \Sigma, U(a), q_0, Q_{\mathrm{acc}})$，其中 $Q = \{q_0, q_1\}$，$Q_{\mathrm{acc}} = \{q_0\}$，$|q_0\rangle = |0\rangle$，$|q_1\rangle = |1\rangle$，$U_m(a) = \begin{bmatrix} \cos\dfrac{\pi}{m} & \sin\dfrac{\pi}{m} \\ -\sin\dfrac{\pi}{m} & \cos\dfrac{\pi}{m} \end{bmatrix}$，则

$$U_m(a^k) = \begin{bmatrix} \cos\dfrac{\pi k}{m} & \sin\dfrac{\pi k}{m} \\ -\sin\dfrac{\pi k}{m} & \cos\dfrac{\pi k}{m} \end{bmatrix} \tag{5.19}$$

且

$$P_{\mathcal{A}}(a^k) = ||P_{\mathrm{acc}} U_m(a^k)|q_0\rangle||^2 \tag{5.20}$$

$$= \cos^2 \frac{\pi k}{m} \tag{5.21}$$

$$= \begin{cases} 1, & k \mod m = 0 \\ \leqslant \cos^2 \dfrac{\pi}{m}, & k \mod m \neq 0 \end{cases} \tag{5.22}$$

取 $\lambda = \dfrac{1 + \cos^2 \dfrac{\pi}{m}}{2}$，$\epsilon = \dfrac{1 - \cos^2 \dfrac{\pi}{m}}{2}$，则 $\forall a^k \in L$，有

$$P_{\mathcal{A}}(a^k) = 1 \geqslant \lambda + \epsilon \tag{5.23}$$

$\forall a^k \notin L$，有

$$P_{\mathcal{A}}(a^k) = \cos^2 \dfrac{\pi k}{m} \leqslant \lambda - \epsilon \tag{5.24}$$

定理证毕。　　　　　　　　　　　　　　　　　　　　　　　　　　　　□

5.1.2　多次测量的 1QFA

在多次测量的 1QFA（Measure-many 1QFA，MM-1QFA）中，每读一个字符用相应的酉算子作用后都进行测量，并将测量得到的新状态作为当前状态。下面给出 MM-1QFA 的具体定义。

定义 5.10　一个 MM-1QFA 是一个六元组

$$\mathcal{A} = (Q, \Sigma, \delta, q_0, Q_{\mathrm{acc}}, Q_{\mathrm{rej}})$$

其中

- Q 是有限状态集；
- Σ 是有限输入字母表；
- $\$ \notin \Sigma$ 是终结字符（记带字母表为 $\Gamma = \Sigma \cup \{\$\}$）；
- $\delta : Q \times \Gamma \times Q \to \mathbb{C}$ 是转移函数且满足等式 (5.1)；
- $q_0 \in Q$ 是初始状态；Q 可分割为三个子集，即接受态 Q_{acc}、拒绝态 Q_{rej} 和非停止态 Q_{non}。

$\mathcal{A}$ 的初态 q_0 用一个 Hilbert 空间 $\mathcal{H}_Q$ 的单位向量 $|q_0\rangle$ 表示，$\forall \sigma \in \Gamma$，$\delta$ 可用一个 $|Q| \times |Q|$ 酉矩阵 $U(\sigma)$ 来描述，即 $U(\sigma)(j, i) = \delta(q_i, \sigma, q_j)$；$\mathcal{H}_Q$ 分为三个子空间 $E_{\mathrm{non}} = \mathrm{span}\{|q\rangle | q \in Q_{\mathrm{non}}\}$，$E_{\mathrm{acc}} = \mathrm{span}\{|q\rangle | q \in Q_{\mathrm{acc}}\}$，$E_{\mathrm{rej}} = \mathrm{span}\{|q\rangle | q \in Q_{\mathrm{rej}}\}$，相应地，投影到这三个子空间的投影算子 P_{non}、P_{acc}、P_{rej} 组成 $\mathcal{A}$ 的投影测量 $M = \{P_{\mathrm{non}}, P_{\mathrm{acc}}, P_{\mathrm{rej}}\}$。

输入 $x = \sigma_1\sigma_2\cdots\sigma_n$ 给 MM-1QFA $\mathcal{A}$，此时 $\mathcal{A}$ 的输入带上为 $\sigma_1\sigma_2\cdots\sigma_n\$$。$\mathcal{A}$ 的计算过程如下。

（1）机器首先从 $|q_0\rangle$ 开始，读入 σ_1，$U(\sigma_1)$ 作用在 $|q_0\rangle$ 上，状态演化为 $|\psi_1\rangle = U(\sigma_1)|q_0\rangle$。之后测量 $\{P_{\text{non}}, P_{\text{acc}}, P_{\text{rej}}\}$ 作用在 $|\psi_1\rangle$ 上，以概率 $P_1^w = ||P_w|\psi_1\rangle||^2$ 得到结果 $w \in \{\text{non, acc, rej}\}$，并且新的状态为 $|\psi_1^w\rangle = \dfrac{P_w|\psi_1\rangle}{\sqrt{P_1^w}}$。

（2）若上述（1）中的测量结果为 "non"，则继续读下一个字符 σ_2，用 $U(\sigma_2)$ 作用在 $|\psi_1^{\text{non}}\rangle$ 上，并做测量操作，状态变化与 (1) 一样。

（3）测量结果为 "non" 时，上述过程一直持续下去；当测量结果为 "acc" 或为 "rej" 时，计算停止且输入串 $x = \sigma_1\sigma_2\cdots\sigma_n$ 相应地被接受或被拒绝。

可见，$\mathcal{A}$ 每读一个字符后都有可能因进入接受或拒绝态而停止运行，因此在描述 $\mathcal{A}$ 的运行过程时，需要保存运行过程中的接受和拒绝概率。为此，把 $\mathcal{A}$ 的当前状态格局表示为一个三元组 $(|\psi\rangle, p_{\text{acc}}, p_{\text{rej}})$，其中 $|\psi\rangle$ 是当前未单位化的状态，p_{acc} 和 p_{rej} 分别是当前已累计的接受和拒绝概率。显然，$\mathcal{A}$ 的初始状态格局为 $(|q_0\rangle, 0, 0)$。当前格局为 $(|\psi\rangle, p_{\text{acc}}, p_{\text{rej}})$ 时，读一个字符 σ 后的状态格局变化过程为

$$(|\psi\rangle, p_{\text{acc}}, p_{\text{rej}}) \rightarrow (P_{\text{non}}|\psi'\rangle, p_{\text{acc}} + ||P_{\text{acc}}|\psi'\rangle||^2, p_{\text{rej}} + ||P_{\text{rej}}|\psi'\rangle||^2) \qquad (5.25)$$

其中 $|\psi'\rangle = U(\sigma)|\psi\rangle$。

这样我们可定义一个接受概率，表示为函数 $f_{\mathcal{A}} : \Sigma^*\$ \rightarrow [0, 1]$，如下：

$$f_{\mathcal{A}}(\sigma_1\sigma_2\cdots\sigma_n\$) = \sum_{k=1}^{n+1} ||P_{\text{acc}}U(\sigma_k)\prod_{i=1}^{k-1}(P_{\text{non}}U(\sigma_i))|q_0\rangle||^2 \qquad (5.26)$$

其中 $\sigma_{n+1} = \$$，$\displaystyle\prod_{i=1}^{n} A_i \triangleq A_n A_{n-1}\cdots A_1$。

例 5.3　设 MM-1QFA

$$\mathcal{A} = (Q, \Sigma, \{U(\sigma)\}_{\sigma\in\Sigma\cup\{\$\}}, q_0, Q_{\text{acc}}, Q_{\text{rej}})$$

其中

- $Q = \{q_0, q_1, q_{\text{acc}}, q_{\text{rej}}\}$；
- $Q_{\text{acc}} = \{q_{\text{acc}}\}$，$Q_{\text{rej}} = \{q_{\text{rej}}\}$；

- $\Sigma = \{a\}$；
- q_0 为初态；
- $\{U(\sigma)\}_{\sigma \in \Sigma \cup \{\$\}}$ 描述如下：

$$U(a)|q_0\rangle = \frac{1}{2}|q_0\rangle + \frac{1}{\sqrt{2}}|q_1\rangle + \frac{1}{2}|q_{\text{acc}}\rangle$$

$$U(a)|q_1\rangle = \frac{1}{2}|q_0\rangle - \frac{1}{\sqrt{2}}|q_1\rangle + \frac{1}{2}|q_{\text{acc}}\rangle$$

$$U(\$)|q_0\rangle = |q_{\text{acc}}\rangle$$

$$U(\$)|q_1\rangle = |q_{\text{rej}}\rangle$$

事实上，可以从 U 的定义得到映射 δ 定义，如从 $U(a)|q_0\rangle$ 的定义可知：$\delta(q_0, a, q_0) = \frac{1}{2}$，$\delta(q_0, a, q_1) = \frac{1}{\sqrt{2}}$，$\delta(q_0, a, q_{\text{acc}}) = \frac{1}{2}$，$\delta(q_0, a, q_{\text{rej}}) = 0$。另外，没定义的部分可任意定义以保持酉性。

对输入 $aa\$$，考察其计算过程：

（1）初始态为 $|q_0\rangle$。$U(a)$ 作用后，得到 $\frac{1}{2}|q_0\rangle + \frac{1}{\sqrt{2}}|q_1\rangle + \frac{1}{2}|q_{\text{acc}}\rangle$。通过测量后，以概率 $\left(\frac{1}{2}\right)^2$ 接受，或得到非停止状态 $\frac{1}{2}|q_0\rangle + \frac{1}{\sqrt{2}}|q_1\rangle$ 继续计算。

（2）当机器读第二个 a 后，状态 $\frac{1}{2}|q_0\rangle + \frac{1}{\sqrt{2}}|q_1\rangle$ 变化为 $\frac{1}{2}\left(\frac{1}{2} + \frac{1}{\sqrt{2}}\right)|q_0\rangle + \frac{1}{\sqrt{2}}\left(\frac{1}{2} - \frac{1}{\sqrt{2}}\right)|q_1\rangle + \frac{1}{2}\left(\frac{1}{2} + \frac{1}{\sqrt{2}}\right)|q_{\text{acc}}\rangle$。测量后得到两个可能的结果，即以概率 $\left[\frac{1}{2}\left(\frac{1}{2} + \frac{1}{\sqrt{2}}\right)\right]^2$ 进入计算结束接受状态 $|q_{\text{acc}}\rangle$，否则机器进入非停止态 $\frac{1}{2}\left(\frac{1}{2} + \frac{1}{\sqrt{2}}\right)|q_0\rangle + \frac{1}{\sqrt{2}}\left(\frac{1}{2} - \frac{1}{\sqrt{2}}\right)|q_1\rangle$ 并继续运行。

（3）机器读结束字符 $\$$，状态变为 $\frac{1}{2}\left(\frac{1}{2} + \frac{1}{\sqrt{2}}\right)|q_{\text{acc}}\rangle + \frac{1}{\sqrt{2}}\left(\frac{1}{2} - \frac{1}{\sqrt{2}}\right)|q_{\text{rej}}\rangle$，然后进行测量，以概率 $\left[\frac{1}{2}\left(\frac{1}{2} + \frac{1}{\sqrt{2}}\right)\right]^2$ 得到接受状态 $|q_{\text{acc}}\rangle$，以概率 $\left[\frac{1}{\sqrt{2}}\left(\frac{1}{2} - \frac{1}{\sqrt{2}}\right)\right]^2$ 进入拒绝态 $|q_{\text{rej}}\rangle$。

因此，最后得到接受概率为

$$\left(\frac{1}{2}\right)^2 + \left[\frac{1}{2}\left(\frac{1}{2}+\frac{1}{\sqrt{2}}\right)\right]^2 + \left[\frac{1}{2}\left(\frac{1}{2}+\frac{1}{\sqrt{2}}\right)\right]^2 = \frac{5}{8} + \frac{1}{2\sqrt{2}}$$

MM-1QFA 比 MO-1QFA 有界误差识别的语言类范围更大（MM-1QFA 可识别 $a^*b^{*[12]}$），但依然是正则语言的真子类[13]。MM-1QFA 比 MO-1QFA 的计算过程更复杂，现在对其识别的语言类的刻画还不够清楚。

定理 5.8 [12] a^*b^* 可被 MM-1QFA 以概率 $p \approx \dfrac{15}{22}$ 识别，其中 p 为方程 $p^3 + p = 1$ 的根。然而，MM-1QFA 不能以大于 $\dfrac{7}{9}$ 的概率识别 a^*b^*。

定理 5.9 [13]   任意 MM-1QFA 有界误差识别的语言为正则语言，且正则语言 $\{a,b\}^*a$ 不能被 MM-1QFA 有界误差识别。

MM-1QFA 有一定的局限性，它不能识别具有某种结构的正则语言。被 MM-1QFA 禁止的结构如图 5.2 所示。

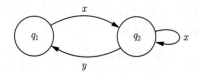

图 5.2   被 MM-1QFA 禁止的结构

定理 5.10 [3]   设 $\mathcal{M} = (S, \Sigma, \delta, q_0, F)$ 为 L 的最小 DFA，若存在 $q_1, q_2 \in S$ 和 $x, y \in \Sigma^*$，满足：

(1) $q_1 \neq q_2$,

(2) $\delta^*(q_1, x) = q_2$,

(3) $\delta^*(q_2, x) = q_2$,

(4) $\delta^*(q_2, y) = q_1$,

则 MM-1QFA 不能有界误差识别 L，其中对任意 $s \in S, w \in \Sigma^*, \sigma \in \Sigma$，$\delta^*$ 递归地定义为：$\delta^*(s, \sigma) = \delta(s, \sigma)$ 且 $\delta^*(s, w\sigma) = \delta^*(\delta^*(s, w), \sigma))$。

注 5.6   MM-1QFA 识别的语言类在补、逆同态及词商 3 种运算下是封闭的，但在同态运算下不封闭。另外，在交和并运算下的封闭性依然有待解决[3]。

MM-1QFA 有界误差识别的语言类也是正则语言的真子类，但是它在状态复杂性方面有优势。

定理 5.11 [12]　设 p 是素数,语言 $L_p = \{a^i|i$ 能被 p 整除 $\}$,则对于任意给定的 $\epsilon > 0$,存在有 $\Theta(\log p)$ 量子基态的 MM-1QFA 和 MO-1QFA 以单边误差 ϵ 识别 L_p,且识别 L_p 的 PFA 至少需要 p 个状态。

当然,对有些语言,MM-1QFA 的状态数可能比 DFA 更多,例如任意识别 $\{w1|w \in \{0,1\}^*, |w| \leqslant m\}$ 的 MM-1QFA 的状态数比相应的最小 DFA 的状态数有指数级增加[14]。

对于判断两个 MM-1QFA 是否等价及 MM-1QFA 最小化的基本问题,有如下结果。

定理 5.12 [6]　任意两个 MM-1QFA $\mathscr{A}_1$ 和 $\mathscr{A}_2$ 等价当且仅当它们 $(n_1^2 + n_2^2 - 1)$-等价,其中 n_1 和 n_2 分别是 $\mathscr{A}_1$ 和 $\mathscr{A}_2$ 的状态数。进一步,存在关于 n_1 和 n_2 的多项式时间算法判定 $\mathscr{A}_1$ 和 $\mathscr{A}_2$ 是否等价。

定理 5.13 [15]　MM-1QFA 的状态最小化问题是 EXSPACE 可判定的。

下面通过命题 5.1 和命题 5.2 来证明定理 5.9。

定义 Hilbert 空间 $\mathcal{V} = l_2(Q) \times \mathbb{R} \times \mathbb{R}$,记 $\mathcal{B} = \{v \in \mathcal{V}|\|v\| \leqslant 1\}$。对任意 $(\psi, p_1, p_2) \in \mathcal{V}$,定义其模为 $\|(\psi, p_1, p_2)\| = \dfrac{\|\psi\|_2 + |p_1| + |p_2|}{2}$ ($\|\cdot\|_2$ 表示 2-范数)。

设 P_{acc}、P_{rej} 和 P_{non} 分别为 $l_2(Q)$ 的子空间 $\mathrm{span}\{|q\rangle|q \in Q_{acc}\}$、$\mathrm{span}\{|q\rangle|q \in Q_{rej}\}$ 及 $\mathrm{span}\{|q\rangle|q \in Q_{non}\}$ 上的投影算子,由 MM-1QFA 转移函数导出的酉矩阵集合记为 $\{V_\sigma|\sigma \in \Gamma\}$。

对任意 $\sigma \in \Gamma$,定义函数 T_σ 为:

$$T_\sigma(\psi, p_{acc}, p_{rej}) = (P_{non}V_\sigma\psi, p_{acc} + \|P_{acc}V_\sigma\psi\|_2^2, p_{rej} + \|P_{rej}V_\sigma\psi\|_2^2) \quad (5.27)$$

对任意 $x = \sigma_1 \cdots \sigma_n \in \Gamma^*$,定义 $T_x = T_{\sigma_n}T_{\sigma_{n-1}} \cdots T_{\sigma_1}$。

如果 $(\psi, p_{acc}, p_{rej}) = T_{w\$}(|q_0\rangle, 0, 0)$,那么 MM-1QFA 以概率 p_{acc} 接受 w。

命题 5.1 [13]　任意 MM-1QFA 有界误差识别的语言 L 是正则语言。

证明　设 $\exists \varepsilon > 0$,$\lambda \in (0,1)$,$\forall x \in \Sigma^*$,当 $x \in L$ 时,$P_\mathcal{M}(x) \geqslant \lambda + \varepsilon$;当 $x \notin L$ 时,$P_\mathcal{M}(x) \leqslant \lambda - \varepsilon$。

定义 "$\equiv_L$":$w, w' \in \Sigma^*$,我们说 $w \equiv_L w'$,当且仅当 $\forall y \in \Sigma^*$,$wy \in$

$L \Longleftrightarrow w'y \in L$。易知 $\equiv_L$ 是 Σ^* 上的一个等价关系。经典自动机理论[7] 证明了 Σ^* 被 $\equiv_L$ 分割成有限等价类当且仅当 L 为正则语言。

设 $W \subseteq \Sigma^*$ 且 W 中的元素关于 $\equiv_L$ 互不等价。下面证明 W 是有限的。任意 w、$w' \in W$，既然 w 与 w' 关于 $\equiv_L$ 不等价，那么存在 $y \in \Sigma^*$ 使得 $wy \in L$ 但 $w'y \notin L$。记 $v = T_w(|q\rangle, 0, 0)$，$v' = T_{w'}(|q\rangle, 0, 0)$，则 $P_{\mathcal{M}}(w) \geqslant \lambda + \varepsilon$，$P_{\mathcal{M}}(w') \leqslant \lambda - \varepsilon$，因而 $\|T_{y\$}v - T_{y\$}v'\| \geqslant 2\varepsilon$。因为存在 $c > 0$，使 $\|T_{y\$}v - T_{y\$}v'\| \leqslant c\|v - v'\|$（留作后面习题），所以 $c\|v - v'\| \geqslant 2\varepsilon$，即 $\|v - v'\| \geqslant \dfrac{2\varepsilon}{c}$。可证集合 $\{T_w(|q_0\rangle, 0, 0)|w \in W\}$ 是有限的（留作后面习题），因此 W 有限。命题证毕。 $\square$

在证明 $\{a, b\}^*a$ 不能被 MM-1QFA 识别之前，先给出两个引理。

引理 5.1   设 U 是任意一个酉矩阵，则对于任意 $\epsilon > 0$，任意 $N > 0$，存在正整数 $k > N$，使 $\|(U^k - I)x\| < \epsilon$ 对任意满足 $\|x\| \leqslant 1$ 的向量 x 都成立。

证明   这可以由 MO-1QFA 的泵引理（定理 5.1）导出。 $\square$

引理 5.2 [12]   设 U 是任意 $n \times n$ 酉矩阵，P 是任意投影算子，ψ 是任意 n 维向量，则 ψ 可分解成 $\psi = \phi_1 + \phi_2$，其中 $\langle \phi_1, \phi_2 \rangle = 0$，且对于任意整数 k，有 $(PU)^k\phi_1 = U^k\phi_1$，$\lim\limits_{m \to \infty} \|(PU)^m\phi_2\| = 0$。

现在可以开始证明 $\{a, b\}^*a$ 不能被 MM-1QFA 识别。

命题 5.2   设 $L = \{a, b\}^*a$，则 L 不能被 MM-1QFA 有界误差识别[13]。

证明   设 MM-1QFA $\mathcal{M}$ 识别 L，对于任意 $x = \sigma_1\sigma_2\cdots\sigma_n \in \Gamma^*$，记

$$\psi_x = (P_{\text{non}}V_{\sigma_n})\cdots(P_{\text{non}}V_{\sigma_1})|q_0\rangle \tag{5.28}$$

令 $\mu = \inf\{\|\psi_w\| | w \in \{a, b\}^*\}$。对于任意给定 $\xi > 0$，选取 w 使得 $\|\psi_w\| < \mu + \xi$，所以 $\|\psi_{wa}\| \in [\mu, \mu + \xi)$。

根据引理 5.2，可知 ψ_{wa} 可分解为 $\psi_{wa} = \phi_1 + \phi_2$，其中对于任意整数 k，$(P_{\text{non}}V_b)^k\phi_1 = V_b^k\phi_1$，且 $\lim\limits_{m \to \infty} \|(P_{\text{non}}V_b)^m\phi_2\| = 0$。所以对于任意 N，自动机状态从 ψ_{wa} 到 ψ_{wab^N} 累计增加的接受和拒绝概率一共最多为

$$\|\phi_2 + \phi_1\|^2 - \|\phi_1\|^2 \leqslant (\mu + \xi)^2 - \mu^2 \tag{5.29}$$

$$= (2\mu + \xi)\xi \tag{5.30}$$

考虑到 $\langle \phi_1, \phi_2 \rangle = 0$，我们有

$$\|\phi_2\|^2 \leqslant (\mu + \xi)^2 - \mu^2 \tag{5.31}$$

$$= (2\mu + \xi)\xi \tag{5.32}$$

结合引理 5.1，存在正整数 k 使 $\|(V_b^k - I)\phi_1\| < \xi$ 且 $\|(P_{\mathrm{non}} V_b)^k \phi_2\| < \xi$。因此

$$\|\psi_{wab^k} - \psi_{wa}\| = \|V_b^k \phi_1 + (P_{\mathrm{non}} V_b)^k \phi_2 - (\phi_1 + \phi_2)\| \tag{5.33}$$

$$\leqslant \|(V_b^k - I)\phi_1\| + \|\phi_2\| + \|(P_{\mathrm{non}} V_b)^k \phi_2\| \tag{5.34}$$

$$\leqslant 2\xi + \sqrt{(2\mu + \xi)\xi} \tag{5.35}$$

因为 ξ 可以任意小，$wa \in L$ 且 $wab^k \notin L$，所以 $\mathcal{M}$ 不能有界误差识别语言 L，命题证毕。　　　　　　　　　　　　　　　　　　　　　　　　　　　　　□

5.1.3　带经典状态的 1QFA

带经典状态的单向量子有限自动机（1QFA Together With Classical States，1QFAC）是一种混合模型。在这个模型中，一般用经典状态来决定每次带头读完输入字符后对量子态作用的酉算子。

下面大致描述一下 1QFAC 的计算过程。一开始机器处于初始的经典状态和初始量子态，并依次读输入串。每读完一个输入字符后，当前经典状态与当前的输入字符确定一个酉变换作用于当前量子态，同时，当前经典状态根据当前输入字符更新。当读完最后一个输入字符后，根据最终的经典态对最终的量子态进行测量，得到测量结果。

为了方便，给出以下记号：任意子集 $B \subseteq Q$，$\mathcal{H}(B)$ 表示 Hilbert 空间 $\mathcal{H}(Q)$ 的子空间，且 $\mathcal{H}(B) = \mathrm{span}\{|q\rangle | q \in B\}$。$I$ 和 O 分别表示 $\mathcal{H}(Q)$ 上的恒等算子和零算子。下面给出 1QFAC 的形式定义。

定义 5.11　一个 1QFAC $\mathcal{A}$ 定义为如下九元组

$$\mathcal{A} = (S, Q, \Sigma, \Gamma, s_0, |\psi_0\rangle, \delta, \mathbb{U}, \mathcal{M})$$

其中

- Σ 是有限输入字母表；
- Γ 是有限输出字母表；
- S 是有限经典状态集；
- Q 是有限量子基态集；
- $s_0 \in S$ 是初始经典态；
- $|\psi_0\rangle \in \mathcal{H}(Q)$ 为初始量子态；
- $\delta : S \times \Sigma \to S$ 是经典状态转移函数；
- $\mathbb{U} = \{U_{s\sigma}\}_{s \in S, \sigma \in \Sigma}$ 是酉算子集合，且 $U_{s\sigma}$ 是 $\mathcal{H}(Q)$ 上的酉算子；
- $\mathcal{M} = \{\mathcal{M}_s\}_{s \in S}$，$\mathcal{M}_s$ 是 $\mathcal{H}(Q)$ 上的且结果在 Γ 中的投影测量（本章只考虑测量结果只有"接受"和"拒绝"的情况），也就是

$$\forall s \in S, M_s = \{P_{s,\gamma}\}_{\gamma \in \Gamma}, \sum_{\gamma \in \Gamma} P_{s,\gamma} = I, P_{s,\gamma} P_{s,\gamma'} = \begin{cases} P_{s,\gamma}, & \gamma = \gamma' \\ 0, & \gamma \neq \gamma' \end{cases}$$

$$(5.36)$$

若读完整个输入串后处于经典状态 s_n 和量子态 $|\psi_n\rangle$，则 $||P_{s_n,\gamma}|\psi_n\rangle||^2$ 为产生结果 γ 的概率。

可用图 5.3 描述 1QFAC 的工作流程。

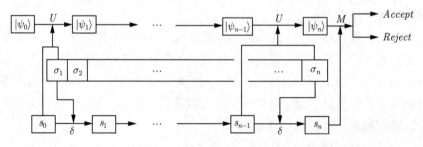

图 5.3   1QFAC 的工作流程

注 5.7   若 $\Gamma = \{a, r\}$，a 和 r 分别表示接受和拒绝，则 $M = \{\{P_{s,a}, P_{s,r}\} | s \in S\}$ 且满足 $\forall s \in S : P_{s,a} + P_{s,r} = I$，$P_{s,a} P_{s,r} = 0$。这种情况下 $\mathcal{A}$ 就是 Σ 上语言的识别器。

对于任意字符串 $x \in \Sigma^*$，定义 $\mu(x) = \delta^*(s_0, x)$。

读完字符串 $x = \sigma_1 \sigma_2 \cdots \sigma_m$ 后 $(\sigma_i \in \Sigma)$，1QFAC $\mathcal{A}$ 的经典态变为 $\mu(x)$，

量子态变为 $U_{\mu(\sigma_1\cdots\sigma_{m-2}\sigma_{m-1})\sigma_m} U_{\mu(\sigma_1\cdots\sigma_{m-3}\sigma_{m-2})\sigma_{m-1}} \cdots U_{\mu(\sigma_1)\sigma_2} U_{s_0\sigma_1}|\psi_0\rangle$。

令 $v(x) = U_{\mu(\sigma_1\cdots\sigma_{m-2}\sigma_{m-1})\sigma_m} U_{\mu(\sigma_1\cdots\sigma_{m-3}\sigma_{m-2})\sigma_{m}-1} \cdots U_{\mu(\sigma_1)\sigma_2} U_{s_0\sigma_1}$，则 $\mathcal{A}$ 接受 x 的概率为

$$P_{\mathcal{A}}(x) = ||P_{\mu(x),a}v(x)|\psi_0\rangle||^2 \tag{5.37}$$

1QFAC 可精确识别所有正则语言，且有界误差识别的语言类为所有正则语言。下面两个定理一定程度上体现了 1QFAC 的状态复杂度优势。

定理 5.14　L 是一个正则语言，且识别 L 的最小 DFA 有 m 个状态，若存在 1QFAC 以孤立截点 λ 和分离半径 ϵ 识别 L，则 $m \leqslant k\left(1 + \dfrac{2}{\epsilon}\right)^{2n}$。

定理 5.15[16]　对任意素数 $m \geqslant 2$，正则语言 $L^\circ(m) = \{w0|w \in \{0,1\}^*, |w0| = km, k = 1,2,3,\cdots\}$ 满足：

（1）MO-1QFA 和 MM-1QFA 不能有界误差识别 $L^\circ(m)$；

（2）识别 $L^\circ(m)$ 的最小 DFA 的状态数为 $m+1$；

（3）$\forall \varepsilon > 0$，存在两个经典状态和 $O(\log m)$ 个量子基态的 1QFAC 以单边误差 ε 识别 $L^\circ(m)$。

给定任意有限正则语言 L，我们可以给出所有识别 L 的 1QFAC 的经典态数的精确下界，这说明了 1QFAC 也有一定的局限性。

定理 5.16　给定任意有限正则语言 L，那么任意以孤立截点识别 L 的 1QFAC 的经典状态数大于或等于 $\max\limits_{x \in L} |x| + 2$，而且存在 $\max\limits_{x \in L} |x| + 2$ 个经典状态的 1QFAC 精确识别 L，其中 $|x|$ 表示字符串 x 的长度。

我们也可以判断任意两个 1QFAC $\mathcal{A}_1$ 与 $\mathcal{A}_2$ 是否等价。

定理 5.17[16]　任意两个 1QFAC $\mathcal{A}_1$ 与 $\mathcal{A}_2$ 是等价的当且仅当它们是 $[(k_1 n_1)^2 + (k_2 n_2)^2 - 1]$-等价。进一步，存在时间复杂度为 $O([(k_1 n_1)^2 + (k_2 n_2)^2]^4)$ 的多项式时间算法判定任意两个 1QFAC $\mathcal{A}_1$ 和 $\mathcal{A}_2$ 是否等价，其中 k_i 和 n_i 分别是 $\mathcal{A}_i$ 的经典和量子基态的数量，$i = 1$、2。

5.1.4　其他几类重要的 1QFA

除了前面介绍的三类 1QFA，还有以下几类 1QFA。

1. 带控制语言的 1QFA（1QFA With Control Languages，CL-1QFA）

此模型类似于 MM-1QFA，每读一个字符后都进行测量，但不同于 MM-1QFA：

（1）CL-1QFA 的测量可以更一般，而不仅仅是投影测量。

（2）接受条件不同于以前的模型。

定义 5.12 [17]　设 Σ 是有限输入字母表，终止符 $\$ \notin \Sigma$，带字母表 $\Gamma = \Sigma \cup \{\$\}$。一个 Γ 上的 CL-1QFA 定义为五元组

$$\mathcal{M} = (Q, |\psi_0\rangle, \{U(\sigma)\}_{\sigma \in \Gamma}, \mathcal{O}, L)$$

其中

- $Q = \{q_1, q_2, \cdots, q_n\}$ 是量子基态；
- $|\psi_0\rangle$ 为 Hilbert 空间 $\mathbb{C}^n$ 中的一个单位向量，表示 $\mathcal{M}$ 的初始状态；
- $\forall \sigma \in \Gamma$，$U(\sigma)$ 是 $n \times n$ 酉矩阵；
- $\mathcal{O} = \{P(c_i) | i = 1, 2, \cdots, s\}$ 是投影测量且结果为 $C = \{c_1, \cdots, c_s\}$；
- $L \subseteq C^*$ 是正则语言，称为控制语言。

对输入串 $x = \sigma_1 \sigma_2 \cdots \sigma_n$，输入带上为 $\sigma_1 \sigma_2 \cdots \sigma_n \$$，$\mathcal{M}$ 开始处于状态 $|\psi_0\rangle$，首先读第一个字符 σ_1，执行以下操作：

（1）$U(\sigma_1)$ 作用于 $|\psi_0\rangle$，产生新的状态 $|\phi'\rangle = U(\sigma_1)|\psi_0\rangle$。

（2）测量 $\mathcal{O}$ 作用于 $|\phi'\rangle$，并以概率 $p_k = ||P(c_k)|\phi'\rangle||^2$ 得到 c_k，如果测量结果是 k，$\mathcal{M}$ 的状态塌陷到 $\dfrac{P(c_k)|\phi'\rangle}{\sqrt{p_k}}$。

（3）读下一个字符，并按照上述过程执行下去直到读完 $\$$。

最后，所有测量结果会形成一个序列 $y_1 y_2 \cdots y_{n+1} \in C^*$，且产生这个序列的概率为

$$P(y_1 y_2 \cdots y_{n+1} | \sigma_1 \sigma_2 \cdots \sigma_n \$) = \left\| \left(\prod_{i=1}^{n+1} P(y_i) U(\sigma_i) \right) |\psi_0\rangle \right\|^2 \tag{5.38}$$

其中 $\sigma_{n+1} = \$$，$\prod_{i=1}^{n+1} A_i = A_n \cdots A_1$。

因此，$\mathcal{M}$ 接受 x 的概率为

$$P_{\mathcal{M}}(x) = \sum_{y_1 \cdots y_{n+1} \in L} P(y_1 \cdots y_{n+1} | \sigma_1 \cdots \sigma_n \$) \tag{5.39}$$

CL-1QFA 有界误差识别的语言类恰好是所有正则语言[18]。关于 CL-1QFA 的等价性判定，有以下定理。

定理 5.18 [6] 任意两个 CL-1QFA $\mathcal{A}_1$ 和 $\mathcal{A}_2$（分别带控制语言 L_1 和 L_2）是等价的当且仅当它们是 $(c_1 n_1^2 + c_2 n_2^2 - 1)$-等价，其中 c_1 和 c_2 分别是识别 L_1 和 L_2 的最小 DFA 的状态数，n_1 和 n_2 分别是 $\mathcal{A}_1$ 和 $\mathcal{A}_2$ 中的量子基态数。

2. 多字符 1QFA（Multi-letter 1QFA）

多字符 1QFA 是经典的单向多头有限自动机[19] 的量子形式。简单来讲，k-letter 1QFA 的 k 个带头同时读 k 个字符，其状态转移函数的输入是 k 个相连字符形成的串（开始时有 $k-1$ 个空格符和第一个输入字符，其后带头并行向右移动一格，一直运行直到读完最右端的字符）。

以下大致描述 k-letter DFA 定义，图 5.4 为 k-letter DFA 示意图。

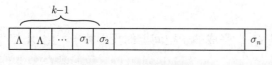

图 5.4 k-letter DFA

一个 k-letter DFA 是一个五元组 $(Q, Q_{\text{acc}}, q_0, \Sigma, \gamma)$，其中 Q 是有限状态集；$Q_{\text{acc}} \subseteq Q$ 为接受状态集；$q_0 \in Q$ 为初态；Σ 是输入字母表；$\gamma : Q \times \Gamma^k \to Q$ 是转移函数；$\Gamma = \{\Lambda\} \cup \Sigma$，$\Lambda$ 表示空白符，Γ^k 为 Γ 上所有长度为 k 的串。

k-letter DFA 的计算过程如下：对输入串 $x = \sigma_1 \sigma_2 \cdots \sigma_n \in \Sigma^*$，在初态为 q_0 时机器开始读 $k-1$ 个 Λ 和 σ_1（第 k 个带头指向 σ_1），根据当前这 k 个字符转移到新的状态，然后 k 个带头并行向右平移一格，这时 k 个带头分别指向 $k-2$ 个 Λ 及 σ_1 和 σ_2。这样一直运行下去直到第 k 个带头指向 σ_n 且更新完状态，这时机器的状态若为接受态则 x 被接受，否则被拒绝。

下面是 k-letter 1QFA 的定义。

定义 5.13 一个 k-letter 1QFA $\mathcal{A}$ 是一个五元组

$$\mathcal{A} = (Q, Q_{\text{acc}}, |\psi_0\rangle, \Sigma, \mu)$$

其中

- Q 是量子基态；

- $Q_{\mathrm{acc}} \subseteq Q$ 为接受基态;
- $|\psi_0\rangle$ 为初态;
- Σ 为有限输入字母表;
- μ 是一个映射: $\forall w \in (\{\Lambda\} \cup \Sigma)^k$, $\mu(w)$ 是一个 $\mathbb{C}^{|Q|}$ 上的酉矩阵。

注 5.8 k-letter 1QFA 的带头与 k-letter DFA 的带头是一样的。当 $k = 1$ 时,1-letter 1QFA 则为前面介绍的 MO-1QFA。

用 $\bar{\mu}$ 表示从 Σ^* 到 $|Q| \times |Q|$ 酉矩阵集的映射。$\bar{\mu}$ 是由 μ 导出的,定义如下: $\forall x = \sigma_1 \cdots \sigma_m \in \Sigma^*$,有

$$\bar{\mu}(x) = \begin{cases} \mu(\Lambda^{k-m}\sigma_1\sigma_2\cdots\sigma_m)\cdots\mu(\Lambda^{k-2}\sigma_1\sigma_2)\mu(\Lambda^{k-1}\sigma_1), & m < k \\ \mu(\sigma_{m-k+1}\sigma_{m-k+2}\cdots\sigma_m)\cdots\mu(\Lambda^{k-2}\sigma_1\sigma_2)\mu(\Lambda^{k-1}\sigma_1), & m \geqslant k \end{cases}$$

(5.40)

设 P_{acc} 是 Q_{acc} 张成的子空间上的投影算子,则 $\mathcal{A}$ 接受输入串 x 的概率为

$$P_{\mathcal{A}}(x) = ||P_{\mathrm{acc}}\bar{\mu}(x)|\psi_0\rangle||^2 \tag{5.41}$$

下面给出一个 2-letter 1QFA 的例子。

例 5.4 [20]   设 $\mathcal{A} = (Q, Q_{\mathrm{acc}}, |\psi_0\rangle, \Sigma, \mu)$,其中 $Q = \{q_0, q_1\}$, $Q_{\mathrm{acc}} = q_1$, $|\psi_0\rangle = |q_0\rangle = \begin{bmatrix} 1 \\ 0 \end{bmatrix}$, $\Sigma = \{a, b\}$, $\mu(\Lambda b) = \mu(bb) = \begin{bmatrix} 1 & 0 \\ 0 & 1 \end{bmatrix}$, $\mu(\Lambda a) = \mu(ab) = \mu(ba) = \begin{bmatrix} 0 & 1 \\ 1 & 0 \end{bmatrix}$。$\mathcal{A}$ 精确识别 $(a+b)^*b$。

由于语言 $(a+b)^*b$ 不能被 MM-1QFA 和 MO-1QFA 有界误差识别[13],所以多字符 1QFA 可以有界误差识别一些 MM-1QFA 和 MO-1QFA 不能有界误差识别的语言。

对不同 k, k-letter 1QFA 的识别语言的能力有什么关系呢?实际上,对任意 $k = 1, 2, \cdots$, $L(\mathrm{QFA}_k) \subset L(\mathrm{QFA}_{k+1})$,这是真包含关系,其中 $L(\mathrm{QFA}_k)$ 表示 k-letter 1QFA 识别的语言类[21]。

关于多字符 1QFA 的等价性判定和最小化,有以下结果。

定理 5.19[22] 任意两个有限字母表 Σ 上的 k_1-letter 1QFA 和 k_2-letter 1QFA 等价当且仅当它们 $(n^2 m^{k-1} - m^{k-1} + k)$-等价, 其中 $k = \max(k_1, k_2)$, $n = n_1 + n_2$, n_i 是 Q_i 的量子基态数 $(i = 1, 2)$, $m = |\Sigma|$. 而且存在时间复杂度为 $O(m^{2k-1} n^8 + k m^k n^6)$ 的算法判定 $\mathcal{A}_1$ 与 $\mathcal{A}_2$ 是否等价.

定理 5.20[22] 多字符 1QFA 的状态最小化问题是可判定的.

关于与 1QFAC 状态复杂性的比较, 有如下结果.

命题 5.3[22] 对任意 $m \geqslant 2$ 和任意 $z = z_1 z_2 \cdots z_n$, 正则语言 $L_z(m) = \{w | w \in \Sigma^* z_1 \Sigma^* z_2 \Sigma^* \cdots \Sigma^* z_n, |w| = km, k = 1, 2, \cdots\}$ 不能被多字符 1QFA 识别, 但存在 $n+1$ 个经典态和 2 个量子基态的 1QFAC $\mathcal{A}_m$ 以单边误差 ϵ 识别 $L_z(m)$, 其中 ϵ 可以是任意正数. 此外, 识别 $L_z(m)$ 的最小 DFA 有 $m(n+1)$ 个状态.

习 题

5.1 对于 MO-1QFA, $\forall q_1, q_2 \in Q, \forall \sigma \in \Sigma$, 证明方程

$$\sum_{p \in Q} \delta(q_1, \sigma, p)^* \delta(q_2, \sigma, p) = \begin{cases} 1, & q_1 = q_2 \\ 0, & q_1 \neq q_2 \end{cases}$$

等价于 $U(\sigma)$ 为酉矩阵, 其中 $U(\sigma)(j, i) = \delta(q_i, \sigma, q_j)$, $U(\sigma)(j, i)$ 为 $U(\sigma)$ 的第 j 行第 i 列元素.

5.2 给定一个 MO-1QFA $M = (Q, \Sigma, \delta, q_0, F)$, 设 $Q = \{q_0, q_1\}$, $F = \{q_1\}$, $\Sigma = \{a\}$, q_0 为初态. $\delta(q_0, a, q_0) = \dfrac{1}{\sqrt{2}}$, $\delta(q_1, a, q_0) = \dfrac{1}{\sqrt{2}}$, $\delta(q_0, a, q_1) = \dfrac{1}{\sqrt{2}}$, $\delta(q_1, a, q_1) = -\dfrac{1}{\sqrt{2}}$.

(1) 求 $U(a)$;

(2) 求 $P_M(aa)$.

5.3 举一个非可逆语言的例子.

5.4 举一个例子说明可逆语言类是正则语言的真子类.

5.5 设在 MM-1QFA 中, 有

$$Q = \{q_0, q_1, q_{\text{acc}}, q_{\text{rej}}\}$$

$$\Sigma = \{a\}, \ Q_{\mathrm{acc}} = \{q_{\mathrm{acc}}\}, \ Q_{\mathrm{rej}} = \{q_{\mathrm{rej}}\}$$

$$U(a)|q_0\rangle = \frac{1}{2}|q_0\rangle + \frac{1}{\sqrt{2}}|q_1\rangle + \frac{1}{2}|q_{\mathrm{acc}}\rangle$$

$$U(a)|q_1\rangle = \frac{1}{2}|q_0\rangle - \frac{1}{\sqrt{2}}|q_1\rangle + \frac{1}{2}|q_{\mathrm{acc}}\rangle$$

$$U(\$)|q_0\rangle = |q_{\mathrm{acc}}\rangle$$

$$U(\$)|q_1\rangle = |q_{\mathrm{rej}}\rangle$$

求 $P_A(aa\$)$。

5.6   证明 MM-1QFA 可以模拟 MO-1QFA（即给定任意一个 MO-1QFA，构造一个 MM-1QFA，使得对于所有输入串，它们的接受概率一样）。

5.7   用定理 5.10 证明 $\{a,b\}^*a$ 不能被 MM-1QFA 有界误差识别。

5.8   在 1QFAC $\mathcal{A}$ 中，在什么情况下它为 MO-1QFA？在什么情况下，它为 DFA？（并解释）

5.9   定义 Hilbert 空间 $\mathcal{V} = l_2(Q) \times \mathbb{R} \times \mathbb{R}$，记 $\mathcal{B} = \{v \in \mathcal{V}|||v|| \leqslant 1\}$。对任意 $(\psi, p_1, p_2) \in \mathcal{V}$，定义其模为 $||(\psi, p_1, p_2)|| = \dfrac{||\psi||_2 + |p_1| + |p_2|}{2}$。证明：若 $A \subseteq \mathcal{B}$，且存在实数 $\xi > 0$，使得对任意 $v, v' \in A$，有 $||v - v'|| > \xi$，则 A 为有限集。

5.10   证明：存在常数 $c > 0$，使得 $\forall x \in \Gamma^*$，$\forall v, v' \in \mathcal{B}$，有 $||T_x v - T_x v'|| \leqslant c||v - v'||$，其中 $||\cdot||$ 定义同上。

5.2   双向量子有限自动机（2QFA）

2QFA 不同于 1QFA，其带头可以向左右两边移动，也可以不动。2QFA 不仅可以识别所有正则语言，还可以在线性时间内识别一些上下文无关语言和非上下文无关语言。下面给出 2QFA 的形式定义。

定义 5.14   2QFA $\mathcal{A}$ 为一六元组

$$\mathcal{A} = (Q, \Sigma, q_0, Q_{\mathrm{acc}}, Q_{\mathrm{rej}}, \delta)$$

其中

- Σ 是有限输入字母表;
- Q 是有限状态集;
- $q_0 \in Q$ 是初态;
- $Q_{\mathrm{acc}} \in Q$ 和 $Q_{\mathrm{rej}} \in Q$ 分别是接受态和拒绝态且 $Q_{\mathrm{acc}} \cap Q_{\mathrm{rej}} = \varnothing$;
- $\delta : Q \times \Gamma \times Q \times \{\leftarrow, \downarrow, \rightarrow\} \to \mathbb{C}$ 是转移函数,其中 $\Gamma = \Sigma \cup \{\#, \$\}$ 为 $\mathcal{A}$ 的带字母表,$\#$ 和 $\$$ 分别表示左终结符和右终结符,且不属于 Σ,$\leftarrow, \downarrow, \rightarrow$ 分别表示带头向左移动一格、不移动以及向右移动一格。δ 满足以下条件: $\forall q_1, q_2 \in Q, \forall \sigma, \sigma_1, \sigma_2 \in \Gamma, \forall d \in \{\leftarrow, \downarrow, \rightarrow\}$。

  (1) 局部概率和正交性条件:

  $$\sum_{q', d} \delta(q_1, \sigma, q', d)^* \delta(q_2, \sigma, q', d) = \begin{cases} 1, & q_1 = q_2 \\ 0, & q_1 \neq q_2 \end{cases} \tag{5.42}$$

  (2) 分离性条件 I:

  $$\sum_{q'} (\delta(q_1, \sigma_1, q', \rightarrow)^* \delta(q_2, \sigma_2, q', \downarrow) + \delta(q_1, \sigma_1, q', \downarrow)^* \delta(q_2, \sigma_2, q', \leftarrow)) = 0$$

  (3) 分离性条件 II:

  $$\sum_{q'} \delta(q_1, \sigma_1, q', \rightarrow)^* \delta(q_2, \sigma_2, q', \leftarrow) = 0$$

注 5.9 以上三条等价于 $\mathcal{A}$ 的演化过程满足酉性。

任意正则语言都可被 2QFA 精确识别[13]。实际上,若 2QFA 中振幅都为 0 和 1,则该 2QFA 为一双向可逆有限自动机,而任意 DFA 都可被一双向可逆自动机模拟(记为 2RFA)[13]。

命题 5.4 对任意 DFA $\mathcal{A}$,存在双向可逆有限自动机 $\mathcal{M}$,使得 $\forall w \in \Sigma^*$,若 $\mathcal{A}$ 接受 w,则 $\mathcal{M}$ 在 $O(|w|)$ 步内接受 w;若 $\mathcal{A}$ 不接受 w,则 $\mathcal{M}$ 在 $O(|w|)$ 步内拒绝 w。

推论 5.1 对任意正则语言 L,存在 2RFA 精确识别 L。

注 5.10 由于 2DFA(双向确定性有限自动机)识别的语言也为正则语言,所以任一 2DFA 可被 2RFA 模拟。

关于 2QFA $\mathcal{A}$ 中的转移函数 δ,我们进一步讨论。为了方便,用 -1、0、1 分别表示方向 $\leftarrow$、$\downarrow$、$\rightarrow$。$\delta(q, \sigma, q', d)$ 表示机器处于状态 q 并读字符 σ 后变化到状态 q' 且带头按方向 d 移动的振幅。当输入带上的字符串长度为 n 时,

$\mathcal{A}$ 的一个格局可以描述成 (q, k)，其中 $q \in Q$ 表示当前状态，$k \in \mathbb{Z}_n$ 表示带头指向的位置。

可见 $\mathcal{A}$ 的所有格局个数为 $n|Q|$，因此所有格局可由 C_n 张成的 Hilbert 空间来描述，其中 $C_n = Q \times \mathbb{Z}_n = \{|q_i\rangle \otimes |k\rangle | q_i \in Q, k \in \mathbb{Z}_n\}$。故任意状态 $|\psi\rangle$ 可表示为：$|\psi\rangle = \sum\limits_{c \in C_n} \alpha_c |c\rangle$，其中 $\langle \psi | \psi \rangle = 1$。用 x 表示带字符串，记 $x(k)$ 为 x 的第 k 个字符，$k = 0, 1, \cdots, |x| - 1$，则 δ 可导出一个酉算子 U_δ^x：$\forall (q, k) \in C_{|x|}$，

$$U_\delta^x |q, k\rangle = \sum_{q', d} \delta(q, x(k), q', d) |q', k + d(\mathrm{mod}\ |x|)\rangle \tag{5.43}$$

命题 5.5 对任意 x，U_δ^x 是酉算子当且仅当 δ 满足 2QFA 定义中的三个条件。

在 2QFA 中，若转移函数 δ 能有较为特殊的表示，则 δ 的三个条件更为容易检验。设 $\forall \sigma \in \Sigma$，线性算子 $V_\sigma : l_2(Q) \to l_2(Q)$ 满足：

$$\delta(q, \sigma, q', d) = \begin{cases} \langle q' | V_\sigma | q \rangle, & D(q') = d \\ 0, & D(q') \neq d \end{cases} \tag{5.44}$$

其中 $D : Q \to \{-1, 0, 1\}$，则 δ 满足 2QFA 定义中的三个条件当且仅当 $\forall \sigma \in \Gamma$：

$$\sum_{q'} (\langle q' | V_\sigma | q_1 \rangle)^* (\langle q' | V_\sigma | q_2 \rangle) = \begin{cases} 1, & q_1 = q_2 \\ 0, & q_1 \neq q_2 \end{cases} \tag{5.45}$$

2QFA $\mathcal{A}$ 对任意输入串 $w \in \Sigma^*$ 的接受概率和拒绝概率的定义方法与 MM-1QFA 类似，记带字符串为 $x = \#w\$$，则每读 x 的一个字符后，由 U_δ^x 作用：

$$U_\delta^x |q, k\rangle = \sum_{q', d} \delta(q, x(k), q', d) |q', k + d(\mathrm{mod}\ |x|)\rangle$$

然后用 $\{E_{\mathrm{acc}}, E_{\mathrm{rej}}, E_{\mathrm{non}}\}$ 对应的投影测量进行测量，其中 $E_{\mathrm{acc}} = \mathrm{span}(Q_{\mathrm{acc}} \times \mathbb{Z}_{|x|})$，$E_{\mathrm{rej}} = \mathrm{span}(Q_{\mathrm{rej}} \times \mathbb{Z}_{|x|})$，$E_{\mathrm{non}} = \mathrm{span}(Q_{\mathrm{non}} \times \mathbb{Z}_{|x|})$。

例 5.5 对任意自然数 N，定义 2QFA

$$M_N = (Q, \Sigma, \delta, q_0, Q_{\mathrm{acc}}, Q_{\mathrm{rej}})$$

其中

- $\Sigma = \{a, b\}$；
- $Q = \{q_0, q_1, q_2, q_3\} \cup \{r_{j,k} | 1 \leqslant j \leqslant N, 0 \leqslant k \leqslant \max(j, N-j+1)\} \cup \{s_j | 1 \leqslant j \leqslant N\}$；
- $Q_{\mathrm{acc}} = \{s_N\}$，$Q_{\mathrm{rej}} = \{q_3\} \cup \{s_j | 1 \leqslant j < N\}$；
- 转移函数 $\delta(q, \sigma, q', d) = \begin{cases} \langle q' | V_\sigma | q \rangle, & D(q') = d \\ 0, & D(q') \neq d \end{cases}$

其中 D 和 V_σ 定义如下。

$$
\begin{aligned}
&V_\# |q_0\rangle = |q_0\rangle, && V_\$ |q_0\rangle = |q_3\rangle, \\
&V_\# |q_1\rangle = |q_3\rangle, && V_\$ |q_2\rangle = \frac{1}{\sqrt{N}} \sum_{j=1}^{N} |r_{j,0}\rangle, \\
&V_\# |r_{j,0}\rangle = \frac{1}{\sqrt{N}} \sum_{l=1}^{N} \exp\left(\frac{2\pi i}{N} jl\right) |s_l\rangle, && \\
&V_a |q_0\rangle = |q_0\rangle, && V_b |q_0\rangle = |q_1\rangle, \\
&V_a |q_1\rangle = |q_2\rangle, && V_b |q_2\rangle = |q_2\rangle, \\
&V_a |q_2\rangle = |q_3\rangle, && \\
&V_a |r_{j,0}\rangle = |r_{j,j}\rangle, \ 1 \leqslant j \leqslant N, && \\
&V_a |r_{j,k}\rangle = |r_{j,k-1}\rangle, \ 1 \leqslant k \leqslant j, \ 1 \leqslant j \leqslant N, && \\
&V_b |r_{j,0}\rangle = |r_{j,N-j+1}\rangle, \ 1 \leqslant j \leqslant N, && \\
&V_b |r_{j,k}\rangle = |r_{j,k-1}\rangle, \ 1 \leqslant k \leqslant N-j+1, \ 1 \leqslant j \leqslant N. && \\
&D(q_0) = +1, && D(r_{j,0}) = -1, \ 1 \leqslant j \leqslant N, \\
&D(q_1) = -1, && D(r_{j,k}) = 0, \ 1 \leqslant j \leqslant N, \ k \neq 0, \\
&D(q_2) = +1, && D(s_j) = 0, \ 1 \leqslant j \leqslant N, \\
&D(q_3) = 0. &&
\end{aligned}
$$

命题 5.6 设 M_N 为例 5.5 中的 2QFA，则对任意正整数 N，若 $x \in \{a^n b^n | n \geqslant 1\}$，则 M_N 以概率 1 接受 x；若 $x \notin \{a^n b^n | n \geqslant 1\}$，则 M_N 至少以概率 $1 - \dfrac{1}{N}$ 拒绝 x，且以上都在 $O(N|x|)$ 步内结束。

证明 分两部分：

第一部分。M_N 拒绝不属于 $x = a^u b^v$（u、$v \geqslant 1$）形式的输入。任意输入 $x \in \{a, b\}^*$，若 x 中不含 a 或不含 b，则容易检验 M_N 运行后直接进入状态 q_3 而拒绝 x；若 x 中出现子串 ba 的话，M_N 也会进入 q_3 而拒绝。

第二部分。若 $x = a^u b^v$（u、$v \geqslant 1$），则 M_N 检验是否 $u = v$，并以一定概率拒绝 $u \neq v$ 的情形，而以概率 1 接受 $u = v$ 的情形。

实际上，当带头读到 \$ 后，状态为 $\frac{1}{\sqrt{N}} \sum_{j=1}^{N} |r_{j,0}\rangle$，这时带头向左移动到输入符 b 上，当前状态为 $|r_{j,0}\rangle$ 时，在每个字符 b 上带头运行 $N-j+2$ 次，然后以状态 $|r_{j,0}\rangle$ 向左移动；当以状态 $|r_{j,0}\rangle$ 移到输入字符 a 时，带头在每个 a 上运行 $j+1$ 次。因此，$|r_{j,0}\rangle$ 在最右的 b 到最左端 # 之前共运行 $(N-j+2)v+(j+1)u$ 次。当 $j \neq j'$ 时，$(N-j+2)v+(j+1)u = (N-j'+2)v+(j'+1)u$ 当且仅当 $u = v$。

当 $u = v$ 时，所有 $|r_{j,0}\rangle$（$j = 1, 2, \cdots, N$）同时到达 #。因为

$$\sum_{j=1}^{N} \exp\left(\frac{2\pi i}{N} jl\right) = \frac{\exp\left(\frac{2\pi i}{N}l\right) - \exp\left(\frac{2\pi i}{N}l\right)}{1 - \exp\left(\frac{2\pi i}{N}l\right)} = 0 \tag{5.46}$$

对 $l = 1, 2, \cdots, N-1$，所以

$$\frac{1}{N} \sum_{j=1}^{N} \exp\left(\frac{2\pi i}{N} jl\right) = \begin{cases} 1, & l = N \\ 0, & l = 1, 2, \cdots, N-1 \end{cases} \tag{5.47}$$

所以此时状态为

$$V_{\#}\left(\frac{1}{\sqrt{N}} \sum_{j=1}^{N} |r_{j,0}\rangle\right) = \frac{1}{N} \sum_{l=1}^{N} \sum_{j=1}^{N} \exp\left(\frac{2\pi i}{N} jl\right) |s_l\rangle = |s_N\rangle \tag{5.48}$$

因此，测量后以概率 1 接受 $a^n b^n$。

当 $u \neq v$ 时，每一个 $|r_{j,0}\rangle$ 到达 # 的步数不一样，机器以 $\frac{1}{N}$ 的概率处于状态 $|r_{j,0}\rangle$。从最右端的 b 开始，到达 # 后状态为 $V_{\#}|r_{j,0}\rangle$，测量得到接受态的概率为 $\frac{1}{N}$，故机器接受 $a^u b^v$（$u \neq v$ 时）的概率为 $\frac{1}{N}$，因而拒绝的概率为 $1 - \frac{1}{N}$，整个过程带头运行的次数为 $O(N|w|)$。 $\qquad\square$

因此可得到以下定理。

定理 5.21 语言 $L_{\text{eq}} = \{a^n b^n | n \in \mathbb{N}\}$ 可被 2QFA 在线性时间内以单边误差识别。

习　　题

5.11　称一个 2QFA $M = (Q, \Sigma, \delta, q_0, Q_{\mathrm{acc}}, Q_{\mathrm{rej}})$ 是良形式的当且仅当对于任意 σ、σ_1、$\sigma_2 \in \Sigma$ 且 q_1、$q_1 \in Q$，以下条件成立：

(1) $\displaystyle\sum_{q',d} \delta(q_1, \sigma, q', d)^* \delta(q_2, \sigma, q', d) = \begin{cases} 1, & q_1 = q_2 \\ 0, & q_1 \neq q_2 \end{cases}$；

(2) $\displaystyle\sum_{q'} (\delta(q_1, \sigma_1, q', 1)^* \delta(q_2, \sigma_2, q', 0) + \delta(q_1, \sigma_1, q', 0)^* \delta(q_2, \sigma_2, q', -1)) = 0$；

(3) $\displaystyle\sum_{q'} \delta(q_1, \sigma_1, q', 1)^* \delta(q_2, \sigma_2, q', -1) = 0$。

对于任意输入 w，记带字符串为 $x = \#w\$$，δ 可导出一个在 $\mathcal{H}_{|x|}$ 上的算子 U_δ^x：

$$U_\delta^x |q, k\rangle = \sum_{q',d} \delta(q, x(k), q', d) |q', k + d \pmod{|x|}\rangle$$

证明：U_δ^x 是酉的当且仅当 M 是良形式的。

5.12　对于任意 $\sigma \in \Gamma$，设线性算子 $V_\sigma : l_2(Q) \to l_2(Q)$，$D : Q \to \{-1, 0, 1\}$，定义 $\delta(q, \sigma, q', d) = \begin{cases} \langle q' | V_\sigma | q \rangle, & D(q') = d, \\ 0, & D(q') \neq d。 \end{cases}$

证明：当 M 是良形式的当且仅当对于任意 $\sigma \in \Gamma$，

$$\sum_{q'} (\langle q' | V_\sigma | q_1 \rangle)^* \langle q' | V_\sigma | q_2 \rangle = \begin{cases} 1, & q_1 = q_2 \\ 0, & q_1 \neq q_2 \end{cases}$$

5.3　带量子与经典状态的双向有限自动机

前面介绍的 2QFA 中带头是量子状态，它与控制态相互纠缠，所以物理实现比较复杂。因此，我们研究带头被经典状态控制的双向量子有限自动机的计算能力，若该类模型依然有较强的计算能力，则有很好的理论和实际应用价值。

在 2002 年，Ambanins 与 Watrous[23] 首先提出了这样一类模型，称为带量子与经典状态的双向有限自动机（2QCFA）。2QCFA 能在多项式时间内

识别语言 $L_{\mathrm{eq}} = \{a^n b^n | n \in \mathbb{N}\}$，并且 2QCFA 能识别回文语言 $L_{\mathrm{pal}} = \{x \in \{a, b\}^* | x = x^R\}$，而双向确定性有限自动机或双向概率有限自动机不能识别 L_{pal}。下面介绍 2QCFA 的定义。

定义 5.15　一个 2QCFA $\mathcal{M}$ 是一个九元组

$$\mathcal{M} = (Q, S, \Sigma, \Theta, \delta, q_0, s_0, S_{\mathrm{acc}}, S_{\mathrm{rej}})$$

其中

- Q 和 S 为有限状态集（分别为量子状态和经典状态）；
- Σ 是有限输入字母表；
- Θ 和 δ 是两个状态转移函数；
- $q_0 \in Q$ 为初始量子态；
- $s_0 \in S$ 为初始经典态；
- S_{acc}，$S_{\mathrm{rej}} \subseteq S$ 分别为经典的接受态和拒绝态。

记 $\Gamma = \Sigma \cup \{\mathbb{c}, \$\}$ 为带字母表，且 $\mathbb{c}$ 和 $\$$ 不属于 Σ，分别表示左终结符和右终结符。下面进一步描述该模型的计算过程。

函数 Θ 描述 $\mathcal{M}$ 中量子态的演化：$\forall (s, \sigma) \in S \backslash (S_{\mathrm{acc}} \cup S_{\mathrm{rej}}) \times \Gamma$，$\Theta(s, \sigma)$ 表示一个酉变换或者一个正交测量。

函数 δ 描述经典状态的演化。如果 $\Theta(s, \sigma)$ 是一个酉变换，那么 $\delta(s, \sigma) \in S \times \{-1, 0, 1\}$ 表示更新到新的经典状态，并指定带头的移动方向；如果 $\Theta(s, \sigma)$ 是一个测量，那么 $\delta(s, \sigma)$ 为从所有可能的测量结果的集合到 $S \times \{-1, 0, 1\}$ 的一个映射（同样指定新的经典状态和带头的移动方向）。另外，约定带头指向 $\mathbb{c}$ 时不再左移，以及指向 $\$$ 时不再右移。

对任意输入 $x = x_1 x_2 \cdots x_n$，2QCFA $\mathcal{M}$ 的运行过程如下。起初 $\mathcal{M}$ 的经典状态为 s_0，量子状态为 $|q_0\rangle$，输入带上为 $\mathbb{c} x_1 x_2 \cdots x_n \$$，$\mathcal{M}$ 的带头指向 $\mathbb{c}$（记该方格为 0，其右边的方格依次记为 $1, 2, \cdots, n+1$）。在每读一个带字符 σ 后，量子部分将根据 $\Theta(s, \sigma)$ 先发生变化，其中 s 和 σ 分别为当前的经典状态和带字符，随后经典状态和带头位置根据 $\delta(s, \sigma)$ 而变化。$\mathcal{M}$ 在运行过程中如果到达经典的接受态或拒绝态会相应地接受或拒绝输入串并停机。

当 $\Theta(s, \sigma)$ 为测量时，其测量得到的结果是随机的，此时 $\mathcal{M}$ 中经典态的转移也是随机的。对任意输入 x，可以得到接受概率 $P_{\mathrm{acc}}(x)$ 和拒绝概率 $P_{\mathrm{rej}}(x)$。

接下来证明 2QCFA 可以识别回文语言 L_{pal}。

定理 5.22　$\forall \epsilon > 0$，存在 2QCFA $\mathcal{M}$ 以单边误差 ϵ 识别 $L_{\text{pal}} = \{x \in \{a, b\}^* \mid x = x^R\}$。

首先定义酉算子 U_a 和 U_b 为：

$$U_a|q_0\rangle = \frac{4}{5}|q_0\rangle - \frac{3}{5}|q_1\rangle,\ U_a|q_1\rangle = \frac{3}{5}|q_0\rangle + \frac{4}{5}|q_1\rangle,\ U_a|q_2\rangle = |q_2\rangle。$$

$$U_b|q_0\rangle = \frac{4}{5}|q_0\rangle - \frac{3}{5}|q_2\rangle,\ U_b|q_1\rangle = |q_1\rangle,\ U_b|q_2\rangle = \frac{3}{5}|q_0\rangle + \frac{4}{5}|q_2\rangle。$$

下面描述 2QCFA $\mathcal{M}$ 的运行过程（根据其计算过程可以构造 $\mathcal{M}$）。

$\mathcal{M}$ 的算法描述如下。

任意输入 $x = x_1 x_2 \cdots x_n$，$\mathcal{M}$ 重复执行以下过程：

令 $\mathcal{M}$ 的带头指向 x_1 且设置当前量子态为 $|q_0\rangle$，重复执行（I）。

（I）若当前带头指向的字符不是 \$，则将酉算子 U_{x_i} 作用于当前的量子态，并且带头向右移动一格，其中 x_i 为当前带头指向的字符，否则将带头移动到 ¢ 并重复执行（II）。

（II）若当前带头指向的字符不是 \$，则 $\mathcal{M}$ 用 $U_{x_i}^{-1}$ 作用于当前的量子态，并且带头向右移动一格。若当前带头指向的字符是 \$ 则测量量子态，如果测得 q_0，那么拒绝 x；否则设置 $b = 0$ 并重复执行（III）。

（III）若当前带头指向的字符不是 ¢，则执行以下操作：抛掷 k 次硬币，至少有一次不是正面向上时令 $b = 1$。抛完 k 次硬币后，带头向左移动一格。若当前带头指向的字符是 ¢，则执行（IV）。

（IV）若 $b = 0$，则接受 x。

为证明 2QCFA 识别 L_{pal}，需要以下一些基本结果。

设

$$A = \begin{bmatrix} 4 & 3 & 0 \\ -3 & 4 & 0 \\ 0 & 0 & 5 \end{bmatrix},\ B = \begin{bmatrix} 4 & 0 & 3 \\ 0 & 5 & 0 \\ -3 & 0 & 4 \end{bmatrix} \tag{5.49}$$

定义 $f : \mathbb{Z}^3 \to \mathbb{Z}$ 为 $\forall u \in \mathbb{Z}^3$，$f(u) = 4u[1] + 3u[2] + 3u[3]$，且定义

$K \subseteq \mathbb{Z}^3$ 为

$$K = \{u \in \mathbb{Z}^3 |\ u[1] \not\equiv 0(\mathrm{mod}\ 5), f(u) \not\equiv 0(\mathrm{mod}\ 5), u[2] \cdot u[3] \equiv 0(\mathrm{mod}\ 5)\} \tag{5.50}$$

引理 5.3　如果 $u \in K$，那么 $Au \in K$，$Bu \in K$。

证明　下证 $u \in K$ 推出 $Au \in K$；$Bu \in K$ 时同理。令 $u = (a, b, c)^{\mathrm{T}}$，则 $Au = (4a + 3b, -3a + 4b, 5c)^{\mathrm{T}}$。显然 $(Au)[2](Au)[3] \equiv 0(\mathrm{mod}\ 5)$，所以只需证 $(Au)[1] \not\equiv 0(\mathrm{mod}\ 5)$ 及 $f(Au) \not\equiv 0(\mathrm{mod}\ 5)$。

由于 $u \in K$，所以有

$$a \not\equiv 0(\mathrm{mod}\ 5) \tag{5.51}$$

$$f(u) = 4a + 3b + 3c \not\equiv 0(\mathrm{mod}\ 5) \tag{5.52}$$

以及 $b \equiv 0(\mathrm{mod}\ 5)$ 或 $c \equiv 0(\mathrm{mod}\ 5)$。

先设 $b \equiv 0(\mathrm{mod}\ 5)$，则有 $(Au)[1] \equiv 4a(\mathrm{mod}\ 5)$ 及

$$f(Au) = 4(4a + 3b) + 3(-3a + 4b) + 3(5c) \equiv 2a(\mathrm{mod}\ 5) \tag{5.53}$$

因此，由式子 (5.51) 得 $(Au)[1] \not\equiv 0(\mathrm{mod}\ 5)$ 及 $f(Au) \not\equiv 0(\mathrm{mod}\ 5)$。

现设 $c \equiv 0(\mathrm{mod}\ 5)$，则

$$(Au)[1] = 4a + 3b \tag{5.54}$$

$$\equiv 4a + 3b + 3c(\mathrm{mod}\ 5) \tag{5.55}$$

$$\equiv f(u)(\mathrm{mod}\ 5) \tag{5.56}$$

及

$$f(Au) = 4(4a + 3b) + 3(-3a + 4b) + 3(5c) \tag{5.57}$$

$$\equiv 2a + 4b(\mathrm{mod}\ 5) \tag{5.58}$$

$$\equiv 3(4a + 3b + 3c)(\mathrm{mod}\ 5) \tag{5.59}$$

$$\equiv 3f(u)(\mathrm{mod}\ 5) \tag{5.60}$$

因此，由式子 (5.52) 得 $(Au)[1] \not\equiv 0(\mathrm{mod}\ 5)$ 及 $f(Au) \not\equiv 0(\mathrm{mod}\ 5)$。　□

引理 5.4　设 $u \in \mathbb{Z}^3$ 满足 $u = Av = Bw$, 其中 v、$w \in \mathbb{Z}^3$, 则 $u \notin K$。

证明　设 $u = Av = Bw$, 其中 u、v、$w \in \mathbb{Z}^3$, 所以 $A^{-1}u$、$B^{-1}u \in \mathbb{Z}^3$。由 $(B^{-1}u)[2] \in \mathbb{Z}$ 可得 $u[2] \equiv 0 \pmod{5}$, 且由 $(A^{-1}u)[1] \in \mathbb{Z}$ 可得 $4u[1] - 3u[2] \equiv 0 \pmod{25}$。综上可得 $u[1] \equiv 0 \pmod{5}$, 因此 $u \notin K$。　　　　□

引理 5.5　设 $u = Y_1^{-1} \cdots Y_n^{-1} X_n \cdots X_1 (1,0,0)^{\mathrm{T}}$, 其中 X_j、$Y_j \in \{A, B\}$, 若 $X_j = Y_j (j = 1, 2, \cdots, n)$, 则 $u[2]^2 + u[3]^3 = 0$; 若存在 $j \in \{1, 2, \cdots, n\}$ 使得 $X_j \neq Y_j$, 则 $u[2]^2 + u[3]^2 > 25^{-n}$。

证明　若对 $1 \leqslant j \leqslant n, X_j = Y_j$,则显然有 $u = (1,0,0)^{\mathrm{T}}$, 因此 $u[2]^2 + u[3]^2 = 0$。

现设存在 j 使得 $X_j \neq Y_j$。因为对于每一个 j 有 $5^{-1}X_j$ 与 $5Y_j^{-1}$ 是酉的, 所以 $\|u\| = 1$。可知 $25^n u$ 是整数。只需证 $u \neq \pm(1,0,0)^{\mathrm{T}}$ 便可证得引理。因为由 $|u[1]| < 1$ 可得 $|u[1]| \leqslant 1 - 25^{-n}$, 因此有

$$u[2]^2 + u[3]^2 = 1 - u[1]^2 \geqslant 1 - (1 - 25^{-n})^2 > 25^{-n} \tag{5.61}$$

令 k 为使得 $X_k \neq Y_k$ 的最大下标, 不失一般性, 设 $X_k = A$, $Y_k = B$。令 $v = X_{k-1} \cdots X_1 (1,0,0)^{\mathrm{T}}$ 与 $w = Y_{k-1} \cdots Y_1 (1,0,0)^{\mathrm{T}}$。因为 $(1,0,0)^{\mathrm{T}} \in K$, 所以由引理 5.3 得 $Av, Bw \in K$; 由引理 5.4 得 $Av \neq Bw$（因为若 $Av = Bw$, 则与 $Av, Bw \in K$ 矛盾）。因为对 $j > k$ 有 $X_j = Y_j$, 所以

$$Y_n \cdots Y_1 (1,0,0)^{\mathrm{T}} \neq X_n \cdots X_1 (1,0,0)^{\mathrm{T}} \tag{5.62}$$

且

$$u = Y_1^{-1} \cdots Y_n^{-1} X_n \cdots X_1 (1,0,0)^{\mathrm{T}} \tag{5.63}$$

$$\neq (1,0,0)^{\mathrm{T}} \tag{5.64}$$

同理, 由于 $(-1,0,0)^{\mathrm{T}} \in K$, 所以 $u \neq (-1,0,0)^{\mathrm{T}}$。因此

$$Y_n \cdots Y_1 (-1,0,0)^{\mathrm{T}} \neq X_n \cdots X_1 (1,0,0)^{\mathrm{T}} \tag{5.65}$$

　　　　□

引理 5.6　在定理 5.22 的 $\mathcal{M}$ 运行阶段（I）中, 读完 x_n 并执行 U_{x_n} 后的量子态变为 $\sum_{i=0}^{2} \alpha_i |q_i\rangle$, 则

$$(\alpha_0, \alpha_1, \alpha_2)^{\mathrm{T}} = U_{x_n} \cdots U_{x_1} (1,0,0)^{\mathrm{T}} \tag{5.66}$$

$$= 5^{-n} X_n \cdots X_1 (1, 0, 0)^{\mathrm{T}} \tag{5.67}$$

其中 $X_j \in \{A, B\}(j = 1, 2, \cdots, n)$；且当 $x_j = a$ 时，$X_j = A$；$x_j = b$ 时，$X_j = B$。

引理 5.7 在定理 5.22 的 $\mathcal{M}$ 运行阶段（II）中，当读完 x_n 且执行酉变换 $U_{x_n}^{-1}$ 后的量子态为 $\sum\limits_{i=0}^{2} \beta_i |q_i\rangle$，则

$$(\beta_0, \beta_1, \beta_2)^{\mathrm{T}} = U_{x_n}^{-1} U_{x_{n-1}}^{-1} \cdots U_{x_1}^{-1} U_{x_n} U_{x_{n-1}} \cdots U_{x_1} (1, 0, 0)^{\mathrm{T}} \tag{5.68}$$

拒绝概率为 $p_{\mathrm{rej}} = \beta_1^2 + \beta_2^2$，其满足：若 $x = x^R$，则 $p_{\mathrm{rej}} = 0$；若 $x \neq x^R$，则 $p_{\mathrm{rej}} > \dfrac{1}{25^n}$。

引理 5.8 在定理 5.22 的 $\mathcal{M}$ 运行阶段（III）中，当带头读完 x_1 后 $b = 0$ 的概率 $p_{\mathrm{acc}} = \dfrac{1}{2^{k(n+1)}}$。

引理 5.9 在 $\mathcal{M}$ 不断运行后，得到拒绝和接受概率分别为

$$\sum_{j \geqslant 0} (1 - p_{\mathrm{acc}})^j (1 - p_{\mathrm{rej}})^j p_{\mathrm{rej}} = \frac{p_{\mathrm{rej}}}{p_{\mathrm{acc}} + p_{\mathrm{rej}} - p_{\mathrm{acc}} p_{\mathrm{rej}}} \tag{5.69}$$

$$\sum_{j \geqslant 0} (1 - p_{\mathrm{acc}})^j (1 - p_{\mathrm{rej}})^{j+1} p_{\mathrm{acc}} = \frac{p_{\mathrm{acc}} - p_{\mathrm{acc}} p_{\mathrm{rej}}}{p_{\mathrm{acc}} + p_{\mathrm{rej}} - p_{\mathrm{acc}} p_{\mathrm{rej}}} \tag{5.70}$$

证明 从 $\mathcal{M}$ 的运行过程（I）、（II）和（III）可知。   □

从以上引理可见，当 $x = x^R$ 时，$p_{\mathrm{rej}} = 0$，因而接受概率为 1；当 $x \neq x^R$ 时，由

$$\frac{p_{\mathrm{rej}}}{p_{\mathrm{acc}} + p_{\mathrm{rej}} - p_{\mathrm{acc}} p_{\mathrm{rej}}} > 1 - \epsilon \tag{5.71}$$

和

$$p_{\mathrm{acc}} = \frac{1}{2^{k(n+1)}} \tag{5.72}$$

以及

$$p_{\mathrm{rej}} > \frac{1}{25^n} \tag{5.73}$$

可知当 $k \geqslant \max\{-\log \epsilon, \log 25\}$ 时拒绝概率大于 $1 - \epsilon$。

2QCFA 也可识别 $L_{\mathrm{eq}} = \{a^n b^n | n \in \mathbb{N}\}$。

定理 5.23　对任意 $\epsilon > 0$，存在 2QCFA $\mathcal{M}$ 以单边误差 ϵ 识别 $\{a^n b^n | n \in \mathbb{N}\}$，而且 $\mathcal{M}$ 停机时间的期望为 $O(|x|^4)$。

下面先描述 $\mathcal{M}$ 的运行过程，根据该算法过程可构造 $\mathcal{M}$。

对输入 $x = x_1 x_2 \cdots x_n \in \{a, b\}^*$，$\mathcal{M}$ 进行如下计算。

$\mathcal{M}$ 首先检查 x 是否为 $a^* b^*$ 形式，若不是直接拒绝；若是，重复执行以下过程：

（I）带头移至 x_1，其量子态为 $|q_0\rangle$。若带头指向 a，则对量子态执行量子酉变换 U_α（旋转 α）；若带头指向 b，则对量子态执行量子酉变换 $U_{-\alpha}$。然后带头向右移动一格。读完 x_n 并执行量子变换后对量子态进行测量，若所测结果不是 $|q_0\rangle$，则 $\mathcal{M}$ 拒绝 x；否则执行（II）。

（II）执行下列过程两次：

将带头移至第 1 个输入符 x_1，并重复执行（III）。

（III）若当前带头指向的字符不是 ¢ 或 $，则进行如下操作：

抛掷硬币，如果正面向上，那么带头向右移动；否则向左移动。

若上述过程两次都以带头指向 $ 结束，则抛掷 k 次硬币，若所有结果都是反面向上，则机器 $\mathcal{M}$ 接受 x。

现在简要地描述前面定理的证明思路并详细证明。

我们考虑 2QCFA $\mathcal{M}$ 有 2 个量子基态 $|q_0\rangle$ 和 $|q_1\rangle$。$\mathcal{M}$ 以 $|q_0\rangle$ 为初始量子态。当 $\mathcal{M}$ 读 a 时，量子态被旋转 $\alpha = \sqrt{2}\pi$，当 $\mathcal{M}$ 读 b 时，量子态被旋转 $-\alpha$。当 $\mathcal{M}$ 带头读完最后一个输入符后，对量子态进行测量。若测得 $|q_1\rangle$，则输入串被拒绝；否则重复上述过程。

如果 a 与 b 的个数相等，那么最后得到 $|q_0\rangle$；否则最后状态为 $|q_0\rangle$ 与 $|q_1\rangle$ 的叠加，而且 $|q_1\rangle$ 的振幅足够大。因此，多次重复上述过程后测量得到 q_1 的概率很大。实际重复 $O(n^2)$ 次就可保证以很高的概率测得一次 q_1。

我们也需要考虑 $\mathcal{M}$ 对输入 $x \in \{a^n b^{n'} | n, n' \in \mathbb{N}\}$ 时的停机问题。我们定期地执行一个子程序，该子程序以小概率 $\frac{c}{n^2}$ 接受输入。若 $x \notin L_{\text{eq}}$，则该接受概率几乎不影响整个过程（因为该概率远小于测量得到 q_1 的概率）。

引理 5.10　若输入为 $x = a^n b^{n'}$ 且 $n \neq n'$，则 $\mathcal{M}$ 在运行阶段（I）后拒绝的

概率至少为 $\dfrac{1}{2(n-n')^2}$。

证明　由 $U_a = \begin{bmatrix} \cos\sqrt{2}\pi & -\sin\sqrt{2}\pi \\ \sin\sqrt{2}\pi & \cos\sqrt{2}\pi \end{bmatrix}$，$U_b = \begin{bmatrix} \cos(-\sqrt{2}\pi) & -\sin(-\sqrt{2}\pi) \\ \sin(-\sqrt{2}\pi) & \cos(-\sqrt{2}\pi) \end{bmatrix}$，

可得机器读完输入 $a^n b^{n'}$ 后，初态 $|q_0\rangle$ 变为叠加态 $\cos(\sqrt{2}(n-n')\pi)|q_0\rangle + \sin(\sqrt{2}(n-n')\pi)|q_1\rangle$。观测 $|q_1\rangle$ 的概率为 $\sin^2(\sqrt{2}(n-n')\pi)$。

设 k 为最接近 $\sqrt{2}(n-n')$ 的整数且设 $\sqrt{2}(n-n') > k$（另一种情况是对称的），则 $k \leqslant \sqrt{2(n-n')^2 - 1}$ 且 $\sqrt{2}(n-n') - k > \dfrac{1}{2\sqrt{2}(n-n')}$。

因为

$$0 < \sqrt{2}(n-n') - k < \frac{1}{2}$$

且 $\forall x \in \left[0, \dfrac{1}{2}\right]$，有

$$\sin(\pi x) \geqslant 2x$$

可见

$$\sin^2(\sqrt{2}(n-n')\pi) = \sin^2((\sqrt{2}(n-n') - k)\pi) \tag{5.74}$$

$$\geqslant 4(\sqrt{2}(n-n') - k)^2 \tag{5.75}$$

$$\geqslant 4\left(\frac{1}{2\sqrt{2}(n-n')}\right)^2 \tag{5.76}$$

$$= \frac{1}{2(n-n')^2} \tag{5.77}$$

$\square$

引理 5.11　$\mathcal{M}$ 执行（II）之后接受的概率为 $\dfrac{1}{2^k(n+n'+1)^2}$（证明留作课后习题）。

最后继续证明定理 5.23。

证明　首先注意在每次执行（II）后接受的概率为 $\dfrac{1}{2^k(n+n'+1)^2}$。在过程（III）中取 $k = 1 + \lceil \log \epsilon^{-1} \rceil$。若 $x = a^n b^n$，则过程（I）后总是测得 $|q_0\rangle$。在

执行 cn^2 次（II）后 $\mathcal{M}$ 接受的概率为

$$1 - \left(1 - \frac{1}{2^k(n+n'+1)^2}\right)^{cn^2} \tag{5.78}$$

若在 $x = a^n b^{n'}$ 中 $n \neq n'$，则 $\mathcal{M}$ 在过程（I）后拒绝的概率

$$p_{\text{rej}} > \frac{1}{2(n-n')^2} \tag{5.79}$$

以及过程（II）后接受的概率

$$p_{\text{acc}} = \frac{1}{2^k(n+n'+1)^2} \tag{5.80}$$

$$\leqslant \frac{\epsilon}{2(n+n'+1)^2} \tag{5.81}$$

由于算法可以一直重复执行下去，所以最后拒绝的概率为

$$\sum_{k \geqslant 0} (1 - p_{\text{acc}})^k (1 - p_{\text{rej}})^k p_{\text{rej}} = \frac{p_{\text{rej}}}{p_{\text{acc}} + p_{\text{rej}} - p_{\text{acc}} p_{\text{rej}}} \tag{5.82}$$

$$> \frac{p_{\text{rej}}}{p_{\text{acc}} + p_{\text{rej}}} \tag{5.83}$$

$$> \frac{\frac{1}{2}}{\frac{1}{2} + \frac{\epsilon}{2}} \tag{5.84}$$

$$= \frac{1}{1+\epsilon} \tag{5.85}$$

$$> 1 - \epsilon \tag{5.86}$$

算法 $\mathcal{M}$ 的时间复杂度分析：在过程（I）与过程（II）每次结束后 $\mathcal{M}$ 接受或拒绝的概率至少是 $\frac{c}{(n+n')^2}$，所以对于以上两种情况（$x = a^n b^n$ 或 $x = a^n b^{n'}(n \neq n')$），$\mathcal{M}$ 的迭代次数的期望为 $O((n+n')^2)$。过程（I）与过程（II）的时间复杂度分别为 $O((n+n'))$ 和 $O((n+n')^2)$。因此 $\mathcal{M}$ 运行时间的期望最多为 $O((n+n')^4)$。　□

2QCFA 具备一定的计算能力，它可以模拟任意查询算法（其定义可以在子章节量子查询模型中了解）。

定理 5.24 查询算法 $\mathcal{A}$ 对布尔函数 $f: \{0,1\}^n \to \{0,1\}$ 的计算可以被 2QCFA $\mathcal{M}$ 模拟。此外，如果 $\mathcal{A}$ 使用了 t 次查询和 l 个量子基态，则 $\mathcal{M}$ 使用 $O(l)$ 量子基态、$O(n^2)$ 经典态，以及 $O(tn)$ 时间。

证明 设 $\mathcal{A}$ 中查询算子为 O_x，酉算子为 U_k，$k = 0, 1, \cdots, t$，测量算子为 $\{M_0, M_1\}$。$\mathcal{M}$ 模拟思路如下。$\mathcal{M}$ 输入同 $\mathcal{A}$，其带上为 $\text{¢}x\$$，其中 $x = x_1 x_2 \cdots x_n$。$\mathcal{M}$ 量子基态为 $|0\rangle$ 和 $|i, b, w\rangle$ $(i = 0, 1, \cdots, n)$，经典态为 $s_{k,i}$（k 表示第 k 次扫描，i 表示带头处于第 i 格，其中 ¢ 为第 0 格）。其初始量子态为 $|0\rangle$，初始经典态为 s_0。$\mathcal{M}$ 第一次读取字符 ¢ 时，作用 $\Theta(s_0, \text{¢})$ 使 $\Theta(s_0, \text{¢})|0\rangle = U_0|\psi_s\rangle$，其中 $|\psi_s\rangle$ 为 $\mathcal{A}$ 的初态，且经典态的改变和带头的移动为 $\delta(s_0, \text{¢}) = (s_{1,1}, 1)$。

$\mathcal{M}$ 一共会从左往右扫描 $\text{¢}x\$$ t 次，第 k（$k < t$）次扫描时，如果读到 $\$$，则对量子态作用 $\Theta(s_{k,n+1}, \$) = U_k$，经典态不变，带头向左移动，并且之后会一直往左回到 ¢ 并开始第 $k+1$ 次扫描，即 $\delta(s_{k,n+1}, \sigma) = (s_{k,n+1}, -1)$，$\sigma \in \{0,1\}$，$\delta(s_{k,n+1}, \text{¢}) = (s_{k+1,1}, 1)$；如果读到 $\sigma = 0$ 或 1，则作用

$$\Theta(s_{k,i}, \sigma)|i, b, w\rangle = |i, b \oplus \sigma, w\rangle, \quad \Theta(s_{k,i}, \sigma)|u, b, w\rangle = |u, b, w\rangle, u \neq i$$

且向右移动即 $\delta(s_{k,i}, \sigma) = (s_{k,i+1}, 1)$。第 t 次扫描时，如果读到 $\$$，则作用 U_t，之后用 $\{M_0, M_1\}$ 对量子态测量，测量结果为 0 则拒绝，否则接受。

可以验证：

$$\Theta(s_{k,n}, x_n)\Theta(s_{k,n-1}, x_{n-1}) \cdots \Theta(s_{k,1}, x_1) = O_x \tag{5.87}$$

因此，对于任意输入 x，显然有 $\mathcal{A}(x) = 1$ 的概率等于 $\mathcal{M}$ 接受 x 的概率，$\mathcal{A}(x) = 0$ 的概率等于 $\mathcal{M}$ 拒绝 x 的概率。并且 $\mathcal{M}$ 有 $O(l)$ 量子基态，$O(n^2)$ 经典态，以及运行了 $O(tn)$ 步。 $\qquad \square$

习 题

5.13 对在引理 5.6 中定义的 X_i，证明：$U_{x_n}^{-1} U_{x_{n-1}}^{-1} \cdots U_{x_1}^{-1} U_{x_n} U_{x_{n-1}} \cdots U_{x_1} (1, 0, 0)^{\mathrm{T}} = X_n^{-1} X_{n-1}^{-1} \cdots X_1^{-1} X_n X_{n-1} \cdots X_1 (1, 0, 0)^{\mathrm{T}}$。

5.14 分析定理 5.22 中 2QCFA 识别回文语言的时间复杂度。

5.15 根据本节内容写出一个单边误差识别 $L_{\text{pal}} = \{x | x = x^R, x \in \{a, b\}^*\}$ 的 2QCFA。

5.16　根据本节内容写出一个单边误差识别 $L_{\text{eq}} = \{a^n b^n | n \in \mathbb{N}\}$ 的 2QCFA。

5.17　证明在定理 5.23 中，识别语言 $L_{\text{eq}} = \{a^n b^n | n \in \mathbb{N}\}$ 的 2QCFA 在过程 (II) 为接受的概率是 $\dfrac{1}{2^k (n + n' + 1)^2}$。

5.4　量子下推自动机

类似经典下推自动机，量子计算模型里也有量子下推自动机。量子下推自动机首先由 Golovkins[24] 研究，其后 Gudder[25]、Qiu[26] 以及 Nakanish[27] 等也开展一定的工作。量子下推自动机的定义稍微复杂一些，我们首先回顾一下经典下推自动机（Pushdown Automata，PDA）。

定义 5.16　一个经典下推自动机是一个六元组

$$\mathcal{A} = (Q, \Sigma, \Gamma, \delta, q_0, Z_0, F)$$

其中

- Q 是有限状态集；
- Σ 是有限输入字母表；
- Γ 是有限栈字母表；
- $q_0 \in Q$ 是初始状态；
- $Z_0 \in \Gamma$ 是初始栈符号；
- $F \subseteq Q$ 是接受状态集；
- $\delta : Q \times (\Sigma \cup \{\epsilon\}) \times \Gamma \to \mathcal{P}(Q \times \Gamma^*)$ 是转移函数，其中 $\mathcal{P}(X)$ 表示 X 的幂集。

PDA 初始时状态为 q_0，栈中只有符号 Z_0。设 PDA 在运行过程中某一时刻处于状态 q，栈顶符号为 Z，此时会根据输入字符 a（a 可以为 ϵ，表示不读取输入串的字符），对于任意 $(p, \gamma) \in \delta(q, a, Z)$，PDA 进入状态 p，且将栈顶符号 Z 替换成字符串 γ（这样的 (p, γ) 可能不止一个，这体现了 PDA 的非确定性）。设 w 为输入，如果能把 w 写成 $w = w_1 w_2 \cdots w_m$，其中每一个 $w_i \in \Sigma \cup \{\epsilon\}$，且 PDA 在依次读取完 $w_1 w_2 \cdots w_m$ 后，有某一个分支（因为 PDA 是非确定性的）最终进入了接受状态，则 PDA 接受这个串。PDA 识别的语言类和后面介绍的上下文无关语言（Context-free Languages，CFL）是相同的，CFL 真包含正则语言类。

例 5.6 给出识别 $\{0^n 1^n | n \geqslant 1\}$ 的 PDA:

$$\mathcal{A} = (Q = \{q_0, q_1, q_2\}, \Sigma = \{0, 1\}, \Gamma = \{0, 1, Z_0\}, \delta, q_0, Z_0, F = \{q_2\})$$

其中 δ 定义为

$$\delta(q_0, 0, \gamma) = \{(q_0, 0\gamma)\} \tag{5.88}$$

$$\delta(q_0, 1, 0) = \delta(q_1, 1, 0) = \{(q_1, \epsilon)\} \tag{5.89}$$

$$\delta(q_1, \epsilon, Z_0) = \{(q_2, \epsilon)\} \tag{5.90}$$

如果 $\mathcal{A}$ 到达未定义的部分，表示拒绝输入串。

$\mathcal{A}$ 运行流程如下，处于状态 q_0 时，遇到输入字符 0 则将任意栈顶符号 γ 替换成 0γ，这相当于将 0 压栈，遇到输入字符 1 则进入状态 q_1 且将栈顶的 0 弹出；处于状态 q_1 时也是遇到输入字符 1 则将栈顶的 0 弹出，最后如果栈顶符号为 Z_0，则进入接受态 q_2。通过观察这个过程不难得出，$\mathcal{A}$ 识别语言 $\{0^n 1^n | n \geqslant 1\}$。

对于量子下推自动机，有多个版本的定义，下面首先介绍其中一个的定义。

定义 5.17 一个 q 量子下推自动机（qQPDA）是一个六元组

$$\mathscr{A} = (Q, \Sigma, \Gamma, \delta, S, Q_f)$$

其中

- Q 是有限状态集；
- Σ 是有限输入字母表；
- Γ 是有限栈字母表；
- $S = \{(p_i, \alpha_i, c_i) | \ p_i \in Q, \alpha_i \in \Gamma^*, c_i \in \mathbb{C}, i = 1, 2, \cdots, k\}$;
- $Q_f \subseteq Q$ 是终结状态；
- δ 为 $Q \times \Gamma^* \times \Sigma \times Q \times \Gamma^*$ 到 $\mathbb{C}$ 的映射且满足：$\forall \sigma \in \Sigma$, $\forall (p_1, \gamma_1)$, $(p_2, \gamma_2) \in Q \times \Gamma^*$,

(I) 只有当存在 $t \in \Gamma$, $t\gamma_1 = \gamma_2$, 或 $\gamma_1 = t\gamma_2$ 或 $\gamma_1 = \gamma_2$ 时, $\delta(p_1, \gamma_1, \sigma, p_2, \gamma_2)$ 才可能非零。

(II) $\displaystyle\sum_{q \in Q, \gamma \in \Gamma^*} \delta(p_1, \gamma_1, \sigma, q, \gamma)\delta(p_2, \gamma_2, \sigma, q, \gamma)^* = \begin{cases} 1, & (p_1, \gamma_1) = (p_2, \gamma_2) \\ 0, & \text{其他} \end{cases}$

(III) $\displaystyle\sum_{p \in Q, \gamma \in \Gamma^*} \delta(p, \gamma, \sigma, p_1, \gamma_1)\delta(p, \gamma, \sigma, p_2, \gamma_2)^* = \begin{cases} 1, & (p_1, \gamma_1) = (p_2, \gamma_2), \\ 0, & \text{其他} \end{cases}$

定义 5.18　qQPDA $\mathscr{A}$ 接受输入串的概率为 $\forall w \in \Sigma^* \backslash \{\epsilon\}$,

$$f_{\mathscr{A}}(w) = \sum_{q_n \in Q_f, \gamma_n \in \Gamma^*} \left| \sum_{(p_i, \alpha_i, c_i) \in S} c_i \sum_{q_1, \cdots, q_{n-1} \in Q, \gamma_1, \cdots, \gamma_{n-1} \in \Gamma^*} \delta(p_i, \alpha_i, \sigma_1, q_1, \gamma_1) \right.$$

$$\left. \times \delta(q_1, \gamma_1, \sigma_2, q_2, \gamma_1) \times \cdots \times \delta(q_{n-1}, \gamma_{n-1}, \sigma_n, q_n, \gamma_n) \right|^2$$

且 $f_{\mathscr{A}}(\epsilon) = \displaystyle\sum_{i \in S_f} |c_i|^2$, 其中 $S_f = \{i | (p_i, \alpha_i, c_i) \in S, p_i \in Q_f\}$。特别地, 若 $S_f = \varnothing$, 则 $f_{\mathscr{A}} = 0$。

注 5.11　由定义中 (II) 可知 $\forall w \in \Sigma^*$, $f_{\mathscr{A}}(w) \in [0, 1]$。

同时, 我们在 Moore 和 Crutchfield[1] 基础上定义与 qQPDA 等价的量子下推自动机。

定义 5.19　量子下推自动机（QPDA）是一个五元组

$$\mathcal{M} = (H_Q \otimes H_\Gamma, \Sigma, |S_{\text{init}}\rangle, U, H_{\text{accept}})$$

其中

- H_Q 是有限维 Hilbert 空间且以 Q 为正交模基;
- H_Γ 是一无限维 Hilbert 空间, 其正交模基相当于 Γ^*;
- Σ 是输入字母表;
- $|S_{\text{init}}\rangle \in H_Q \otimes II_\Gamma$ 是初始单位向量;
- $H_{\text{accept}} = \text{span}\{|q\rangle \otimes |\gamma\rangle | q \in Q_{\text{accept}}, \gamma \in \Gamma^*\}$, 其中 $Q_{\text{accept}} \subseteq Q$;
- $U : \Sigma \cup \{\epsilon\} \to \mathscr{U}(H_Q \otimes H_\Gamma)$ 满足: 对于任意 $\sigma \in \Sigma$, 任意 $(q_1, \gamma_1), (q_2, \gamma_2) \in Q \times \Gamma^*$, 转移振幅 $\langle q_2|\langle\gamma_2|U(\sigma)|q_1\rangle|\gamma_1\rangle$ 非零仅当存在某个 $t \in \Gamma$

使 $t\gamma_1 = \gamma_2$ 或 $\gamma_1 = t\gamma_2$ 或 $\gamma_1 = \gamma_2$，其中 $\mathscr{U}(H_Q \otimes H_\Gamma)$ 表示作用在空间 $H_Q \otimes H_\Gamma$ 的酉算子形成的空间。

$\mathcal{M}$ 接受串 w 的概率为

$$f_{\mathcal{M}}(w) = ||P(H_{\text{accept}})U(w)|S_{\text{init}}\rangle||^2$$

其中 $P(H_{\text{accept}})$ 为投影到 H_{accept} 生成的空间的投影算子。定义 $\mathcal{M}$ 识别的语言为 $\{w \in \Sigma^* | f_{\mathcal{M}}(w) > 0\}$。

注 5.12 在上述定义中，若取 $H_{\text{accept}} = \text{span}\{|q\rangle \otimes |\epsilon\rangle | q \in Q_{\text{accept}}\}$，则 $\mathcal{M}$ 与 Moore 和 Crutchfield[1] 定义的 MO-QPDA 一致，如果 MO-QPDA 定义中不要求 $U(\sigma)$ 是酉的，则称之为广义 MO-QPDA。目前尚不清楚 MO-QPDA 和 PDA 识别语言能力关系。

定理 5.25 QPDA 与 qQPDA 相互等价，即

- $\forall$ QPDA $\mathcal{M} = (H_Q \otimes H_\Gamma, \Sigma, |S_{\text{init}}\rangle, U, H_{\text{accept}})$，存在 qQPDA $\mathscr{A}$ 使得 $\forall w \in \Sigma^*$，有 $f_{\mathscr{A}}(w) = f_{\mathcal{M}}(w)$。
- $\forall$ qQPDA $\mathscr{A} = (Q, \Sigma, \Gamma, \delta, S, Q_f)$，存在 QPDA $\mathcal{M}$ 使得 $\forall w \in \Sigma^*$ 有 $f_{\mathscr{A}}(w) = f_{\mathcal{M}}(w)$。

5.5 量子文法

量子文法和量子下推自动机密切相关，我们首先介绍经典上下文无关文法和正则文法，再介绍量子正则文法与量子上下文无关文法。

5.5.1 上下文无关文法与正则文法

先给出经典的上下文无关文法（Context-free Grammars，CFG）的定义。

定义 5.20 一个上下文无关文法可以表示为四元组

$$G = (V, \Sigma, S, P)$$

其中

- V 是有限变量集；
- Σ 是有限终结符号集；

- $S \in V$ 是初始变量;
- $P \subseteq \{A \to \beta | \ A \in V, \beta \in (V \cup \Sigma)^*\}$ 是有限产生式集。

$\alpha, \beta \in (V \cup \Sigma)^*$,派生 $\alpha \stackrel{*}{\Rightarrow} \beta$ 的一条生成链,是形如 $\alpha \Rightarrow \alpha_1 \Rightarrow \cdots \Rightarrow \beta$ ($\alpha_i \in (V \cup \Sigma)^*$) 的一条字符串链,其中每一步将一个变量根据某条产生式替换成一个子串。例如,假如有产生式规则 $\{A \to 0A, A \to 1\}$,则 $0AA \Rightarrow$ $00AA \Rightarrow 001A$ 是派生 $0AA \stackrel{*}{\Rightarrow} 001A$ 的一条生成链。CFG G 生成的语言定义为 $L(G) = \{w \in \Sigma^* | \ S \stackrel{*}{\Rightarrow} w\}$,所有 CFG 生成的语言的集合称为上下文无关语言(CFL)。

例 5.7 语言 $\{0^n 1^n | \ n \geqslant 0\}$ 可由上下文无关文法 ($V = \{S\}$,$\Sigma = \{0, 1\}$,$S, P =$ $\{S \to 0S1, S \to \epsilon\}$) 生成。

正则文法是一种特殊形式的上下文无关文法,它可以生成正则语言。

定义 5.21 若一个上下文无关文法 $G = (V, \Sigma, S, P)$ 的产生式均为形如 $A \to$ aB 或 $A \to \epsilon$ 的产生式 ($A, B \in V, a \in \Sigma$),则称之为正则文法。

实际上,正则文法与非确定性有限自动机(简记为 NFA)形式上密切相关,其中 NFA 和 DFA 定义基本相同,只不过它的每个状态读取一个字符后可以转移到多个状态,它是否接受输入串取决于是否有分支到达了接受态,NFA 识别的语言类为正则语言。

可以将正则文法看作 NFA 的一种等价定义:把正则文法中每个变量看作一个状态,转移函数则为 $\delta(A, a) = \{B | \ A \to aB \in P\}$,接受集为 $\{A | \ A \to \epsilon \in P\}$。反过来,一个 DFA 或 NFA 也可以用一个对应的正则文法来描述。由此可见,正则文法生成的语言类是正则语言。

5.5.2 量子正则文法

同样地,我们可以定义量子正则文法。

定义 5.22 量子正则文法可表示为一个四元组

$$G = (V, \Sigma, V_0, P)$$

其中

- V 是有限变量集;

- Σ 是有限终结符号集；

- $V_0 = \{(v_i, c_i) | v_i \in V, c_i \in \mathbb{C}, i = 1, 2, \cdots, k\}$，其中 $\sum_{i=1}^{k} |c_i|^2 = 1$；

- $P \subseteq \{v \to \beta | v \in V, \beta \in (V \cup \Sigma)^*\}$ 是有限产生式集，其中每个产生式 $v \to \beta$ 有一个振幅 $c(v \to \beta)$，且只有形如 $v \to \sigma u$ 或 $v \to \epsilon$ （$v, u \in V, \sigma \in \Sigma$）的产生式有非零振幅。同时 $c(v \to \epsilon) \in \{0, 1\}$ 且 c 还满足

$$\sum_{u \in V} c(v \to au)c(v' \to au)^* = \begin{cases} 1, & v = v' \\ 0, & v \neq v' \end{cases} \tag{5.91}$$

接下来定义量子正则文法生成的语言。假设 $w = \sigma_1 \sigma_2 \cdots \sigma_m \in \Sigma^*$，那么序列

$$v_i, \sigma_1 v^{(1)}, \; \sigma_1 \sigma_2 v^{(2)}, \; \sigma_1 \sigma_2 \cdots \sigma_m v^{(m)}, \; \sigma_1 \sigma_2 \cdots \sigma_m$$

称为 w 的一个派生，其中 v_i 来自 V_0，$v^{(j)} \in V, j = 1, 2, \cdots, m$。由于最后一步使用了产生式 $v^{(m)} \to \epsilon$，我们称它为 w 的 $v^{(m)}$ 型派生，并定义其振幅为 $c(v_i \to \sigma_1 v^{(1)})c(v^{(1)} \to \sigma_2 v^{(2)}) \cdots c(v^{(m)} \to \epsilon)$。记 $c_{v^{(m)}}(w)$ 为所有 w 的 $v^{(m)}$ 型派生的振幅之和，即

$$c_{v^{(m)}}(w) = \sum_{i=1}^{k} c_i \sum_{v^{(1)}, \cdots, v^{(m-1)} \in V} c(v_i \to \sigma_1 v^{(1)})c(v^{(1)} \to \sigma_2 v^{(2)}) \cdots c(v^{(m)} \to \epsilon) \tag{5.92}$$

定义 w 的接受概率 $f_G(w)$ 为

$$f_G(w) = \sum_{c(v \to \epsilon) = 1} |c_v(w)|^2 \tag{5.93}$$

正如经典正则文法生成的语言等于 DFA 识别的语言一样，量子正则文法和 MO-1QFA 也有类似关系。

定理 5.26 对任意量子正则文法 G，存在 MO-1QFA $\mathcal{A}$ 使得对任意 $w \in \Sigma^*$，$\mathcal{A}$ 接受 w 的概率等于 $f_G(w)$；反过来，对任意 MO-1QFA $\mathcal{A}$，存在量子正则文法 G 使得对任意 $w \in \Sigma^*$，$\mathcal{A}$ 接受 w 的概率等于 $f_G(w)$。

证明 设 $(Q, \Sigma, \delta, q_0, F)$ 为一个 MO-1QFA，首先需要说明的是，虽然在 MO-1QFA 的定义中，要求 $q_0 \in Q$，但实际上即使放宽要求为 q_0 为一个量子叠加态，也不会改变 MO-1QFA 的能力。因为在这种情况下，可以看出存在向量集 Q'，使得 $q_0 \in Q'$ 且 $\mathcal{H}(Q) = \mathcal{H}(Q')$，这说明 $(Q', \Sigma, \delta, q_0, F)$ 也是一个 MO-1QFA。接下来我们会使用这种初态为量子叠加态的 MO-1QFA 的定义。

给定量子正则文法 $G = (V, \Sigma, V_0, P)$，构造"等价"的 MO-1QFA $\mathcal{A} = (Q, \Sigma, \delta, q_0, F)$，其中 $Q = \{|v\rangle | v \in V\}$，$|q_0\rangle = \sum\limits_{(v_i, c_i)} c_i |v_i\rangle$，对任意 $|v_1\rangle, |v_2\rangle \in Q$，$\sigma \in \Sigma$，$\delta(v_1, \sigma, v_2) = c(v_1 \to \sigma v_2)$，$F = \{v | c(v \to \epsilon) = 1\}$，则由 MO-1QFA 的定义可知，对任意 $w = \sigma_1 \sigma_2 \cdots \sigma_m \in \Sigma^*$，$\mathcal{A}$ 接受 w 的概率为

$$||P_{\mathrm{acc}} U(\sigma_m) U(\sigma_{m-1}) \cdots U(\sigma_1) |q_0\rangle||^2 \tag{5.94}$$

$$= \sum_{v^{(m)} \in F} \Big| \sum_{i=1}^{k} c_i \sum_{v^{(1)}, \cdots, v^{(m-1)} \in V} \delta(v_i, \sigma_1, v^{(1)})$$

$$\delta(v^{(1)}, \sigma_2, v^{(2)}) \cdots \delta(v^{(m-1)}, \sigma_m, v^{(m)}) \Big|^2 \tag{5.95}$$

$$= \sum_{c(v^{(m)} \to \epsilon) = 1} \Big| \sum_{i=1}^{k} c_i \sum_{v^{(1)}, \cdots, v^{(m-1)} \in V} c(v_i \to \sigma_1 v^{(1)})$$

$$c(v^{(1)} \to \sigma_2 v^{(2)}) \cdots c(v^{(m)} \to \epsilon) \Big|^2 \tag{5.96}$$

$$= \sum_{c(v^{(m)} \to \epsilon) = 1} |c_{v^{(m)}}(w)|^2 \tag{5.97}$$

$$= f_G(w) \tag{5.98}$$

因此 $\mathcal{A}$ 接受 w 的概率为 $f_G(w)$。类似地，给定 MO-1QFA $\mathcal{A} = (Q, \Sigma, \delta, q_0, F)$，也可以构造"等价"的量子正则文法。证毕。 $\qquad \square$

5.5.3 * 量子上下文无关文法

最后介绍量子上下文无关文法（Quantum Context-free Grammars，QCFG）。

定义 5.23[1]   一个量子上下文无关文法可以表示为五元组

$$G = (V, \Sigma, S, P, \{c_i \mid 1 \leqslant i \leqslant n\})$$

其中

- V 是有限变量集;
- Σ 是有限终结符号集;
- $S \in V$ 是初始变量;
- $P \subseteq \{A \to \beta \mid A \in V, \beta \in (V \cup \Sigma)^*\}$ 是有限产生式集;
- 任意 $A \to \beta \in P$, 有 n 个振幅 $c_k(A \to \beta) \in \mathbb{C}, 1 \leqslant k \leqslant n$, 其中 n 是该文法的维度。

$\alpha, \beta \in (V \cup \Sigma)^*$, 我们定义派生 $\alpha \overset{*}{\Rightarrow} \beta$ 的一个生成链的 k 个振幅 c_k, 其值为该链中每一步用到的产生式的第 k 个振幅的乘积。定义 $c_k(\alpha \overset{*}{\Rightarrow} \beta)$ 为派生 $\alpha \overset{*}{\Rightarrow} \beta$ 所有生成链的第 k 个振幅之和。字符串 $w \in \Sigma^*$ 的第 k 个振幅定义为 $c_k(w) = c_k(S \overset{*}{\Rightarrow} w)$, 记 $f_G(w) = \sum_{k=1}^{n} |c_k(w)|^2$。$G$ 生成的语言定义为 $L(G) = \{w \in \Sigma^* \mid f_G(w) > 0\}$。

所有 QCFG 生成的语言的集合称为量子上下文无关语言 (Quantum Context-free Languages, QCFL)。广义 MO-QPDA 识别的语言类和 QCFL 相同[1]。此外, 我们还知道 QCFL≠CFL, 这是因为 $L = \{a^i b^j c^k \mid i = j 或 j = k, 且 i = j = k 不成立\} \in$ QCFL 但 $L \notin$ CFL[1]。

定理 5.27[1]   对任意 QCFG G, 存在 MO-QPDA $\mathcal{M}$ 使得对任意 $w \in \Sigma^*$, 有 $f_{\mathcal{M}}(w) = f_G(w)$; 反过来, 对任意 MO-QPDA $\mathcal{M}$, 存在 QCFG G 使得对任意 $w \in \Sigma^*$, 有 $f_G(w) = f_{\mathcal{M}}(w)$。

满足一定条件的 QCFG 可以转化为满足 Greibach 范式的 QCFG。

定义 5.24   若一个 QCFG $G = (V, \Sigma, S, P, \{c_i \mid 1 \leqslant i \leqslant n\})$ 只有形如 $v \to a\gamma (v \in V, a \in \Sigma, \gamma \in V^*)$ 的产生式有非零振幅, 则称它满足 Greibach 范式。

定义 5.25   若一个 QCFG $G = (V, \Sigma, S, P, \{c_i \mid 1 \leqslant i \leqslant n\})$ 的所有无限派生树 (即形如 $S \Rightarrow \alpha_1 \Rightarrow \cdots \Rightarrow \alpha_m \Rightarrow \cdots$ 的无限长的生成链) 的振幅均为 0, 则称它是可终止的。

定理 5.28   对于任意可终止的 QCFG G_1, 存在满足 Greibach 范式的 QCFG G_2, 使得对于任意 $w \in \Sigma^*$, 有 $f_{G_1}(w) = f_{G_2}(w)$。

习　题

5.18   证明语言 $\{xy|\ x, y \in \{0,1\}^*, |x| = |y| 且 x \neq y^R\}$ 是上下文无关语言 ($|x|$ 表示 x 的长度, y^R 表示 y 的回文串)。

5.19   给定任意一个 DFA $\mathcal{A}$, 构造一个正则文法 G 使 $L(G)$ 为 $\mathcal{A}$ 识别的语言。

5.20   令 L 是字母表 $\{0\}$ 上的语言且 $L = \{0^{3n}|\ n \in \mathbb{N}\}$, 给出一个满足定义 5.22 的量子正则文法 G, 使 $\forall w \in L,\ f(w) = 1,\ \forall w \notin L,\ f(w) = 0$。

思 考 题

5.21   如何限制 QCFG, 使得其与 MO-QPDA 等价?

5.6   量子图灵机 (QTM)

因为现代计算机的理论模型就是图灵机, 所以图灵机模型是计算学科的核心理论。在介绍量子图灵机之前, 我们先回忆确定性图灵机。

定义 5.26   一个确定性图灵机为一个五元组

$$\mathcal{D} = (Q, \Sigma, \delta, q_0, q_f)$$

其中

- Σ 为有限字母表, 且带字符 $B \in \Sigma$ 表示空字符;
- Q 为有限状态集且 $q_0 \in Q$ 为初态;
- $q_f \in Q$ 为终结状态 ($q_0 \neq q_f$);
- $\delta: Q \times \Sigma \to \Sigma \times Q \times \{L, R\}$ 为转移函数, 其中 L、R 分别表示向左、向右移动。

下面进一步介绍确定性图灵机的格局。一个格局包含了带的内容、带头的位置以及状态。记 $c \to_\mathcal{M} c'$ 为当前格局 c 在运行一步后为 c' (即根据 δ 的作用运行一步)。这里设带是双向无限的。

初始格局为：带头处于位置 0，称为开始格，状态为 q_0。对输入 $x = x_0 x_1 \cdots x_n \in (\Sigma - \{B\})^*$，$x_0, x_1, \cdots, x_n$ 分别处于位置 $0, 1, 2, \cdots, n$，其他地方均为空白。若 $\mathcal{M}$ 进入接受态 q_f，则 $\mathcal{M}$ 停机。$\mathcal{M}$ 的运行时间是指 $\mathcal{M}$ 进入 q_f 前运行的次数。如果 $\mathcal{M}$ 停机，那么其输出串为从最左的非空字符到最右的非空字符构成的串（若都为空则为空串）。若 $\mathcal{M}$ 对所有输入串都停机，则 $\mathcal{M}$ 计算一个从 $(\Sigma - B)^*$ 到 Σ^* 的函数。

下面介绍量子图灵机。

定义 5.27　一个量子图灵机（QTM）定义为一个七元组

$$\mathcal{M} = (Q, \Sigma, \delta, B, q_0, q_a, q_r)$$

其中

- Σ 为有限输入字母表；
- $B \in \Sigma$ 是空字符；
- Q 是有限状态集且 $\{q_0, q_a, q_r\} \subseteq Q$（$q_0, q_a, q_r$ 互不相等，它们分别表示初态、接受态和拒绝态）；
- δ 是量子转移函数：$\delta : Q \times \Sigma \times \Sigma \times Q \times \{L, R\} \to \mathbb{C}$。

QTM 有一个双向无限带且在带上每一格都用整数 $\mathbb{Z}$ 标记。$\mathcal{M}$ 的一个格局由 $|q\rangle|\tau\rangle|i\rangle$ 表示，其中 q 表示当前的状态，$\tau \in \Sigma^{\mathbb{Z}}$ 表示带上当前的字符串，$i \in \mathbb{Z}$ 表示当前带头指向的位置。包含初态（或终态）的格局称为初始格局（或终结格局）。

广义 QTM 的定义和 QTM 类似，但是其带头移动方向属于 $\{L, N, R\}$（N 表示带头保持不动）。

设 $C_{\mathcal{M}}$ 表示 $\mathcal{M}$ 中所有格局的集合。因此 $\mathcal{H}_{C_{\mathcal{M}}} = l_2(C_{\mathcal{M}})$ 是一个由 $C_{\mathcal{M}}$ 构成正交模基的 Hilbert 空间。$l_2(C_{\mathcal{M}})$ 上的算子 $U_{\mathcal{M}}$ 可由 δ 定义：

$$\forall |c\rangle \in C_{\mathcal{M}}, \ U_{\mathcal{M}}|c\rangle = \sum_{|c'\rangle \in C_{\mathcal{M}}} a(c, c')|c'\rangle \tag{5.99}$$

其中 $a(c, c')$ 是由 δ 决定的从格局 c 演化到 c' 的振幅。以下定理给出了 $U_{\mathcal{M}}$ 是 $l_2(C_{\mathcal{M}})$ 上的酉算子的充要条件。

定理 5.29　$U_{\mathcal{M}}$ 是酉算子当且仅当满足以下条件：

(1) $\forall (p, \sigma) \in Q \times \Sigma$,

$$\sum_{(\sigma', q, d) \in \Sigma \times Q \times \{R, L\}} |\delta(p, \sigma, \sigma', q, d)|^2 = 1.$$

(2) $\forall (p_1, \sigma_1), (p_2, \sigma_2) \in Q \times \Sigma$, 且 $(p_1, \sigma_1) \neq (p_2, \sigma_2)$,

$$\sum_{(\sigma, q, d) \in \Sigma \times Q \times \{R, L\}} \delta(p_1, \sigma_1, \sigma, q, d)^* \delta(p_2, \sigma_2, \sigma, q, d) = 0.$$

(3) $\forall (p_1, \sigma_1, \sigma_1'), (p_2, \sigma_2, \sigma_2') \in Q \times \Sigma \times \Sigma$,

$$\sum_{q \in Q} \delta(p_1, \sigma_1, \sigma_1', q, R)^* \delta(p_2, \sigma_2, \sigma_2', q, L) = 0.$$

例 5.8 $\mathcal{M} = (\Sigma = \{1\}, Q = \{q_0, q_1\}, \delta, B, q_0)$ 为一个量子图灵机（忽略接受态和拒绝态），其中

$$\delta(q_0, B, 1, q_1, R) = 1$$
$$\delta(q_0, 1, 1, q_0, R) = 1$$
$$\delta(q_1, B, B, q_1, R) = 1$$
$$\delta(q_1, 1, B, q_0, R) = 1$$

且 δ 未定义的部分均为 0，可以验证 δ 满足定理 5.29 的条件。

接下来定义量子图灵机的运行时间。

定义 5.28   对任意输入 $x \in \Sigma^*$，若 QTM $\mathcal{M}$ 从初始格局开始运行 T 次后的叠加格局中包含至少一个终结格局，而 T 次之前的所有格局中都不含终结格局，则 $\mathcal{M}$ 对 x 的运行时间为 T。

量子图灵机在定义上比确定性图灵机要复杂，但它却能够模拟确定性图灵机，因为任意确定性图灵机都可以转化成等价的可逆图灵机[28]，而可逆图灵机可被量子图灵机模拟。

定义 5.29   可逆图灵机是一确定性图灵机且任意一个格局 c' 最多有一个前面的格局 c 可直接到达 c'。

例如，例 5.8 中定义的量子图灵机可以看作一个确定性图灵机，而且是一个可逆图灵机。

定理 5.30   任意可逆图灵机可以被 QTM 模拟。

证明　证明是显然的，可以直接构造出一个 QTM $\mathcal{M}$，把 $\mathcal{M}$ 的转移函数等同于可逆图灵机的转移函数，根据可逆图灵机的定义可知 $\mathcal{M}$ 的转移函数导出的算子 $U_\mathcal{M}$ 是酉的（即满足定理 5.29）。   □

给定一个图灵机，它可能只能解决特定问题，我们可能会想：如果有一个图灵机可以模拟任意图灵机，那这个图灵机不就能解决所有图灵机都能解决的问题了吗？事实上，这样的图灵机称为通用图灵机，通用确定性图灵机和通用量子图灵机都是存在的。

定理 5.31　存在一个 QTM $\mathcal{M}$ 使得任意 QTM $\mathcal{M}'$ 和任意 $\epsilon > 0$ 及任意 $T \in \mathbb{N}$，$\mathcal{M}$ 可以在关于 T 和 $\dfrac{1}{\epsilon}$ 的多项式时间内模拟 $\mathcal{M}'$ 且误差不超过 ϵ。

图灵机能解决什么问题？这些问题又有什么关系呢？这些都是计算机科学最基本的问题。下面给出一些经典计算复杂性类和量子计算复杂性类的定义与关系。

定义 5.30　计算复杂性类 P、BPP、PSPACE、EQP 以及 BQP 分别定义如下。

- P：多项式时间内被确定性图灵机识别的语言类。
- BPP：多项式时间内被概率性图灵机有界误差识别的语言类。
- PSPACE：多项式空间内被确定性图灵机识别的语言类。
- EQP：多项式时间内被 QTM 精确识别的语言类。
- BQP：多项式时间内被 QTM 有界误差识别的语言类。

以下给出它们之间的包含关系及关系图（图 5.5）。

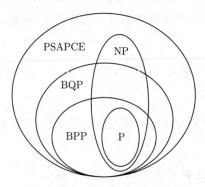

图 5.5　计算复杂类关系图

定理 **5.32**

$$(1)\text{P} \subseteq \text{EQP} \tag{5.100}$$

$$(2)\text{P} \subseteq \text{BPP} \subseteq \text{BQP} \subseteq \text{PSPACE} \tag{5.101}$$

习　　题

5.22　证明定理 5.29，其中无穷维空间上的线性算子 U 是酉的被定义为

(1) 对空间中任意向量 $|c\rangle$ 都有 $\|U|c\rangle\| = \||c\rangle\|$；

(2) U 是满射。

5.23　给出并证明类似定理 5.29 的关于广义 QTM 的定理。

5.7　量子电路

5.7.1　量子门

首先研究最简单的量子门——单量子比特门，单量子比特门在第 1 章已经简单介绍过了，我们再深入学习一下。所有单量子比特门都可以用 2×2 酉矩阵来表示，其中比较重要的是 Pauli 矩阵：

$$X \equiv \begin{bmatrix} 0 & 1 \\ 1 & 0 \end{bmatrix},\ Y \equiv \begin{bmatrix} 0 & -i \\ i & 0 \end{bmatrix},\ Z \equiv \begin{bmatrix} 1 & 0 \\ 0 & -1 \end{bmatrix} \tag{5.102}$$

另外三个基本的量子门是 Hadamard 门（记为 H），相位门（记为 S）和 $\dfrac{\pi}{8}$ 门（记为 T）：

$$H = \frac{1}{\sqrt{2}} \begin{bmatrix} 1 & 1 \\ 1 & -1 \end{bmatrix},\ S = \begin{bmatrix} 1 & 0 \\ 0 & i \end{bmatrix} \tag{5.103}$$

$$T = \begin{bmatrix} 1 & 0 \\ 0 & e^{i\frac{\pi}{4}} \end{bmatrix} = e^{i\frac{\pi}{8}} \begin{bmatrix} e^{-i\frac{\pi}{8}} & 0 \\ 0 & e^{i\frac{\pi}{8}} \end{bmatrix} \tag{5.104}$$

其中 $H = \dfrac{X + Z}{\sqrt{2}}$ 以及 $S = T^2$。

由 Pauli 矩阵可以导出三类酉矩阵，分别表示在 Bloch 球面上绕 x、y 和 z 旋转的旋转矩阵：

$$R_x(\theta) \equiv \mathrm{e}^{-\mathrm{i}\theta X/2} = \cos\frac{\theta}{2}I - \mathrm{i}\sin\frac{\theta}{2}X = \begin{bmatrix} \cos\dfrac{\theta}{2} & -\mathrm{i}\sin\dfrac{\theta}{2} \\ -\mathrm{i}\sin\dfrac{\theta}{2} & \cos\dfrac{\theta}{2} \end{bmatrix} \tag{5.105}$$

$$R_y(\theta) \equiv \mathrm{e}^{-\mathrm{i}\theta Y/2} = \cos\frac{\theta}{2}I - \mathrm{i}\sin\frac{\theta}{2}Y = \begin{bmatrix} \cos\dfrac{\theta}{2} & -\sin\dfrac{\theta}{2} \\ \sin\dfrac{\theta}{2} & \cos\dfrac{\theta}{2} \end{bmatrix} \tag{5.106}$$

$$R_z(\theta) \equiv \mathrm{e}^{-\mathrm{i}\theta Z/2} = \cos\frac{\theta}{2}I - \mathrm{i}\sin\frac{\theta}{2}Z = \begin{bmatrix} \mathrm{e}^{-\mathrm{i}\theta/2} & 0 \\ 0 & \mathrm{e}^{\mathrm{i}\theta/2} \end{bmatrix} \tag{5.107}$$

任意作用在单量子比特的酉矩阵可以用多种方式写成旋转矩阵和全局相位的组合，下面的定理给出了单量子比特门一种非常有用的表示方式。

定理 5.33（单量子比特门的 Z-Y 分解） 假设 U 是一个单量子比特门，那么存在实数 α、β、γ 和 δ 使得

$$U = \mathrm{e}^{\mathrm{i}\alpha}R_z(\beta)R_y(\gamma)R_z(\delta) \tag{5.108}$$

证明 由于 U 是酉的，即 U 的行和列都是正交的，因此存在实数 α、β、γ 和 δ 使得

$$U = \begin{bmatrix} \mathrm{e}^{\mathrm{i}(\alpha-\beta/2-\delta/2)}\cos\gamma/2 & -\mathrm{e}^{\mathrm{i}(\alpha-\beta/2+\delta/2)}\sin\gamma/2 \\ \mathrm{e}^{\mathrm{i}(\alpha+\beta/2-\delta/2)}\sin\gamma/2 & \mathrm{e}^{\mathrm{i}(\alpha+\beta/2+\delta/2)}\cos\gamma/2 \end{bmatrix} \tag{5.109}$$

$$= \mathrm{e}^{\mathrm{i}\alpha} \begin{bmatrix} \mathrm{e}^{-\mathrm{i}\beta/2} & 0 \\ 0 & \mathrm{e}^{\mathrm{i}\beta/2} \end{bmatrix} \begin{bmatrix} \cos\dfrac{\gamma}{2} & -\sin\dfrac{\gamma}{2} \\ \sin\dfrac{\gamma}{2} & \cos\dfrac{\gamma}{2} \end{bmatrix} \begin{bmatrix} \mathrm{e}^{-\mathrm{i}\delta/2} & 0 \\ 0 & \mathrm{e}^{\mathrm{i}\delta/2} \end{bmatrix} \tag{5.110}$$

$\square$

推论 5.2 假设 U 是单量子比特门，那么存在满足 $ABC = I$ 的酉矩阵 A、B、C 和实数 α，使得 $U = \mathrm{e}^{\mathrm{i}\alpha}AXBXC$。

证明　在定理 5.33 中，令 $A \equiv R_z(\beta)R_y\left(\dfrac{\gamma}{2}\right)$，$B \equiv R_y\left(-\dfrac{\gamma}{2}\right)R_z\left(-\dfrac{\delta+\beta}{2}\right)$，$C \equiv R_z\left(\dfrac{\delta-\beta}{2}\right)$。注意到

$$ABC = R_z(\beta)R_y\left(\frac{\gamma}{2}\right) \cdot R_y\left(-\frac{\gamma}{2}\right)R_z\left(-\frac{\delta+\beta}{2}\right) \cdot R_z\left(\frac{\delta-\beta}{2}\right) = I \quad (5.111)$$

因为 $X^2 = I$，利用本节习题 5.26 的结果，有

$$XBX = XR_y\left(-\frac{\gamma}{2}\right)XXR_z\left(-\frac{\delta+\beta}{2}\right)X = R_y\left(\frac{\gamma}{2}\right)R_z\left(\frac{\delta+\beta}{2}\right) \quad (5.112)$$

所以

$$AXBXC = R_z(\beta)R_y\left(\frac{\gamma}{2}\right)R_y\left(\frac{\gamma}{2}\right)R_z\left(\frac{\delta+\beta}{2}\right)R_z\left(\frac{\delta-\beta}{2}\right) \quad (5.113)$$

$$= R_z(\beta)R_y(\gamma)R_z(\delta) \quad (5.114)$$

因此 $U = \mathrm{e}^{\mathrm{i}\alpha}AXBXC$ 且 $ABC = I$。 □

一个 n 量子比特门可以用 $2^n \times 2^n$ 酉矩阵来表示，对于任意 n 量子比特门，有以下定理。

定理 5.34[29]　任意 n 量子比特门可以用包含 $O(n^2 4^n)$ 个单量子比特门和 CNOT 门的电路实现。

因此，运用单量子比特门和 CNOT 门可以实现任意量子门。

5.7.2　多项式时间模拟 QTM

量子图灵机的转移函数定义比较复杂，而量子电路比较直观，学者在设计量子算法时常常使用量子电路来描述，一个自然的问题是量子电路和量子图灵机有什么关系？姚期智[30] 首先证明了量子电路可以多项式时间模拟广义 QTM，Watrous[31] 等进一步将该结果改进。接下来介绍 Watrous 的证明。

设量子图灵机 M 的状态为 $Q = \{1, 2, \cdots, m\}$，初始状态为 p_0，带字母表为 $\Gamma = \{0, 1, \cdots, k-1\}$，转移函数为 $\delta : Q \times \Gamma \times Q \times \Gamma \times \{-1, +1\} \rightarrow \mathbb{C}$。

定义函数 $T: \mathbb{Z} \to \Gamma$，$T(j)$ 表示在量子图灵机 M 的纸带上下标为 j 的带字符。给定一个函数 $T: \mathbb{Z} \to \Gamma$，下标 $i \in \mathbb{Z}$，一个带字符 $a \in \Gamma$，记

$$T_{i,a}(j) = \begin{cases} a, & j = i \\ T(j), & j \neq i \end{cases} \tag{5.115}$$

定义算子

$$U_\delta |p, i, T\rangle = \sum_{q,a,D} \delta(p, T(i), q, a, D) |q, i + D, T_{i,a}\rangle \tag{5.116}$$

我们将证明量子电路可以模拟 M 运行 t 步，其中 t 是提前给定的，在量子图灵机运行 t 步的过程中，其最多改变纸带上 $2t+1$ 个格的信息。因此我们不妨假设量子图灵机的纸带只有 $N = 2t + 1$ 格，从而可以进一步定义以下概念：

（1）设其纸带的下标集为 $\mathbb{Z}_N = \{0, 1, \cdots, N - 1\}$，带头初始位置下标为 t。

（2）定义有限维 Hilbert 空间 $\mathcal{H}_N$，其基由形如 $|p, i, T\rangle$ 的向量构成，其中 $p \in Q$，$i \in \mathbb{Z}_N$。此时函数 T 为 $T: \mathbb{Z}_N \to \Gamma$。

（3）设此时由转移函数 δ 导出的酉算子为 $U_{\delta,N} \in \mathrm{L}(\mathcal{H}_N)$，其中 $\mathrm{L}(\mathcal{H}_N)$ 为作用在 $\mathcal{H}_N$ 上的所有线性算子构成的集合。

由于证明比较复杂，仍然需要一些定义和定理的铺垫。设 $\mathcal{X}$、$\mathcal{Y}$ 和 $\mathcal{Z}$ 为 Hilbert 空间，记 $\mathrm{U}(\mathcal{X} \otimes \mathcal{Y} \otimes \mathcal{Z})$ 为作用在 Hilbert 空间 $\mathcal{X} \otimes \mathcal{Y} \otimes \mathcal{Z}$ 上的所有酉算子的集合，$\mathrm{D}(\mathcal{X} \otimes \mathcal{Y} \otimes \mathcal{Z})$ 为作用在 Hilbert 空间 $\mathcal{X} \otimes \mathcal{Y} \otimes \mathcal{Z}$ 上的所有密度算子的集合。下面定义因果算子。

定义 5.31 设 $\mathcal{X}$，$\mathcal{Y}$ 和 $\mathcal{Z}$ 为 Hilbert 空间，$\mathcal{U} \in \mathrm{U}(\mathcal{X} \otimes \mathcal{Y} \otimes \mathcal{Z})$ 为一酉算子。设 $\mathcal{V}$ 为 $\mathcal{X} \otimes \mathcal{Y} \otimes \mathcal{Z}$ 上的一子空间，若对任意 $\rho, \sigma \in \mathrm{D}(\mathcal{X} \otimes \mathcal{Y} \otimes \mathcal{Z})$ 满足 $\mathrm{im}(\rho) \subseteq \mathcal{V}$，$\mathrm{im}(\sigma) \subseteq \mathcal{V}$ 且 $\mathrm{Tr}_z(\rho) = \mathrm{Tr}_z(\sigma)$，有

$$\mathrm{Tr}_{y \otimes z}(\mathcal{U} \rho \mathcal{U}^\dagger) = \mathrm{Tr}_{y \otimes z}(\mathcal{U} \sigma \mathcal{U}^\dagger) \tag{5.117}$$

则称 $\mathcal{U}$ 是作用在 $\mathcal{V}$ 上的 $\mathcal{Y} \to \mathcal{X}$ 因果算子，其中 $\mathrm{im}(\rho)$ 表示 ρ 的像空间。

记 $\mathrm{Proj}(\mathcal{H})$ 为作用在 Hilbert 空间 $\mathcal{H}$ 上的所有投影算子构成的集合，$\mathrm{L}(\mathcal{H})$ 为作用在 $\mathcal{H}$ 上的所有线性算子构成的集合。记 $[A, B] = AB - BA$。因果算子

具有以下性质。

定理 5.35 [31] 设 $\mathcal{X}$、$\mathcal{Y}$ 和 $\mathcal{Z}$ 为 Hilbert 空间，$\{\Delta_1, \Delta_2, \cdots, \Delta_n\} \subseteq \mathrm{Proj}(\mathcal{X} \otimes \mathcal{Y})$ 与 $\{\Lambda_1, \Lambda_2, \cdots, \Lambda_n\} \subseteq \mathrm{Proj}(\mathcal{Z})$ 为非零投影算子正交集，记

$$\Pi = \sum_{k=1}^{n} \Delta_k \otimes \Lambda_k \tag{5.118}$$

如果 $\mathcal{U} \in \mathrm{U}(\mathcal{X} \otimes \mathcal{Y} \otimes \mathcal{Z})$ 为作用在 $\mathrm{im}(\Pi)$ 上的 $\mathcal{Y} \to \mathcal{X}$ 因果算子，那么对每一算子 $X \in \mathrm{L}(\mathcal{X})$，存在一算子 $W \in \mathrm{L}(\mathcal{X} \otimes \mathcal{Y})$ 使得

$$\Pi \mathcal{U}^\dagger (X \otimes \mathbb{1}_{y \otimes z}) \mathcal{U} \Pi = \Pi (W \otimes \mathbb{1}_z) \Pi \tag{5.119}$$

此外，若 X 是酉的且 $[\mathcal{U}^\dagger (X \otimes \mathbb{1}_{y \otimes z}) \mathcal{U}, \Pi] = 0$，则 W 也是酉的。

　　量子电路并非直接模拟量子图灵机 M，也就是说，量子电路的量子态和描述 M 格局的量子态并非是完全一致的，而是有个对应关系。首先描述量子电路量子态的形式，再给出量子电路量子态和 M 格局的对应关系。

　　设 M 运行 t 步，记 $N = 2t+1$，定义寄存器 $\mathrm{S}_0, \mathrm{S}_1, \cdots, \mathrm{S}_{N-1}$ 与 $\mathrm{T}_0, \mathrm{T}_1, \cdots, \mathrm{T}_{N-1}$，每个寄存器 S_i 中的元素取自 $\{-m, \cdots, m\}$，每个寄存器 T_i 中的元素取自集合 $\Gamma = \{0, 1, \cdots, k-1\}$。若 S_i 为 0，则表示量子图灵机 M 的带头不在下标为 i 的纸带上的格子上；若 S_i 中的元素为 $p \in \{1, 2, \cdots, m\}$，则表示量子图灵机 M 的带头在下标为 i 的纸带上的格子且 M 当前的状态为 p。

　　模拟 M 的量子电路在演化过程的量子态的基态表示为以下形式：

$$(\mathrm{S}_0, \mathrm{T}_0), (\mathrm{S}_1, \mathrm{T}_1), \cdots, (\mathrm{S}_{N-1}, \mathrm{T}_{N-1}) \tag{5.120}$$

　　对每个 $i \in \mathbb{Z}_N$，记 $\mathcal{S}_i$ 与 $\mathcal{T}_i$ 分别为寄存器 S_i 与 T_i 对应的 Hilbert 空间，记 Hilbert 空间 $\mathcal{K}_N$ 为

$$\mathcal{K}_N = (\mathcal{S}_0 \otimes \mathcal{T}_0) \otimes (\mathcal{S}_1 \otimes \mathcal{T}_1) \cdots \otimes (\mathcal{S}_{N-1} \otimes \mathcal{T}_{N-1}) \tag{5.121}$$

　　对于带有长度为 N 的纸带的量子图灵机 M 的每个格局 (p, i, T)，其对应寄存器为

$$(0, T(0)), \cdots, (p, T(i)), \cdots, (0, T(N-1)) \tag{5.122}$$

即除了第 i 个寄存器状态为 p 之外，其余寄存器状态为 0。将这个映射关系记为 f，即

$$f(p, i, T) = (0, T(0)), \cdots, (p, T(i)), \cdots, (0, T(N-1)) \tag{5.123}$$

定义算子 $A \in \mathrm{U}(\mathcal{H}_N, \mathcal{K}_N)$ 为

$$A = \sum_{(p,i,T)} |f(p, i, T)\rangle\langle p, i, T| \tag{5.124}$$

其将 M 的格局映射到对应的量子电路中的量子态。

进一步，可以看出 $A^\dagger$ 将量子电路中的量子态映射为 M 的格局。观察算子 $AU_{\delta,N}A^\dagger$，$A^\dagger$ 首先将量子电路的量子态映射为 M 的格局，然后 $U_{\delta,N}$ 将 M 的格局演化一步，最后 A 再将演化后的图灵机格局映射为量子电路的量子态。因此，$AU_{\delta,N}A^\dagger$ 可以作为量子电路模拟 M 运行一步的算子。然而 $AU_{\delta,N}A^\dagger$ 并非是酉的。实际上，我们只需要构造出酉算子 W 满足：对任意 $|x\rangle \in \mathrm{im}(A)$，

$$W|x\rangle = AU_{\delta,N}A^\dagger|x\rangle \tag{5.125}$$

为了简便，接下来记 $\mathcal{U} = U_{\delta,N}$。

由于规定了 M 带头初始下标为 t，所以 M 初始格局为 $|p_0, t, T\rangle$，对应地，量子电路的输入状态为 $|f(p_0, t, T)\rangle$。下面我们逐步来描述如何构造出算子 W。

首先定义可逆变换

$$F|p\rangle = |-p\rangle \tag{5.126}$$

其中 $p \in \{-m, \cdots, m\}$。对每个下标 $i \in \mathbb{Z}_N$，定义 F_i 为

$$F_i = \prod_{j=0}^{i-1}(\mathbb{1}_{\mathcal{S}_j} \otimes \mathbb{1}_{\mathcal{T}_j})(F \otimes \mathbb{1}_{\mathcal{T}_i}) \prod_{j=i+1}^{N-1}(\mathbb{1}_{\mathcal{S}_j} \otimes \mathbb{1}_{\mathcal{T}_j}) \tag{5.127}$$

其中 $\mathbb{1}_{\mathcal{S}_j}$、$\mathbb{1}_{\mathcal{T}_j}$ 分别为 Hilbert 空间 $\mathcal{S}_j$ 和 $\mathcal{T}_j$ 上的单位算子。可以看到 F_i 的作用相当于将 F 作用到寄存器 S_i 上，将单位算子作用到其余寄存器。

定义酉算子

$$V = A\mathcal{U}A^\dagger + (\mathbb{1} - AA^\dagger) \tag{5.128}$$

与酉算子

$$W = (F_0 \cdots F_{N-1})V^\dagger(F_0 \cdots F_{N-1})V \tag{5.129}$$

可以看到，$V|_{\text{im}(A)} = AUA^\dagger|_{\text{im}(A)}$（表示在 $\text{im}(A)$ 上，V 的作用和 $AUA^\dagger$ 一致），同时在 $\text{im}(A)^\perp$ 上，V 和 $V^\dagger$ 是恒等变换。易知 $F_0 \cdots F_{N-1}$ 将 $\text{im}(A)$ 映射到 $\text{im}(A)^\perp$ 上（同时将 $\text{im}(A)^\perp$ 映射到 $\text{im}(A)$ 上），可见算子

$$(F_0 \cdots F_{N-1})V^\dagger(F_0 \cdots F_{N-1})$$

在 $\text{im}(A)$ 上是恒等变换，因此 $V|_{\text{im}(A)} = W|_{\text{im}(A)}$，也就是说 W 满足等式（5.125）。

易知

$$V^\dagger(F_0 F_1 \cdots F_{N-1})V = (V^\dagger F_0 V)(V^\dagger F_1 V) \cdots (V^\dagger F_{N-1}V) \tag{5.130}$$

设 $k_0, k_1, \cdots, k_{N-1}$ 是 $0, 1, \cdots, N-1$ 的任意一个排列，则有

$$F_{k_0} \cdots F_{k_{N-1}} = F_0 \cdots F_{N-1} \tag{5.131}$$

$$V^\dagger(F_{k_0} \cdots F_{k_{N-1}})V = (V^\dagger F_{k_0} V) \cdots (V^\dagger F_{k_{N-1}}V) \tag{5.132}$$

为了尽可能降低构造 W 的复杂度，我们采用“局域化”的技术。接下来证明每个算子 $V^\dagger F_i V$ 可以用一个量子门个数较少的量子门实现。

考虑给定的寄存器 $(\mathrm{S}_{i-1}, \mathrm{T}_{i-1}), (\mathrm{S}_i, \mathrm{T}_i), (\mathrm{S}_{i+1}, \mathrm{T}_{i+1})$，我们限制其是 $\text{im}(A)$ 中基态的寄存器。给定 $i \in \mathbb{Z}_N$，定义

$$X = (\mathrm{S}_i, \mathrm{T}_i) \tag{5.133}$$

$$Y = (\mathrm{S}_{i-1}, \mathrm{T}_{i-1}, \mathrm{S}_{i+1}, \mathrm{T}_{i+1}) \tag{5.134}$$

Z 为 $(\mathrm{S}_0, \mathrm{T}_0), (\mathrm{S}_1, \mathrm{T}_1), \cdots, (\mathrm{S}_{N-1}, \mathrm{T}_{N-1})$ 中不包含 X 和 Y 的寄存器。

设 $\mathcal{X}$、$\mathcal{Y}$、$\mathcal{Z}$ 分别为 X、Y、Z 对应的 Hilbert 空间。对于每个 $a \in \{0, 1\}$，定义 $\Delta_a \in \text{Proj}(\mathcal{X} \otimes \mathcal{Y})$ 为由标准基态 (X, Y) 张成的空间上的投影算子，其中寄存器 $\mathrm{S}_{i-1}, \mathrm{S}_i, \mathrm{S}_{i+1}$ 中有 a 个包含非零值，类似地，定义 $\Lambda_a \in \text{Proj}(\mathcal{Z})$，其中寄存器 $\mathrm{S}_0, \cdots, \mathrm{S}_{i-2}, \mathrm{S}_{i+2}, \cdots, \mathrm{S}_{N-1}$ 中有 a 个包含非零值。

定义投影算子

$$\Pi = \Delta_0 \otimes \Lambda_1 + \Delta_1 \otimes \Lambda_0 \tag{5.135}$$

因为 X、Y、Z 中的寄存器的状态仅有一个包含非零值，所以可以看到 $\text{im}(\Pi)$ 是所有可能的 (X, Y, Z) 生成的空间。

可以验证，V 是作用在子空间 $\mathrm{im}(\Pi)$ 上的 $\mathcal{Y} \to \mathcal{X}$ 因果算子，所以由定理 5.35 可得存在一个酉算子 $G \in \mathrm{U}(\mathcal{X} \otimes \mathcal{Y})$ 使得

$$\Pi(G \otimes \mathbb{1}_{\mathcal{Z}})\Pi = \Pi V^{\dagger}((F \otimes \mathbb{1}) \otimes \mathbb{1}_{\mathcal{Y} \otimes \mathcal{Z}})V\Pi \tag{5.136}$$

结合等式 (5.129)、等式 (5.130) 和等式 (5.136)，可以用 $O(N)$ 个 G 和算子 $F_0 \cdots F_{N-1}$ 来构造出 W，直观上如图 5.6 所示。

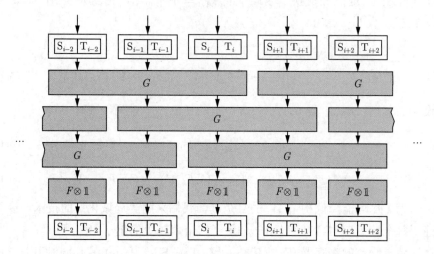

图 5.6 W 的构造

W 可以模拟图灵机 M 运行一步，因此模拟图灵机 M 运行 t 步只需要 t 个 W 串联起来。接下来分析 W 的门复杂度。

$S_i \in \{-m, \cdots, m\}$，所以每个 S_i 可用 $\log_2\lceil 2m+1 \rceil = \log_2\lceil 2|Q|+1 \rceil$ 个量子比特表示。$T_i \in \{0, 1, \cdots, k-1\}$，所以每个 T_i 可用 $\log_2\lceil k \rceil = \log_2\lceil |\Gamma| \rceil$ 个量子比特表示。G 作用在 $3(\log_2\lceil 2m+1 \rceil + \log_2\lceil k \rceil)$ 个量子比特上，根据定理 5.34，G 可由 $\mathrm{ploy}(|Q|, |\Gamma|)$ 个基本门实现，F 可由 $\mathrm{ploy}(|Q|)$ 个基本门实现，其中 $\mathrm{ploy}(|Q|, |\Gamma|)$ 表示关于 $|Q|$, $|\Gamma|$ 的多项式。由于每个 W 中有 $O(N)$ 个 G 和 N 个 F，所以一个 W 可由 $O(N) \cdot \mathrm{ploy}(|Q|, |\Gamma|)$ 个基本门实现。因此整个电路的 t 个 W 可由 $tO(N) \cdot \mathrm{ploy}(|Q|, |\Gamma|) = \mathrm{ploy}(|Q|, |\Gamma|, t)$ 个基本门实现。这证明了量子电路可以多项式时间模拟 QTM。

最后根据等式 (5.136) 来给出 G 的具体作用效果。

(1) 对于 $p_1, p_2, p_3 \in \{1, 2, \cdots, m\}, a_1, a_2, a_3 \in \Gamma$，$G$ 在 $|0, a_1\rangle|p_2, a_2\rangle|0, a_3\rangle$, $|-p_1, a_1\rangle|0, a_2\rangle|0, a_3\rangle$, $|0, a_1\rangle|0, a_2\rangle|-p_3, a_3\rangle$ 上作用相当于单位算子，类似地，

对于以下形式的标准基态：

$$|q_1, a_1\rangle|q_2, a_2\rangle|q_3, a_3\rangle \tag{5.137}$$

G 也不改变其作用，其中 q_1、q_2 与 q_3 的值有两个或三个非零。

(2) 对于 $p_2 \in \{1, 2, \cdots, m\}$，$a_1, a_2, a_3 \in \Gamma$，$G$ 在 $|0, a_1\rangle| - p_2, a_2\rangle|0, a_3\rangle$ 上的作用如下：

$$
\begin{aligned}
&G|0, a_1\rangle| - p_2, a_2\rangle|0, a_3\rangle \\
&= \sum_{\substack{p_1 \in \{1,2,\cdots,m\} \\ b_1 \in \Gamma}} (\delta(p_1, b_1, p_2, a_1, +1))^* |p_1, b_1\rangle|0, a_2\rangle|0, a_3\rangle + \\
&\quad \sum_{\substack{p_3 \in \{1,2,\cdots,m\} \\ b_3 \in \Gamma}} (\delta(p_3, b_3, p_2, a_3, -1))^* |0, a_1\rangle|0, a_2\rangle|p_3, a_3\rangle
\end{aligned} \tag{5.138}
$$

(3) 对于 $p_1, p_3 \in \{1, 2, \cdots, m\}$，$a_1, a_2, a_3 \in \Gamma$，$G$ 在 $|p_1, a_1\rangle|0, a_2\rangle|0, a_3\rangle$ 与 $|0, a_1\rangle|0, a_2\rangle|p_3, a_3\rangle$ 上的作用如下：

$$
\begin{aligned}
&G|p_1, a_1\rangle|0, a_2\rangle|0, a_3\rangle \\
&= \sum_{\substack{q_2 \in \{1,2,\cdots,m\} \\ b_1 \in \Gamma}} \delta(p_1, a_1, q_2, b_1, +1)|0, b_1\rangle| - q_2, a_2\rangle|0, a_3\rangle + \\
&\quad \sum_{\substack{q_1 \in \{1,2,\cdots,m\} \\ r_0 \in \{1,2,\cdots,m\} \\ b_1 \in \Gamma, c_1 \in \Gamma}} \delta(p_1, a_1, r_0, c_1, -1)(\delta(q_1, b_1, r_0, c_1, -1))^* |q_1, b_1\rangle|0, a_2\rangle|0, a_3\rangle
\end{aligned}
$$

$$\tag{5.139}$$

与

$$
\begin{aligned}
&G|0, a_1\rangle|0, a_2\rangle|p_3, a_3\rangle \\
&= \sum_{\substack{q_2 \in \{1,2,\cdots,m\} \\ b_3 \in \Gamma}} \delta(p_3, a_3, q_2, b_3, -1)|0, a_1\rangle| - q_2, a_2\rangle|0, b_3\rangle + \\
&\quad \sum_{\substack{q_3 \in \{1,2,\cdots,m\} \\ r_4 \in \{1,2,\cdots,m\} \\ b_3 \in \Gamma, c_3 \in \Gamma}} \delta(p_3, a_3, r_4, c_3, +1)(\delta(q_3, b_3, r_4, c_3, +1))^* |0, a_1\rangle|0, a_2\rangle|q_3, b_3\rangle
\end{aligned}
$$

$$\tag{5.140}$$

习 题

5.24 设 x 是一个实数且 A 是一个满足 $A^2 = I$ 的矩阵。证明

$$\exp(iAx) = \cos(x)I + i\sin(x)A \tag{5.141}$$

并用这个结果去验证等式 (5.105) 和等式 (5.107)。

5.25 证明 Hadamard 门 H 可以表示成 R_x、R_z 和某个 $\mathrm{e}^{i\varphi}$ 的乘积。

5.26 证明 $XYX = -Y$ 并进一步推出 $XR_y(\theta)X = R_y(-\theta)$。

5.27 解释为什么单量子比特门都可以写成等式 (5.109) 的形式。

5.28 （单量子比特门的 X-Y 分解）用 R_x 替代 R_z，给出一个类似定理 5.33 的分解。

5.29 在推论 5.2 中，如果 $U = H$，给出 A、B、C 和 α。

5.30 证明：

$$HXH = Z; \quad HYH = -Y; \quad HZH = X \tag{5.142}$$

5.31 证明 V 是作用在子空间 $\mathrm{im}(\Pi)$ 上的 $\mathcal{Y} \to \mathcal{X}$ 因果算子，其中 V 定义在等式 (5.128)，Π 定义在等式 (5.135)，$\mathcal{Y}$、$\mathcal{X}$ 是 Hilbert 空间。

5.32 根据等式 (5.136) 推出等式 (5.138)。

5.33 根据等式 (5.136) 推出等式 (5.139)。

5.34 根据等式 (5.136) 推出等式 (5.140)。

5.8 小结

本章主要介绍了量子计算模型。我们从最基本的量子计算模型——单向量子有限自动机开始，这类模型的识别能力并不比 DFA 或 PFA 强，但是在识别某些语言上状态复杂度比 DFA 或 PFA 有本质的优势。由于状态复杂性是自动机的重要内容，所以单向量子有限自动机具有重要的应用潜力，如在量子离散事件系统中的模拟[32]。另外，关于量子自动机的详细介绍可进一步参考 Ambainis 和 Yakaryilmaz 等的综述 [33-34]，关于量子自动机的等价性和最小化介绍可进一步参考文献 [35]。

接着介绍了双向量子有限自动机，这类自动机定义较为复杂，但是它们能识别有意义的非正则语言，当然构造起来有一定难度。

之后介绍了量子计算里面非常重要的计算模型——量子电路。量子电路是我们研究量子算法最常用的模型，它能够直观地反映量子计算的流程，而衡量一个电路复杂性的指标之一便是基本门的个数，对这一点我们也作了一定的介绍。

最后介绍了量子图灵机。就像经典图灵机是经典计算机的理论模型，量子图灵机也是量子计算机的一种理论模型。虽然它的定义比较复杂，不够直观，但是本章证明了量子电路可以多项式时间模拟量子图灵机，这为我们利用直观的量子电路来研究量子算法提供了一定的理论基础。

基于量子逻辑的自动机理论可看作另一种探讨量子计算模型的方法[36-39]，从中可发现量子计算与经典计算之间的一些本质差异。

参考文献

[1] MOORE C, CRUTCHFIELD J. Quantum automata and quantum grammars[J]. Theoretical Computer Science, 2000, 237(1): 275-306.

[2] BERTONI A, CARPENTIERI M. Regular languages accepted by quantum automata[J]. Information and Computation, 2001, 165(2): 174-182.

[3] BRODSKY A, PIPPENGER N. Characterizations of 1-way quantum finite automata[J]. Siam Journal on Computing, 2002, 31(5): 1456-1478.

[4] BERTONI A, CARPENTIERI M. Analogies and differences between quantum and stochastic automata[J]. Theoretical Computer Science, 2001, 262(1): 69-81.

[5] BLONDEL V, JEANDEL E, KOIRAN P, et al. Decidable and undecidable problems about quantum automata[J]. Siam Journal on Computing, 2005, 34(6): 1464-1473.

[6] LI L Z, QIU D W. Determining the equivalence for one-way quantum finite automata[J]. Theoretical Computer Science, 2008, 403(1): 42-51.

[7] HOPCROFT J E, MOTWANI R, ULLMAN J D. Introduction to automata theory, languages, and computation[J]. Acm Sigact News, 2001, 32(1): 60-65.

[8] HOPCROFT J. An nlogn algorithm for minimizing states in a finite automaton [M]//KOHAVI Z, PAZ A. Theory of Machines and Computations. Academic Press, 1971: 189-196.

[9] PAZ A. Introduction to probabilistic automata[J]. Discrete Mathematics, 1971, 3(4): 406-407.

[10] QIU D W, LI L Z, ZOU X F, et al. Multi-letter quantum finite automata: decidability of the equivalence and minimization of states[J]. Acta Informatica, 2011, 48(5-6): 271-290.

[11] MEREGHETTI C, PALANO B, CIALDI S, et al. Photonic realization of a quantum finite automaton[J]. Physical Review Research, 2020, 2(1): 013089.

[12] AMBAINIS A, FREIVALDS R. 1-way quantum finite automata: strengths, weaknesses and generalizations[C]//Proceedings 39th Annual Symposium on Foundations of Computer Science. IEEE, 1998: 332-341.

[13] KONDACS A, WATROUS J. On the power of quantum finite state automata[C]// Proceedings of the 38th IEEE Conference on Foundations of Computer Science, 1997: 66-75.

[14] AMBAINIS A, NAYAK A, TA-SHMA A, et al. Dense quantum coding and quantum finite automata[J]. Journal of the ACM, 2002, 49(4): 496-511.

[15] MATEUS P, QIU D W, LI L Z. On the complexity of minimizing probabilistic and quantum automata[J]. Information and Computation, 2012, 218: 36-53.

[16] QIU D W, LI L Z, MATEUS P, et al. Exponentially more concise quantum recognition of non-rmm regular languages[J]. Journal of Computer and System Sciences, 2015, 81(2): 359-375.

[17] BERTONI A, MEREGHETTI C, PALANO B. Quantum computing: 1-way quantum automata[C]//Developments in Language Theory. Berlin, Heidelberg: Springer Berlin Heidelberg, 2003: 1-20.

[18] MEREGHETTI C, PALANO B. Quantum finite automata with control language [J]. RAIRO - Theoretical Informatics and Applications, 2006, 40(2): 315-332.

[19] HROMKOVIC J. One-way multihead deterministic finite automata[J]. Acta Informatica, 1983, 19(4): 377-384.

[20] BELOVS A, ROSMANIS A, SMOTROVS J. Multi-letter reversible and quantum finite automata[C]//Developments in Language Theory. Springer Berlin Heidelberg, 2007: 60-71.

[21] QIU D W, YU S. Hierarchy and equivalence of multi-letter quantum finite automata[J]. Theoretical Computer Science, 2009, 410(30): 3006-3017.

[22] QIU D W, LI L Z, ZOU X F, et al. Multi-letter quantum finite automata: Decidability of the equivalence and minimization of states[J]. Acta Informatica, 2011, 48(5): 271-290.

[23] AMBAINIS A, WATROUS J. Two-way finite automata with quantum and classical states[J]. Theoretical Computer Science, 2002, 287(1): 299-311.

[24] GOLOVKINS M. Quantum pushdown automata[C]//International Conference on Current Trends in Theory and Practice of Computer Science. 2000: 336-346.

[25] GUDDER S. Quantum computers[J]. International Journal of Theoretical Physics, 2000, 39(9): 2151-2177.

[26] QIU D W. Automata theory based on quantum logic: Reversibilities and pushdown automata[J]. Theoretical Computer Science, 2007, 386(1): 38-56.

[27] NAKANISHI M. Quantum pushdown automata with garbage tape[J]. International Journal of Foundations of Computer Science, 2018, 29(3): 425-446.

[28] BENNETT C. Logical reversibility of computation[J]. IBM Journal of Research and Development, 1973, 17(6): 525-532.

[29] NIELSEN M A, CHUANG I L. Quantum computation and quantum information: 10th anniversary edition[M]. Cambridge University Press, 2010.

[30] Chi-Chih Yao A. Quantum circuit complexity[C]//Proceedings of 1993 IEEE 34th Annual Foundations of Computer Science. 1993: 352-361.

[31] MOLINA A, WATROUS J. Revisiting the simulation of quantum turing machines by quantum circuits[J]. Proceedings of the Royal Society A, 2019, 475(2226): 20180767

[32] QIU D W. Supervisory control of quantum discrete event systems[A]. 2021: arXiv:2104.09753v2.

[33] AMBAINIS A, YAKARYILMAZ A. Automata and quantum computing[A]. 2015: arXiv: 1507.01988.

[34] BHATIA A S, KUMAR A. Quantum finite automata: survey, status and research directions[A]. 2019: arXiv: 1901.07992.

[35] 李绿周, 邱道文. 量子有限自动机: 等价性和最小化 [M]. 杭州: 浙江大学出版社, 2019.

[36] YING M. Automata theory based on quantum logic (I)[J]. International Journal of Theoretical Physics, 2000, 39(4): 985-995.

[37] YING M. Automata theory based on quantum logic (II)[J]. International Journal of Theoretical Physics, 2000, 39(11): 2545-2557.

[38] QIU D. Automata theory based on quantum logic: some charatcrizations[J]. In formation and computation, 2004, 190(2): 179-195.

[39] 邱道文. 基于量子逻辑的自动机理论的一些注记 [J]. 中国科学: E 辑, 2007, 37(6): 723-737.

第 6 章　量子算法

本章介绍量子算法与经典概率算法的联系，描述一般形式的量子查询模型并给出一些相关的定理，以及介绍几个重要的量子算法。首先在 6.1 节对概率算法与量子算法的基本过程作一粗略的描述，在这一节可以了解到概率算法与量子算法的基本关系。之后在 6.2 节介绍量子查询模型，许多量子算法都可以建立在量子查询模型的基础上。在 6.3 节将进一步给出精确查询复杂度与偏布尔函数多项式度的关系。在之后几节，将具体介绍 Deutsch 算法、Deutsch-Jozsa 算法、Simon 算法、量子相位估计、Shor 算法、Grover 搜索算法与量子振幅扩大方法；同时，本章对 HHL 算法、变分量子特征值求解算法（VQE）和量子近似优化算法（QAOA）也作基本的介绍。

6.1　概率算法与量子算法的基本关系

本节对概率计算模型与量子计算模型进行分析与比较，进而得到概率算法与量子算法的基本关系。

首先考虑如图 6.1 所示的从一个状态到三个状态的概率计算模型。设初始状态为 0，在第一步以概率 $p_{0,i}$ 转移到状态 i $(i=0,1,2)$。在第二步，状态 i 以概率 $q_{i,j}$ 转移到状态 j $(j=0,1,2)$。

从概率的性质可知 $\sum\limits_{i=0}^{2} p_{0,i}=1$ 和 $\sum\limits_{j=0}^{2} q_{i,j}=1$ $(i=0,1,2)$。易知，第二步得到状态 j 的概率为

$$p(j)=\sum_{i=0}^{2} p_{0,i} q_{i,j} \tag{6.1}$$

在图 6.2 的量子计算模型中，设初态为 $|0\rangle$，在第一步通过酉演化转移到状态 $|i\rangle$ 的振幅为 $\alpha_{0,i}$ $(i=0,1,2)$。在第二步也通过一个酉演化从状态 $|i\rangle$ 转移到状态 $|j\rangle$ 的振幅为 $\beta_{i,j}$ $(i,j=0,1,2)$。若在模型的每一步后都进行测量，

则在第二步后测量得到状态 $|j\rangle$ 的概率为

$$p(j) = \sum_{i=0}^{2} |\alpha_{0,i}|^2 |\beta_{i,j}|^2 = \sum_{i=0}^{2} |\alpha_{0,i}\beta_{i,j}|^2 \tag{6.2}$$

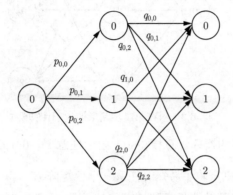

图 6.1 概率计算模型

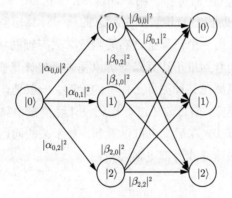

图 6.2 每一步都测量的量子计算模型

如图 6.3 所示，在第一步后不测量，而只在第二步测量，则得到 j 的概率为

$$p(j) = \left| \sum_{i=0}^{2} \alpha_{0,i}\beta_{i,j} \right|^2 \tag{6.3}$$

注意到上述两种量子计算模型得到的概率存在差异，这是由于在计算过程中测量操作的差异造成的。通过习题 6.3 可以看到，在一定的转移振幅下，上述两种概率将会明显不同。

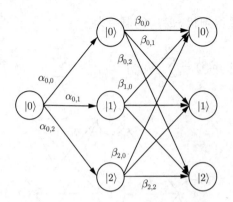

图 6.3   只在第二步测量的量子计算模型

在图 6.1 描述的概率计算模型中，由于任意 $i = 0, 1, 2$，有 $\sum\limits_{j=0}^{2} q_{i,j} = 1$，所以 $[q_{i,j}]$ 构成一随机矩阵。易知对任意一个酉矩阵 $U = [u_{i,j}]$，有 $S_U = [|u_{i,j}|^2]$ 为一随机矩阵，但是并非任意随机矩阵 $S = [s_{i,j}]$ 都存在酉矩阵 $U_S = [u_{i,j}]$ 使得 $[|u_{i,j}|^2] = [s_{i,j}]$。然而可以证明，任意 M 个状态的概率计算模型可以由一个添加了 M 个辅助状态的共 $2M$ 个状态的量子计算模型来模拟。模拟的过程是先对联合系统作用一个酉算子，然后测量并丢弃辅助状态。

在这一节我们看到量子计算模型可以视为概率计算模型的推广，概率计算模型是量子计算模型在某种测量条件下的特例。一般地，经典概率算法可以被量子算法有效地模拟，但目前还没有找到设计经典概率算法来有效模拟一般的量子系统的通用方法。在后文也可以看到，对于某些问题，量子算法比已知的任何经典概率算法计算能力都更强大。

习　题

6.1　具体写出本节概率计算模型与两种量子计算模型中，各个结果状态对应概率的计算过程。

6.2　任意两次测量的量子计算模型能否用一次测量的量子计算模型来模拟？给出证明或反例。

6.3　以下习题可以说明本节中两种量子计算模型得到的结果的差异性。

(1) 给出一组复数 α_i，使其满足：$\sum\limits_{i=0}^{N-1} |\alpha_i|^2 = 1$ 且 $\left| \sum\limits_{i=0}^{N-1} \alpha_i \right|^2 = 0$。

（2）给出一组复数 β_i，使其满足：$\sum\limits_{i=0}^{N-1}|\beta_i|^2=\dfrac{1}{N}$ 且 $\left|\sum\limits_{j=0}^{N-1}\beta_j\right|^2=1$。

6.4 思考：如何用量子计算模型来模拟概率计算模型。一般地，如何用量子算法来模拟经典概率算法。

6.5 图 6.1 中的经典概率算法中的转移概率 $q_{i,j}$ 构成一个 3×3 的随机矩阵，其中对任意 j，$\sum\limits_{i=1}^{3}q_{i,j}=1$。

（1）证明对任意酉矩阵 $U=[u_{i,j}]$，矩阵 $S=[|u_{i,j}|^2]$ 是随机矩阵。

（2）证明不是所有随机矩阵都可如（1）中一样由酉矩阵 U 得到。

（3）证明任意 M 个状态的概率计算模型可以由一个添加了 M 个辅助状态的共 $2M$ 个状态的量子计算模型来模拟。提示：模拟的过程是先对联合系统作用一个酉算子，然后测量并丢弃辅助状态。

6.2 量子查询模型

本节描述一般形式的量子查询模型，其主要作用是计算布尔函数 $f:\{0,1\}^n\to\{0,1\}$。许多量子算法都可以建立在本节描述的量子查询模型的基础上，是量子查询模型的具体化。

一个量子查询模型 $\mathcal{A}$ 由查询算子 O_x 和一系列酉算子 $U_0,U_1,\cdots,U_T$ 构成，其中 $x=x_1x_2\cdots x_n\in\{0,1\}^n$。当 O_x 和 $U_0,U_1,\cdots,U_T$ 都确定时，量子查询模型将具体化为计算布尔函数 $f:\{0,1\}^n\to\{0,1\}$ 的量子查询算法。量子查询算法的初态为 m 比特量子态 $|0\rangle^{\otimes m}$。查询算子 O_x 满足对任意 $x\in\{0,1\}^n$，均有

$$O_x:|i,b,w\rangle\to|i,b\oplus x_i,w\rangle \tag{6.4}$$

$$O_x:|0,b,w\rangle\to|0,b,w\rangle \tag{6.5}$$

其中，$i\in\{1,2,\cdots,n\}$，$b\in\{0,1\}$，$|w\rangle$ 为一组辅助的量子比特状态。

量子查询模型 $\mathcal{A}$ 从初态 $|0\rangle^{\otimes m}$ 开始，将算子 O_x 与 U_i（$i=0,1,\cdots,T$）交替作用于该状态，最终运行结果为 $|\psi_f\rangle$，即

$$|\psi_f\rangle=U_TO_xU_{T-1}O_x\cdots O_xU_0|0\rangle^{\otimes m} \tag{6.6}$$

可以规定用 $\{|0\rangle\langle 0|,|1\rangle\langle 1|\}$ 测量 $|\psi_f\rangle$ 的第 1 个量子比特，测量得到结果为 1 的概率为

$$p(x) = \||(|1\rangle\langle 1| \otimes I_{m-1})|\psi_f\rangle\|^2 \tag{6.7}$$

若对任意 $x \in \{0,1\}^n$ 有 $|p(x) - f(x)| \leqslant \epsilon < \dfrac{1}{2}$，则称 $\mathcal{A}$ 以误差 ϵ 计算 f。若 $\epsilon \in \left[0, \dfrac{1}{2}\right)$，则称 $\mathcal{A}$ 以有界误差计算 f。特别地，若 $\epsilon = 0$，则称 $\mathcal{A}$ 精确计算 f。量子查询模型 $\mathcal{A}$ 中查询 O_x 的次数 T 为 $\mathcal{A}$ 的查询复杂度。

$Q_E(f)$、$Q_\epsilon(f)$ 和 $Q(f)$ 分别表示精确计算 f、以误差 ϵ 计算 f 和以有界误差计算 f 的查询复杂度，即最小的查询次数。

6.3　查询复杂度与多项式度的关系

查询模型中布尔函数 f 的查询复杂度与多线性多项式的度存在着一定的关系，为了说明这两者之间的关系，下面先给出一些定义。首先介绍与多线性多项式相关的一些基本概念。

定义 6.1　多线性多项式的一般形式为

$$p(x_1, \cdots, x_i, \cdots, x_n) = \sum_{S \subseteq [n]} c_S \prod_{i \in S} x_i \tag{6.8}$$

其中 $c_S \in \mathbb{C}$。

定义 6.2　上述多线性多项式的度定义为

$$\deg(p) = \max\{|S| \,|\, c_S \neq 0\} \tag{6.9}$$

定义 6.3　设 f 是由定义域 D 映射到 $\{0,1\}$ 的偏布尔函数，其中 $D \subseteq \{0,1\}^n$。对于 $0 \leqslant \epsilon < \dfrac{1}{2}$，当以下两个条件均满足时，称实多线性多项式 p 以误差 ϵ 近似于 f：

(1) $|p(x) - f(x)| \leqslant \epsilon, \forall x \in D$

(2) $0 \leqslant p(x) \leqslant 1, \forall x \in \{0,1\}^n$

当 $\epsilon = 0$ 时，称 p 表示 f。

定义 6.4　记 $\widetilde{\deg}_\epsilon(f)$ 为 f 带误差 ϵ 的近似度，即所有带误差 ϵ 近似于 f 的实多线性多项式中的度的最小值。

定义 6.5　当 $D = \{0,1\}^n$ 且 $\epsilon = 0$ 时，记 $\deg(f)$ 为 $\widetilde{\deg}_0(f)$，称 $\deg(f)$ 为布尔函数 f 的度。

定义 6.6　设 f 和 g 是任意布尔函数，若对 g 的输入变元进行置换、或取非、或取输出变元的非后 f 与 g 相等，则称 f 与 g 是等价的。

定义 6.7　任取 $x \in D \subseteq \{0,1\}^n$，对于任意 $y \in \{0,1\}^n$，若 $|x| = |y|$，$f(y)$ 均有定义且 $f(x) = f(y)$，则称 f 为对称偏布尔函数，其中 $|x|$ 表示 x 的汉明权重。

对于对称偏布尔函数 $f(x)$，可以用向量 $(b_0, b_1, \cdots, b_n) \in \{0,1,*\}^{n+1}$ 来描述，其中 $f(x) = b_{|x|}$，b_k 为 $|x| = k$ 时 $f(x)$ 的值；若 $b_{|x|} = *$，则表示 $f(x)$ 未定义。

例 6.1　对于对称偏布尔函数 $f(x) = b_{|x|}$，以下函数相互等价：

- $(b_0, b_1, \cdots, b_n)$，
- $(b_n, b_{n-1}, \cdots, b_0)$，
- $(\bar{b}_0, \bar{b}_1, \cdots, \bar{b}_n)$，
- $(\bar{b}_n, \bar{b}_{n-1}, \cdots, \bar{b}_0)$。

介绍了上述这些定义后，下面接着给出一些重要的定理。

定理 6.1　设 $\mathcal{A}$ 是一 T 次查询的量子查询算法，则存在度最多为 T 的 n 变元复值多线性多项式组 $\alpha_i(x)$，使得对任意 $x \in \{0,1\}^n$，$\mathcal{A}$ 的最后状态为 $\sum\limits_{i \in \{0,1\}^m} \alpha_i(x)|i\rangle$。

证明　对查询次数使用数学归纳法。当 $T = 0$ 时，$|\psi_f\rangle$ 为 $U_0|00\cdots0\rangle$，显然度为 0。假设查询 k 次并用 U_k 作用后状态为 $\sum\limits_{z \in \{0,1\}^m} \alpha_z(x)|z\rangle$，其中 $\alpha_z(x)$ 是度最多为 k 的多线性多项式。注意到：

$$O_x(\alpha_{i,0,w}(x)|i,0,w\rangle + \alpha_{i,1,w}(x)|i,1,w\rangle) \tag{6.10}$$

$$= \begin{cases} \alpha_{i,0,w}(x)|i,0,w\rangle + \alpha_{i,1,w}(x)|i,1,w\rangle, & x_i = 0 \\ \alpha_{i,1,w}(x)|i,0,w\rangle + \alpha_{i,0,w}(x)|i,1,w\rangle, & x_i = 1 \end{cases} \tag{6.11}$$

$$= ((1-x_i)\alpha_{i,0,w}(x) + x_i\alpha_{i,1,w}(x))|i,0,w\rangle +$$

$$(x_i\alpha_{i,0,w}(x) + (1-x_i)\alpha_{i,1,w}(x))|i,1,w\rangle \tag{6.12}$$

其中 $(1-x_i)\alpha_{i,0,w}(x) + x_i\alpha_{i,1,w}(x)$ 与 $x_i\alpha_{i,0,w}(x) + (1-x_i)\alpha_{i,1,w}(x)$ 均为度不超过 $k+1$ 的多线性多项式。而 U_{k+1} 的作用不改变其度，故定理证毕。   □

定理 6.2[1]   对 D 上任意的偏布尔函数 f，若 $\deg(f) \leqslant d$，则存在一实多线性多项式 q 表示 f 且

$$q(x) = c_0 + \sum_{i=1}^{d} c_i V_i \tag{6.13}$$

其中 $c_i \in \mathbb{R}$ $(0 \leqslant i \leqslant d)$，而 $V_i = \sum_{j_1 j_2 \cdots j_i \in \{1,2,\cdots,n\}^i} x_{j_1} x_{j_2} \cdots x_{j_i} (1 \leqslant i \leqslant d)$ 且 $j_1, j_2, \cdots, j_i$ 互不相同。

定理 6.3[1]   对任意偏布尔函数 f 有 $Q_\epsilon(f) \geqslant \frac{1}{2}\widetilde{\deg_\epsilon}(f)$。

推论 6.1 $Q_E(f) \geqslant \dfrac{\deg(f)}{2}$。

证明   由于存在查询次数为 $Q_E(f)$ 的精确量子查询算法计算 f，所以该算法导出一个多线性多项式 $p(x)$，即

$$p(x) = \sum_i |\alpha_i(x)|^2 = f(x) \tag{6.14}$$

由于

$$\deg(f) = \deg(p) \leqslant 2Q_E(f) \tag{6.15}$$

所以

$$Q_E(f) \geqslant \frac{\deg(f)}{2} \tag{6.16}$$

□

以下给出度为 1 和 2 的对称偏布尔函数，来作为上面这些定理的应用。

例 6.2   对 $n > 1$，设 $f: \{0,1\}^n \to \{0,1\}$ 为对称偏布尔函数，则有：

(1) 下列函数的度为 2：

$$f_{n,k}^{(1)}(x) = \begin{cases} 0, & |x| = 0 \\ 1, & |x| = k \end{cases} \tag{6.17}$$

$$f_{n,k}^{(2)}(x) = \begin{cases} 0, & |x| = 0 \\ 1, & |x| = k \text{ 或 } |x| = k+1 \end{cases} \tag{6.18}$$

$$f_{n,l}^{(3)}(x) = \begin{cases} 0, & |x| = 0 \text{ 或 } |x| = n \\ 1, & |x| = l \end{cases} \tag{6.19}$$

$$f_n^{(4)}(x) = \begin{cases} 0, & |x| = 0 \text{ 或 } |x| = n \\ 1, & |x| = \left\lfloor \dfrac{n}{2} \right\rfloor \text{ 或 } |x| = \left\lceil \dfrac{n}{2} \right\rceil \end{cases} \tag{6.20}$$

其中 $n-1 \geqslant k \geqslant \left\lfloor \dfrac{n}{2} \right\rfloor$，$\left\lceil \dfrac{n}{2} \right\rceil \geqslant l \geqslant \left\lfloor \dfrac{n}{2} \right\rfloor$；

(2) $\deg(f_{n,n}^{(1)}(x)) = 1$，$f_{n,n}^{(1)}(x)$ 定义为（1）中 $k = n$ 时的 $f_{n,k}^{(1)}(x)$。

习　　题

6.6　证明任意布尔函数的多线性多项式表示存在且唯一。

6.7　设 $f : \{0,1\}^2 \to \{0,1\}$ 且 $f(x) = x_1 \oplus x_2$，设计一精确量子查询算法（一次）计算 f。

6.4　Deutsch 算法

Deutsch 算法[2] 是第一个量子算法。虽然该算法简单，但它体现了量子并行和量子相干性的基本思想，也展现了量子算法的基本过程。首先介绍 Deutsch 问题：对给定的一个布尔函数 $f : \{0,1\} \to \{0,1\}$，通过对 f 的函数值查询来确定 f 是常值函数 (即 $f(0) \oplus f(1) = 0$) 还是平衡函数 (即 $f(0) \oplus f(1) = 1$)。

求解 Deutsch 问题的经典确定性算法必须分别查询函数值 $f(0)$ 与 $f(1)$，才可以计算出 $f(0) \oplus f(1)$，进而确定 f 是平衡函数还是常值函数。也就是说，求解 Deutsch 问题的经典确定性算法查询次数为 2。之后可以看到，量子算法只需要查询 1 次 f 的函数值，就可以确定 f 为常值函数还是平衡函数。

在介绍 Deutsch 算法这一量子算法的设计思路前，先做一些准备工作。

由 CNOT 门的定义

$$\text{CNOT}|i\rangle|j\rangle = |i\rangle|i \oplus j\rangle, \quad i,j = 0,1 \tag{6.21}$$

可以知道

$$\text{CNOT}|0\rangle \left(\frac{|0\rangle - |1\rangle}{\sqrt{2}} \right) = |0\rangle \left(\frac{|0\rangle - |1\rangle}{\sqrt{2}} \right) \tag{6.22}$$

$$\text{CNOT}|1\rangle \left(\frac{|0\rangle - |1\rangle}{\sqrt{2}} \right) = |1\rangle \left(\frac{|1\rangle - |0\rangle}{\sqrt{2}} \right) \tag{6.23}$$

根据等式 (6.22) 和等式 (6.23) 可得到

$$\text{CNOT}|b\rangle \left(\frac{|0\rangle - |1\rangle}{\sqrt{2}} \right) = (-1)^b |b\rangle \left(\frac{|0\rangle - |1\rangle}{\sqrt{2}} \right), \quad b = 0,\ 1 \tag{6.24}$$

和

$$\text{CNOT} \left(\frac{|0\rangle + |1\rangle}{\sqrt{2}} \right) \left(\frac{|0\rangle - |1\rangle}{\sqrt{2}} \right) = \left(\frac{|0\rangle - |1\rangle}{\sqrt{2}} \right) \left(\frac{|0\rangle - |1\rangle}{\sqrt{2}} \right) \tag{6.25}$$

更一般地，

$$\text{CNOT} \left(\alpha_0 |0\rangle + \alpha_1 |1\rangle \right) \left(\frac{|0\rangle - |1\rangle}{\sqrt{2}} \right) = \left(\alpha_0 |0\rangle - \alpha_1 |1\rangle \right) \left(\frac{|0\rangle - |1\rangle}{\sqrt{2}} \right) \tag{6.26}$$

设函数 $f: \{0,1\} \to \{0,1\}$，可以通过一个 2 量子比特的酉变换 U_f 来查询 f，即对于 $x \in \{0,1\}$，$y \in \{0,1\}$，有

$$U_f |x\rangle |y\rangle = |x\rangle |y \oplus f(x)\rangle \tag{6.27}$$

可以验证该变换是酉的。

实现 U_f 的电路如图 6.4 所示。

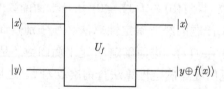

图 6.4 2 量子比特的 U_f 门

按上面 U_f 的定义有

$$U_f |x\rangle \left(\frac{|0\rangle - |1\rangle}{\sqrt{2}} \right) = |x\rangle \left(\frac{|0 \oplus f(x)\rangle - |1 \oplus f(x)\rangle}{\sqrt{2}} \right) \tag{6.28}$$

$$= |x\rangle (-1)^{f(x)} \left(\frac{|0\rangle - |1\rangle}{\sqrt{2}} \right) \tag{6.29}$$

因而，有

$$U_f \left(\alpha_0 |0\rangle + \alpha_1 |1\rangle \right) \left(\frac{|0\rangle - |1\rangle}{\sqrt{2}} \right) \tag{6.30}$$

$$= \left((-1)^{f(0)} \alpha_0 |0\rangle + (-1)^{f(1)} \alpha_1 |1\rangle \right) \left(\frac{|0\rangle - |1\rangle}{\sqrt{2}} \right) \tag{6.31}$$

Deutsch 算法电路图如图 6.5 所示。

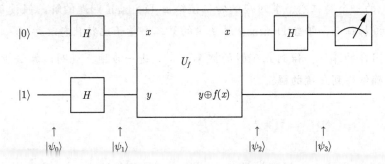

图 6.5　Deutsch 算法电路图

下面描述 Deutsch 算法过程。

算法 6.1: Deutsch 算法

　　输入: 黑盒 U_f。

　　输出: f 为常值函数时，输出 0; f 为平衡函数时，输出 1。

(1) 设置初态 $|\psi_0\rangle = |0\rangle |1\rangle$。

(2) $|\psi_1\rangle = H^{\otimes 2} |\psi_0\rangle = \dfrac{|0\rangle + |1\rangle}{\sqrt{2}} \dfrac{|0\rangle - |1\rangle}{\sqrt{2}}$。

(3) $|\psi_2\rangle = U_f |\psi_1\rangle = \begin{cases} \pm \dfrac{|0\rangle + |1\rangle}{\sqrt{2}} \dfrac{|0\rangle - |1\rangle}{\sqrt{2}}, & f(0) = f(1), \\[3mm] \pm \dfrac{|0\rangle - |1\rangle}{\sqrt{2}} \dfrac{|0\rangle - |1\rangle}{\sqrt{2}}, & f(0) \neq f(1)。 \end{cases}$

(4) $|\psi_3\rangle = (H \otimes I) |\psi_2\rangle = \begin{cases} \pm |0\rangle |-\rangle, & f(0) = f(1), \\[2mm] \pm |1\rangle |-\rangle, & f(0) \neq f(1)。 \end{cases}$

(5) 用 $\{|0\rangle\langle 0|, |1\rangle\langle 1|\}$ 测量第一个量子比特。

　　可以看到，Deutsch 算法只需要调用一次 U_f 门，也就是只需要查询一次 f 函数，就可以确定 f 是常值函数还是平衡函数。相比最好的经典算法可以

减少一次对 f 函数的查询，体现了量子算法相比经典确定算法具有查询次数的优势。

习　　题

6.8　证明 $H^{\otimes n}|x\rangle = \dfrac{1}{\sqrt{2^n}} \sum\limits_{z \in \{0,1\}^n} (-1)^{x \cdot z}|z\rangle,\ x \in \{0,1\}^n$。

6.9　在 Deutsch 算法中，若将 U_f 看作单比特算子 $\hat{U}_{f(x)}$，则 $\dfrac{|0\rangle - |1\rangle}{\sqrt{2}}$ 是 $\hat{U}_{f(x)}$ 的一个特征态，其对应的特征值给出 Deutsch 问题的解。假设不能直接准备该特征态，即当 Deutsch 算法中的第二个量子比特状态改为 $|0\rangle$ 时，说明运行同样的算法，得到正确解的概率为 $\dfrac{3}{4}$；进一步地，说明该算法能以 $\dfrac{1}{2}$ 的概率确信得到正确的解。

6.5　Deutsch-Jozsa 算法

Deutsch-Jozsa 问题[3] 是对 Deutsch 问题的扩展。Deutsch-Jozsa 问题为一个承诺问题。给定一个函数 $f: \{0,1\}^n \to \{0,1\}$，f 要么是常值函数（所有自变量的函数值相等），要么是平衡函数（一半自变量的函数值为 0，另一半自变量函数值为 1）。Deutsch-Jozsa 问题的目标是尽可能少地查询 f 的函数值，来判定 f 是常值函数还是平衡函数。

下面给出 Deutsch-Jozsa 算法电路图（图 6.6）。

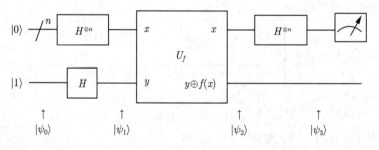

图 6.6　Deutsch-Jozsa 算法电路图

以下是 Deutsch-Jozsa 算法。

算法 6.2: Deutsch-Jozsa 算法

　　输入: 黑盒 U_f。

　　输出: f 为常值函数时，输出 0^n；f 为平衡函数时，输出不为 0^n。

(1) 设置初态 $|\psi_0\rangle = |0\rangle^{\otimes n}|1\rangle = |0^n\rangle|1\rangle$。

(2) $|\psi_1\rangle = H^{\otimes(n+1)}|\psi_0\rangle = \frac{1}{\sqrt{2^n}} \sum\limits_{x\in\{0,1\}^n} |x\rangle|-\rangle$。

(3) $|\psi_2\rangle = U_f|\psi_1\rangle = \frac{1}{\sqrt{2^n}} \sum\limits_{x\in\{0,1\}^n} (-1)^{f(x)}|x\rangle|-\rangle$。

(4) $|\psi_3\rangle = (H^{\otimes n}\otimes I)|\psi_2\rangle = \sum\limits_{z\in\{0,1\}^n} \sum\limits_{x\in\{0,1\}^n} \frac{(-1)^{x\cdot z+f(x)}}{2^n}|z\rangle|-\rangle$。

(5) 测量前 n 位量子比特。

　　注意在算法第（4）步，当 $f(x)$ 为常值函数时，$|0^n\rangle|-\rangle$ 的振幅为

$$\sum_{x\in\{0,1\}^n} \frac{(-1)^{x\cdot 0^n+f(x)}}{2^n} = \sum_{x\in\{0,1\}^n} \frac{(-1)^{f(x)}}{2^n} = \sum_{x\in\{0,1\}^n} \frac{(-1)^{f(0^n)}}{2^n} = (-1)^{f(0^n)}$$

(6.32)

可见此时测量得到 $|0^n\rangle|-\rangle$ 的概率为 1，有

$$|\psi_3\rangle = (-1)^{f(0^n)}|0^n\rangle|-\rangle$$

(6.33)

当 $f(x)$ 为平衡函数时，$|0^n\rangle|-\rangle$ 的振幅为

$$\sum_{x\in\{0,1\}^n} \frac{(-1)^{x\cdot 0^n+f(x)}}{2^n} = \sum_{x\in\{0,1\}^n} \frac{(-1)^{f(x)}}{2^n} = 0$$

(6.34)

因此，此时有

$$|\psi_3\rangle = \sum_{z\in\{0,1\}^n, z\neq 0^n} \sum_{x\in\{0,1\}^n} \frac{(-1)^{x\cdot z+f(x)}}{2^n}|z\rangle|-\rangle$$

(6.35)

　　根据上面对 Deutsch-Jozsa 算法第（4）步的分析，如果第（5）步测量结果为 $|0\rangle^{\otimes n}$，那么说明 f 是常值函数，否则说明 f 为平衡函数。Deutsch-Jozsa 算法也只需要调用一次 U_f 门，即只需要查询一次 f 函数，就可以确定 f 是常值函数还是平衡函数。

　　如果采用经典确定性算法，则不难得出上述 Deutsch-Jozsa 问题的最优查询次数为 $2^{n-1}+1$。因此在这个问题上，与经典确定算法相比，量子算法在查询复杂度上具有指数优势。

　　若允许以一定的错误概率判断 f 的类型，即采用经典概率算法，则可以设计一个 2 次查询的经典概率算法，使得至少以 $\frac{2}{3}$ 的正确概率确定 f 是常值函数还是平衡函数。进一步地，采用 $O(n)$ 次查询的经典概率算法，可以以 $1 - \frac{1}{2^n}$ 的正确率确定 f 是常值函数还是平衡函数。因此在 Deutsch-Jozsa 问题上，如果允许以一定的错误率接受结果，则经典概率算法查询复杂度与量子算法查询复杂度之间的查询次数差距为常数。进一步地，如果需要控制错误率在 ϵ 以下，则经典概率算法需要 $O\left(\log\left(\frac{1}{\epsilon} \right) \right)$ 次对 f 的查询。因此对于 Deutsch-Jozsa 问题的求解，量子算法相比经典概率算法仍然具有一定的优势。

　　实际上，也可以从另一个角度来考虑 Deutsch-Jozsa 问题。根据对称偏布尔函数的定义，Deutsch-Jozsa 问题可以等价地描述为一个对称偏布尔函数

$$
\mathrm{DJ}_N^0(x) = \begin{cases} 0, & |x| \in \{0, N\} \\ 1, & |x| = \dfrac{N}{2} \end{cases} \tag{6.36}
$$

其中 $N = 2^n$。

　　Jozsa 与 Mitchison 以及 Montanaro[4] 推广上述问题（即等式 (6.36)）为

$$
\mathrm{DJ}_N^1(x) = \begin{cases} 0, & |x| \in \{0, 1, N-1, N\} \\ 1, & |x| = \dfrac{N}{2} \end{cases} \tag{6.37}
$$

并证明了 DJ_N^1 的量子精确查询复杂度上界为 2，但没讨论下界。

　　文献 [1] 进一步推广上述问题（即等式 (6.37)）为

$$
\mathrm{DJ}_N^k(x) = \begin{cases} 0, & |x| \in \{0, 1, \cdots, k, N-k, N-k+1, \cdots, N\} \\ 1, & |x| = \dfrac{N}{2} \end{cases} \tag{6.38}
$$

其中 $0 \leqslant k < \dfrac{N}{2}$，并且证明了 DJ_N^k 的精确量子查询复杂度为

$$
Q_E(\mathrm{DJ}_N^k) = k + 1 \tag{6.39}
$$

习　题

6.10　证明经典概率算法可以通过两次查询以至少 $\dfrac{2}{3}$ 的正确率判定 f 是常值函数还是平衡函数。

6.11　设计一查询 $O(k)$ 次的概率算法，使得至少以 $1-\dfrac{1}{2^k}$ 的正确率判定 f 是常值函数还是平衡函数。

6.6　Simon 算法

　　Simon 算法[5] 是 Simon 于 1994 年提出的，其是第一个展现出量子算法相比经典概率算法具有指数加速优势的算法，在量子计算的历史上具有重要意义。我们先介绍 Simon 问题：假设有一个函数 $f:\{0,1\}^n \to \{0,1\}^m$，$f$ 满足：存在一个串 $s=s_1 s_2 \cdots s_n \in \{0,1\}^n$ 并且 $s \neq 0^n$，使得对任意 $x,y \in \{0,1\}^n$，$f(x)=f(y)$ 当且仅当 $x=y$ 或 $x=y \oplus s$。我们拥有一个可查询 f 函数值的黑盒，要求查询 f 函数值的次数尽可能少，需要根据查询的结果找出 s。

　　注 6.1　这里将函数 f 的定义域 $\{0,1\}^n$ 看作有限域 $\mathbb{Z}_2$ 上的线性空间 $\mathbb{Z}_2^n$，运算 $\oplus$ 为线性空间上 $\mathbb{Z}_2^n$ 的向量加法运算。在这里也可以视为两个 n 位二进制串的按位异或运算。

　　Simon 问题在经典概率算法中的查询复杂度下界是指数的[5]。

　　定理 6.4　任意求解 Simon 问题的经典概率算法的查询复杂度为 $\Omega(\sqrt{2^n})$。

　　证明　基于文献 [6] 给出定理更详细的证明。设存在一个 T 次查询的经典概率算法 $\mathcal{A}$ 求解 Simon 问题，使得对任意符合要求的函数 f，算法成功的概率至少为 $\dfrac{2}{3}$。

　　设算法 $\mathcal{A}$ 对 f 的 T 次查询的输入串分别为 $x_1, x_2, x_3, \cdots, x_T$，这 T 次查询的函数值分别为 $f(x_1), f(x_2), f(x_3), \cdots, f(x_T)$，其中 $x_1, x_2, x_3, \cdots, x_T$ 互不相同。

　　如果存在 $1 \leqslant i < j \leqslant T$ 使得 $f(x_i)=f(x_j)$，那么称这 T 次查询存在碰撞，x_i 与 x_j 为一对碰撞对。根据 Simon 问题定义，$s=x_i \oplus x_j$ 即为问题的解。

以下证明对于较小的 T，这 T 次查询不会发生碰撞的概率将接近于 1。根据 Simon 问题定义，可得在 $x_1, x_2, x_3, \cdots, x_{k-1}$ 没有发生碰撞的情况下，$x_1, x_2, x_3, \cdots, x_k$ 没有发生碰撞的概率大于或等于 $1 - \dfrac{k-1}{2^n - (k-1)}$。

根据以上分析，$x_1, x_2, x_3, \cdots, x_T$ 没有发生碰撞的概率为

$$\Pr[x_1, x_2, x_3, \cdots, x_T \text{没有发生碰撞}] \tag{6.40}$$

$$= \prod_{k=2}^{T} \Pr[x_1, \cdots, x_k \text{没有发生碰撞} | x_1, \cdots, x_{k-1} \text{没有发生碰撞}] \tag{6.41}$$

$$\geqslant \prod_{k=2}^{T} \left(1 - \frac{k-1}{2^n - (k-1)} \right) \tag{6.42}$$

$$\geqslant 1 - \sum_{k=2}^{T} \frac{k-1}{2^n - (k-1)} \tag{6.43}$$

$$\geqslant 1 - \frac{T^2}{2^n - T} \tag{6.44}$$

注意到，上述从式 (6.42) 到式 (6.43) 的推导利用了如下性质：当 $a > 0$ 且 $b > 0$ 时，有 $(1-a)(1-b) = 1 - a - b + ab > 1 - (a+b)$。

式 (6.44) 大于或等于 $\dfrac{2}{3}$，即 $1 - \dfrac{T^2}{2^n - T} \geqslant \dfrac{2}{3}$ 当且仅当 $\dfrac{-1 - \sqrt{1 + 12 \cdot 2^n}}{6} \leqslant T \leqslant \dfrac{-1 + \sqrt{1 + 12 \cdot 2^n}}{6}$。由于 $T > 0$，可见成功概率小于 $\dfrac{1}{3}$ 当且仅当 $T \leqslant \dfrac{-1 + \sqrt{1 + 12 \cdot 2^n}}{6}$，故要使成功概率大于或等于 $\dfrac{2}{3}$，$T \geqslant \dfrac{-1 + \sqrt{1 + 12 \cdot 2^n}}{6}$ 是必要条件。定理证毕。   □

对于 Simon 问题，文献 [7] 证明了经典确定性算法与经典概率算法的查询复杂度下界相同。

定理 6.5　任意经典确定性算法求解 Simon 问题需要 $\Omega(\sqrt{2^n})$ 次查询。

特别地，经典确定性算法求解 Simon 问题的查询复杂度上界与经典概率算法的查询复杂度下界也一样[7-8]。

定理 6.6　存在经典确定性算法求解 Simon 问题的查询复杂度为 $O(\sqrt{2^n})$。

证明 令 $k = \left\lfloor \dfrac{n}{2} \right\rfloor$，然后对所有形如 $u0^{n-k}$ 的共 2^k 个输入字符串查询函数值（$u \in \{0,1\}^k$），再对所有形如 $0^k v$ 的共 2^{n-k} 个输入字符串查询函数值（$v \in \{0,1\}^{n-k}$）。

对于任意可能的 s，由于 s 可以拆分为前 k 位与后 $n-k$ 位两部分，也就是说存在 $a \in \{0,1\}^k, b \in \{0,1\}^{n-k}$ 使得 $a0^{n-k} \oplus 0^k b = s$。因此在上述共 $2^k + 2^{n-k} = 2^{\lfloor \frac{n}{2} \rfloor} + 2^{\lceil \frac{n}{2} \rceil}$ 次查询后，必然可以找到碰撞对 $a0^{n-k}$ 与 $0^k b$，然后对这两个元素执行 $\mathbb{Z}_2^n$ 上的 $\oplus$ 运算即可求得 s。

因此存在查询复杂度为 $O(\sqrt{2^n})$ 的经典确定性算法求解 Simon 问题。定理证毕。 $\square$

Simon 问题是第一个体现了量子算法相比经典概率算法有指数加速优势的问题。Simon 首先给出了一个查询复杂度为 $O(n)$ 的量子算法解决 Simon 问题，但该算法可能得不到 s，即有一定的错误率。其后 Brassard 等学者[9] 给出了精确的查询算法且查询复杂度不变，但方法都比较复杂。文献 [7] 利用量子振幅扩大的方法给出在同样的查询复杂度 $O(n)$ 内解决 Simon 问题的精确量子查询算法。

在介绍 Simon 算法前，先做些准备工作。

首先，根据

$$H^{\otimes n}|x\rangle = \frac{1}{\sqrt{2^n}} \sum_{z \in \{0,1\}^n} (-1)^{x \cdot z} |z\rangle \tag{6.45}$$

可得

$$H^{\otimes n} \left(\frac{|0\rangle + |s\rangle}{\sqrt{2}} \right) = \frac{1}{\sqrt{2^{n+1}}} \sum_{z \in \{0,1\}^n} (1 + (-1)^{s \cdot z})|z\rangle \tag{6.46}$$

为了便于描述 Simon 算法，下面给出一个定义。

定义 6.8 记 $s^\perp = \{z \in \{0,1\}^n | s \cdot z = 0\}, S = \{0^n, s\}, S^\perp = \{z \in \{0,1\}^n | \forall s \in S, s \cdot z = 0\}$，其中 $s \cdot z = \sum\limits_{i=1}^{n} s_i \cdot z_i \bmod 2$。

由于

$$\dim(S) + \dim(S^\perp) = \dim(\mathbb{Z}_2^n) = n \tag{6.47}$$

$$\dim(S) = 1 \tag{6.48}$$

所以

$$\dim(S^\perp) = \dim(s^\perp) = n - 1 \tag{6.49}$$

由等式 (6.46) 和 $s^\perp$ 定义可得

$$H^{\otimes n}\left(\frac{|0\rangle + |s\rangle}{\sqrt{2}}\right) = \frac{1}{\sqrt{2^{n-1}}}\sum_{z \in s^\perp}|z\rangle \tag{6.50}$$

对任意 $x, y \in \{0,1\}^n$，$s = x \oplus y$，有下面命题成立。

命题 6.1 $\quad H^{\otimes n}\left(\dfrac{|x\rangle + |y\rangle}{\sqrt{2}}\right) = \dfrac{1}{\sqrt{2^{n-1}}}\sum_{z \in s^\perp}(-1)^{x \cdot z}|z\rangle$，其中 $s = x \oplus y$。

证明

$$H^{\otimes n}\left(\frac{|x\rangle + |y\rangle}{\sqrt{2}}\right) \tag{6.51}$$

$$= H^{\otimes n}\left(\frac{|x\rangle + |x \oplus s\rangle}{\sqrt{2}}\right) \tag{6.52}$$

$$= \frac{1}{\sqrt{2^{n+1}}}\sum_{z \in \{0,1\}^n}(-1)^{x \cdot z}|z\rangle + \frac{1}{\sqrt{2^{n+1}}}\sum_{z \in \{0,1\}^n}(-1)^{(x \oplus s) \cdot z}|z\rangle \tag{6.53}$$

$$= \frac{1}{\sqrt{2^{n+1}}}\sum_{z \in \{0,1\}^n}(-1)^{x \cdot z}[1 + (-1)^{s \cdot z}]|z\rangle \tag{6.54}$$

$$= \frac{1}{\sqrt{2^{n-1}}}\sum_{z \in s^\perp}(-1)^{x \cdot z}|z\rangle \tag{6.55}$$

$$\square$$

做完上述准备工作后，以下具体描述 Simon 算法。设计算函数 f 的黑盒为 $U_f : |x\rangle|b\rangle \to |x\rangle|b \oplus f(x)\rangle$。

Simon 算法电路图如图 6.7 所示。

下面对上述算法进行分析。

回到 Simon 算法中的第（3）步，该状态可以写为

$$|\psi_1\rangle = \frac{1}{\sqrt{2^{n-1}}}\sum_{x \in I}\frac{1}{\sqrt{2}}(|x\rangle + |x \oplus s\rangle)|f(x)\rangle \tag{6.56}$$

这里 $I \subseteq \{0,1\}^n$ 且对任意 $x, y \in I$ 有 $x \oplus y \neq s$，可见 $|I| = 2^{n-1}$。

算法 6.3: Simon 算法

输入： 黑盒 U_f。

输出： f 隐含的字符串 s。

(1) 令 $i = 1$。

(2) 制备量子态 $|\psi_0\rangle = (H^{\otimes n}|0^n\rangle)|0^m\rangle = \dfrac{1}{\sqrt{2^n}} \sum\limits_{x \in \{0,1\}^n} |x\rangle|0^m\rangle$。

(3) $|\psi_1\rangle = U_f|\psi_0\rangle = \dfrac{1}{\sqrt{2^n}} \sum\limits_{x \in \{0,1\}^n} |x\rangle|f(x)\rangle$。

(4) 测量第二个寄存器。

(5) 将 $H^{\otimes n}$ 作用于第一个寄存器。

(6) 测量第一个寄存器得到测量结果 w_i。

(7) 若 $\dim(\mathrm{span}\{w_1, w_2, \cdots, w_i\}) = n - 1$，则进入第（8）步，否则 i 增加 1 且返回第（2）步。

(8) 解方程组 $\{w_j \cdot s = 0 | 1 \leqslant j \leqslant i\}$，可以得到唯一的非零解 s。

(9) 输出 s。

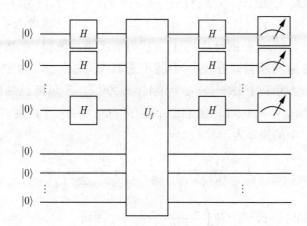

图 6.7　Simon 算法电路图

第（4）步测量第二个寄存器后得到一个 $f(x)$ 且第一个寄存器的状态为 $\dfrac{1}{\sqrt{2}}(|x\rangle + |x \oplus s\rangle)$。

第（5）步对第一个寄存器作 Hadamard 变换 $H^{\otimes n}$ 后状态为

$$\frac{1}{\sqrt{2^{n-1}}} \sum_{z \in s^\perp} (-1)^{x \cdot z} |z\rangle|f(x)\rangle \tag{6.57}$$

第 (6) 步测量后的 $w_i \in s^{\perp}$。若第 (7) 步得到 $\dim(\text{span}\{w_1, w_2, \cdots, w_i\}) = n - 1$，则 $\text{span}\{w_1, w_2, \cdots, w_i\} = s^{\perp}$。第 (8) 步可得到唯一解非零串 s（利用高斯消元法）。

定理 6.7　上述 Simon 算法找到解 s 所需要调用 U_f 的次数的期望值不超过 $n + 1$。

证明　已知 $\dim(S^{\perp}) = n - 1$，上述 Simon 算法每一轮运行得到的 w_i 是从 $S^{\perp}$ 中等概率随机选取的向量。记 $V_i = \text{span}\{w_1, w_2, \cdots, w_i\}, i \geqslant 1$。

接着定义一组随机变量 $\{X_j\}$。若在 Simon 算法的一次运行过程中，满足 $\dim(V_k) = j \ (1 \leqslant k)$ 的最小的 k 为 i，则随机变量 X_j 的取值为 i。这时 X_{n-1} 表示最小的下标 i 使得 $\dim(V_i) = n - 1$，因此 $V_i = S^{\perp}$。X_{n-1} 也就等于在一次 Simon 算法运行的过程中，找到解 s 所需要调用 U_f 的次数。接下来证明 $E(X_{n-1}) < n + 1$。

定义 $Y_1 = X_1, Y_j = X_j - X_{j-1}(j > 1)$，因此有 $X_j = Y_1 + Y_2 + \cdots + Y_j$。根据期望的可加性，有 $E(X_j) = E(Y_1 + Y_2 + \cdots + Y_j) = E(Y_1) + E(Y_2) + \cdots + E(Y_j)$。

进一步考虑 $Y_t \ (1 \leqslant t < n)$ 的含义，Y_t 可以理解为：在当前 $V_i = \text{span}\{w_1, w_2, \cdots, w_i\}$ 的维度为 $t - 1$ 的情况下，使得 V_i 增长为一个维度为 t 的线性空间所需要在 $S^{\perp}$ 中随机选取 w 的次数。由于 $S^{\perp}$ 与 V_i 均为 $\mathbb{Z}_2^n$ 的子空间，且 $|S^{\perp}| = 2^{n-1}, |V_i| = 2^{t-1}$，所以随机抽取一个 w，使得 $\text{span}\{w_1, w_2, \cdots, w_i, w\}$ 维度比 $\text{span}\{w_1, w_2, \cdots, w_i\}$ 维度大的概率等于 w 不在空间 V_i 中的概率为

$$1 - \frac{|V_i|}{|S^{\perp}|} = 1 - \frac{2^{t-1}}{2^{n-1}} = \frac{2^{n-1} - 2^{t-1}}{2^{n-1}} \tag{6.58}$$

可见，Y_t 服从几何分布 $Ge\left(\dfrac{2^{n-1} - 2^{t-1}}{2^{n-1}}\right)$，因而

$$E(Y_t) = \frac{1}{\dfrac{2^{n-1} - 2^{t-1}}{2^{n-1}}} = \frac{2^{n-1}}{2^{n-1} - 2^{t-1}} \tag{6.59}$$

有

$$E(X_{n-1}) = \sum_{t=1}^{n-1} E(Y_t) \tag{6.60}$$

$$= \sum_{t=1}^{n-1} \frac{2^{n-1}}{2^{n-1} - 2^{t-1}} \tag{6.61}$$

$$= \sum_{t=1}^{n-1} \left(1 + \frac{2^{t-1}}{2^{n-1} - 2^{t-1}} \right) \tag{6.62}$$

$$= n - 1 + \sum_{t=1}^{n-1} \frac{2^{t-1}}{2^{n-1} - 2^{t-1}} \tag{6.63}$$

$$< n - 1 + \sum_{t=1}^{n-1} \frac{2^{t-1} + 2^{t-1}}{2^{n-1} - 2^{t-1} + 2^{t-1}} \tag{6.64}$$

$$= n - 1 + \sum_{t=1}^{n-1} \frac{2^{t}}{2^{n-1}} \tag{6.65}$$

$$= n - 1 + \frac{\sum_{t=1}^{n-1} 2^{t}}{2^{n-1}} \tag{6.66}$$

$$= n - 1 + \frac{2^{n} - 2}{2^{n-1}} \tag{6.67}$$

$$< n - 1 + \frac{2^{n}}{2^{n-1}} = n + 1 \tag{6.68}$$

定理证毕。　　　　　　　　　　　　　　　　　　　　　　　　　　　　$\square$

实际上，若允许以一定的错误率找到 s，则可以适当固定在算法中找 w_i 次数的上界。令 i 的次数上界为 $n+3$，则有以下定理。

定理 6.8　对于 $n > 3$，若在 Simon 算法中重复 $n+3$ 次找 w_i，则找到 s 的概率至少为 $\dfrac{2}{3}$。

证明　记 $V_i = \mathrm{span}\{w_1, w_2, \cdots, w_i\}$，$1 \leqslant i \leqslant n+3$，并且记 $V_0 = \{\mathbf{0}\}$。

对于 $0 \leqslant i \leqslant n-2$，假设当前 $w_1, w_2, \cdots, w_i$ 线性无关，则有 $\dim(V_i) = i$ 和 $|V_i| = 2^i$。从 $S^\perp$ 中随机选取向量 w_{i+1} 后，$w_1, w_2, \cdots, w_i, w_{i+1}$ 线性无关的概率为

$$1 - \frac{|V_i|}{|S^\perp|} = 1 - \frac{2^i}{2^{n-1}} \tag{6.69}$$

可见，$w_1, w_2, \cdots, w_{n-4}$ 线性无关（即 $\dim(V_{n-4}) = n-4$）的概率为

$$\Pr[\dim(V_{n-4}) = n-4] = \prod_{t=0}^{n-5} \Pr[\dim(V_{t+1}) = t+1 \,|\, \dim(V_t) = t] \tag{6.70}$$

$$= \prod_{t=0}^{n-5} \left(1 - \frac{2^t}{2^{n-1}}\right) \tag{6.71}$$

$$> 1 - \sum_{t=0}^{n-5} \frac{2^t}{2^{n-1}} \tag{6.72}$$

$$= 1 - \frac{\sum_{t=0}^{n-5} 2^t}{2^{n-1}} \tag{6.73}$$

$$= 1 - \frac{2^{n-4} - 1}{2^{n-1}} \tag{6.74}$$

$$> 1 - \frac{2^{n-4}}{2^{n-1}} \tag{6.75}$$

$$= \frac{7}{8} \tag{6.76}$$

注意到，上面推导的不等式 (6.72) 利用了性质：当 $a > 0$，$b > 0$ 时，

$$(1-a)(1-b) = 1 - a - b + ab \tag{6.77}$$

$$> 1 - (a+b) \tag{6.78}$$

在 $\dim(V_{n-4}) = n-4$ 的基础上，w_{n-3} 与 w_{n-2} 同时都在空间 V_{n-4} 中的概率为

$$\left(\frac{|V_{n-4}|}{|S^\perp|}\right)^2 = \left(\frac{2^{n-4}}{2^{n-1}}\right)^2 = \left(\frac{1}{8}\right)^2 = \frac{1}{64} \tag{6.79}$$

易知 $\dim(V_{n-2}) > \dim(V_{n-4}) = n-4$ 的概率为 $1 - \dfrac{1}{64} = \dfrac{63}{64}$。

令 V'_{n-2} 为维度为 $n-3$ 的线性空间，则其满足 $V_{n-4} \subset V'_{n-2} \subseteq V_{n-2}$。在 V'_{n-2} 的基础上，继续考虑 w_{n-1} 与 w_n。实际上，w_{n-1} 与 w_n 同时都在空间 V'_{n-2} 中的概率为

$$\left(\frac{|V'_{n-2}|}{|S^\perp|}\right)^2 = \left(\frac{2^{n-3}}{2^{n-1}}\right)^2 = \left(\frac{1}{4}\right)^2 = \frac{1}{16} \tag{6.80}$$

因此，$\dim(V_n) > \dim(V'_{n-2}) = n-3$ 的概率为 $1 - \dfrac{1}{16} = \dfrac{15}{16}$。

令 V'_n 是维度为 $n-2$ 的线性空间，则其满足 $V'_{n-2} \subset V'_n \subseteq V_n$。在 V'_n 的基础上，继续考虑 w_{n+1}，w_{n+2} 与 w_{n+3}。实际上，w_{n+1}，w_{n+2} 与 w_{n+3} 同时都在空间 V'_n 中的概率为

$$\left(\frac{|V'_n|}{|S^\perp|}\right)^3 = \left(\frac{2^{n-2}}{2^{n-1}}\right)^3 = \left(\frac{1}{2}\right)^3 = \frac{1}{8} \tag{6.81}$$

可见，$\dim(V_{n+3}) > \dim(V'_n) = n-2$ 的概率为 $1 - \dfrac{1}{8} = \dfrac{7}{8}$。

因此，当 $n > 3$ 时，$\dim(V_{n+3}) = n-1$ 的概率至少为

$$\frac{7}{8} \times \frac{63}{64} \times \frac{15}{16} \times \frac{7}{8} > \frac{2}{3} \tag{6.82}$$

定理证毕。 □

进一步地，文献 [7] 中证明了可以设计算法精确找到 s 且不增加查询复杂度，其主要思想是在 Simon 算法第（5）步用 $H^{\otimes n}$ 作用于第一个寄存器之后，不立即测量第一个寄存器的状态，而是运行量子振幅扩大算法后再测量第一个寄存器，使得结果 w_i 与之前测量得到的 $\{w_1, w_2, \cdots, w_{i-1}\}$ 线性无关。这样就可避免 $w_i \in \mathrm{span}\{w_1, w_2, \cdots, w_{i-1}\}$，而不断增大 $\mathrm{span}\{w_1, w_2, \cdots, w_i\}$ 的维数并最终求出 s。

对于 Simon 问题，文献 [10] 证明了其量子查询复杂度下界为 $\Omega(n)$。

定理 6.9 给定 $0 \leqslant \epsilon < 1/2$，任意一个出错概率不高于 ϵ 的求解 Simon 问题的量子算法至少需要 $\Omega(n)$ 次查询。

最终，关于 Simon 问题的量子查询复杂度与经典查询复杂度，有以下定理。

定理 6.10 Simon 问题的量子查询复杂度为 $\Theta(n)$，而该问题的经典随机查询复杂度和经典确定查询复杂度均为 $\Theta(\sqrt{2^n})$。

下面简要介绍广义 Simon 问题。

广义 Simon 问题：假设有一个函数 $f : \{0,1\}^n \to X$，其中 X 是一个有限集，且满足 $f(x) = f(y)$ 当且仅当 $x \oplus y \in S$，其中 S 为 $\mathbb{Z}_2^n$ 的一个子空间。我

们拥有一个可查询 f 函数值的黑盒，要求查询 f 函数值的次数尽可能少，找出 S 的一组基 $s_1, s_2, \cdots, s_m \in S$ $(\dim(S) = m)$。推广求解 Simon 问题的量子算法不难得到求解广义 Simon 问题的量子算法，推广后的广义 Simon 问题量子算法查询复杂度为 $\Theta(n-k)$。学术界当前求得的广义 Simon 问题的经典查询复杂度上界和下界还不是紧的，这一问题目前尚未被完全解决[11]。

习　　题

6.12　计算定理 6.7 的证明中 $\{w_1, w_2, \cdots, w_k\}$ 线性独立的概率，并证明该概率大于 $1 - \dfrac{1}{2^{n-k}}$。

思　考　题

6.13　Simon 算法的第（4）步是否是必须的？请说明理由。

6.7　量子傅里叶变换

本节介绍量子算法设计中的一个重要工具——量子傅里叶变换。记 $|\phi_j\rangle = \dfrac{1}{\sqrt{2^m}} \sum\limits_{k=0}^{2^m-1} \omega^{jk}|k\rangle$，其中 $\omega = \mathrm{e}^{2\pi i/2^m}$，则有

$$\langle \phi_j | \phi_{j'} \rangle = \left(\frac{1}{\sqrt{2^m}} \sum_{k=0}^{2^m-1} \omega^{-jk} \langle k| \right) \left(\frac{1}{\sqrt{2^m}} \sum_{k'=0}^{2^m-1} \omega^{j'k'} |k'\rangle \right) \tag{6.83}$$

$$= \frac{1}{2^m} \sum_{k=0}^{2^m-1} \sum_{k'=0}^{2^m-1} \omega^{-jk} \omega^{j'k'} \langle k | k' \rangle \tag{6.84}$$

$$= \frac{1}{2^m} \sum_{k=0}^{2^m-1} \omega^{-jk} \omega^{j'k} \tag{6.85}$$

$$= \frac{1}{2^m} \sum_{k=0}^{2^m-1} \omega^{(j'-j)k} \tag{6.86}$$

$$= \frac{1}{2^m} \sum_{k=0}^{2^m-1} (\omega^{j'-j})^k \tag{6.87}$$

$$= \begin{cases} 1, & j = j' \\ 0, & j \neq j' \end{cases} \tag{6.88}$$

注 6.2 当 $j \neq j'$ 时，有

$$\frac{1}{2^m} \sum_{k=0}^{2^m-1} (\omega^{j'-j})^k = \frac{\omega^{(j'-j)2^m} - 1}{2^m(\omega^{j'-j} - 1)} = \frac{1-1}{2^m(\omega^{j'-j} - 1)} = 0$$

因此，$\{|\phi_j\rangle : j = 0, 1, 2, \cdots, 2^m - 1\}$ 构成一组正交模基。定义酉变换 F 为 $F|j\rangle = |\phi_j\rangle$，$j = 0, 1, 2, \cdots, 2^m - 1$，则 F 为酉变换，其中 $|j\rangle$ 为可计算基。实际上，$F = \sum_{j=0}^{2^m-1} |\phi_j\rangle\langle j|$。更具体地，$F$ 可用矩阵表示为

$$F = \frac{1}{\sqrt{2^m}} \begin{bmatrix} 1 & 1 & 1 & \cdots & 1 \\ 1 & \omega & \omega^2 & \cdots & \omega^{2^m-1} \\ 1 & \omega^2 & \omega^4 & \cdots & \omega^{2(2^m-1)} \\ \vdots & \vdots & \vdots & \ddots & \vdots \\ 1 & \omega^{2^m-1} & \omega^{2(2^m-1)} & \cdots & \omega^{(2^m-1)^2} \end{bmatrix} \tag{6.89}$$

称 F 为量子傅里叶变换，记为 QFT_{2^m}，即

$$\mathrm{QFT}_{2^m}|j\rangle = \frac{1}{\sqrt{2^m}} \sum_{k=0}^{2^m-1} \mathrm{e}^{2\pi i jk/2^m} |k\rangle \tag{6.90}$$

$$= \frac{1}{\sqrt{2^m}} \sum_{k=0}^{2^m-1} \omega_{2^m}^{jk} |k\rangle \tag{6.91}$$

其中 $\omega_N = \mathrm{e}^{2\pi i/N}$。

另一方面，对于 QFT_{2^m} 的逆变换，即量子傅里叶逆变换，记为 $\mathrm{QFT}_{2^m}^\dagger$。下面讨论量子傅里叶变换的量子电路实现[12]。

将 j 和 k 用二进制形式表示为

$$j = j_{m-1}j_{m-2}\cdots j_0, \ k = k_{m-1}k_{m-2}\cdots k_0 \tag{6.92}$$

定义：

$$\widetilde{\mathrm{QFT}}_{2^m}|j\rangle = \frac{1}{\sqrt{2^m}} \sum_{k=0}^{2^m-1} \omega_{2^m}^{jk} |k_0 k_1 \cdots k_{m-1}\rangle \tag{6.93}$$

（若能实现 $\widetilde{\mathrm{QFT}}_{2^m}$，则将输出翻转次序或重标号即可得到 QFT_{2^m} 的结果。）

可以通过对 m 使用归纳法来构造出 $\widetilde{\mathrm{QFT}}_{2^m}$。首先从简单的情形考虑，当 $m = 1$ 时，有

$$\widetilde{\mathrm{QFT}}_{2^m}|j\rangle = \frac{1}{\sqrt{2}} \sum_{k=0}^{1} \omega_2^{jk}|k\rangle = \frac{1}{\sqrt{2}}|0\rangle + \frac{1}{\sqrt{2}}(-1)^j|1\rangle = H|j\rangle \tag{6.94}$$

可见，$m = 1$ 时的 $\widetilde{\mathrm{QFT}}_{2^m}$ 就是 Hadamard 变换，这只需要一个 Hadamard 门即可实现。

若 $m \geqslant 1$，假设已经拥有实现 $\widetilde{\mathrm{QFT}}_{2^m}$ 的电路，则如图 6.8 所示的电路图可实现 $\widetilde{\mathrm{QFT}}_{2^{m+1}}$。

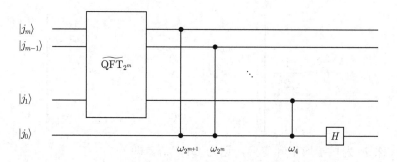

图 6.8　量子傅里叶变换

现在进一步解释图 6.8 如何具体实施 $\widetilde{\mathrm{QFT}}_{2^{m+1}}$。注意到

$$\widetilde{\mathrm{QFT}}_{2^{m+1}}|j_m j_{m-1} \cdots j_0\rangle = \frac{1}{\sqrt{2^{m+1}}} \sum_{k=0}^{2^{m+1}-1} \omega_{2^{m+1}}^{jk}|k_0 k_1 \cdots k_m\rangle \tag{6.95}$$

记 $j' = j_m j_{m-1} \cdots j_1 = \left\lfloor \dfrac{j}{2} \right\rfloor$，$k' = k_{m-1} k_{m-2} \cdots k_0 = k - k_m 2^m$，则 $|j\rangle = |j'\rangle|j_0\rangle$，且

$$\widetilde{\mathrm{QFT}}_{2^m}|j'\rangle|j_0\rangle = \frac{1}{\sqrt{2^m}} \sum_{k'=0}^{2^m-1} \omega_{2^m}^{j'k'}|k_0' k_1' \cdots k_{m-1}'\rangle|j_0\rangle \tag{6.96}$$

通过一系列控制相移变换得到如下状态：

$$\omega_{2^{m+1}}^{j_0 k_0'} \omega_{2^m}^{j_0 k_1'} \cdots \omega_4^{j_0 k_{m-1}'} \left(\frac{1}{\sqrt{2^m}} \sum_{k'=0}^{2^m-1} \omega_{2^m}^{j'k'}|k_0' k_1' \cdots k_{m-1}'\rangle|j_0\rangle \right) \tag{6.97}$$

$$= \frac{1}{\sqrt{2^m}} \sum_{k'=0}^{2^m-1} \omega_{2^m}^{j'k'} \omega_{2^{m+1}}^{j_0 k_0'} \omega_{2^m}^{j_0 k_1'} \cdots \omega_4^{j_0 k_{m-1}'} |k_0' k_1' \cdots k_{m-1}'\rangle |j_0\rangle \tag{6.98}$$

由于对任意 r 有 $\omega_N = \omega_{Nr}^r$，所以上式等于：

$$\frac{1}{\sqrt{2^m}} \sum_{k'=0}^{2^m-1} \omega_{2^{m+1}}^{2j'k'+j_0 k_0'+j_0(2k_1')+\cdots+j_0(2^{m-1}k_{m-1}')} |k_0' k_1' \cdots k_{m-1}'\rangle |j_0\rangle \tag{6.99}$$

$$= \frac{1}{\sqrt{2^m}} \sum_{k'=0}^{2^m-1} \omega_{2^{m+1}}^{2j'k'+j_0(k_0'+2k_1'+\cdots+2^{m-1}k_{m-1}')} |k_0' k_1' \cdots k_{m-1}'\rangle |j_0\rangle \tag{6.100}$$

$$= \frac{1}{\sqrt{2^m}} \sum_{k'=0}^{2^m-1} \omega_{2^{m+1}}^{2j'k'+j_0 k'} |k_0' k_1' \cdots k_{m-1}'\rangle |j_0\rangle \tag{6.101}$$

$$= \frac{1}{\sqrt{2^m}} \sum_{k'=0}^{2^m-1} \omega_{2^{m+1}}^{(2j'+j_0)k'} |k_0' k_1' \cdots k_{m-1}'\rangle |j_0\rangle \tag{6.102}$$

$$= \frac{1}{\sqrt{2^m}} \sum_{k'=0}^{2^m-1} \omega_{2^{m+1}}^{jk'} |k_0' k_1' \cdots k_{m-1}'\rangle |j_0\rangle \tag{6.103}$$

最后，电路图中的 Hadamard 门作用后得到如下状态：

$$\frac{1}{\sqrt{2^{m+1}}} \sum_{k'=0}^{2^m-1} \sum_{k_m=0}^{1} \omega_{2^{m+1}}^{jk'} (-1)^{k_m j_0} |k_0' k_1' \cdots k_{m-1}'\rangle |k_m\rangle \tag{6.104}$$

由于

$$\omega_{2^{m+1}}^{j(2^m k_m)} = \omega_2^{jk_m} = e^{\frac{2\pi i j k_m}{2}} = (e^{\pi i})^{k_m j} = (-1)^{k_m j} = (-1)^{k_m j_0} \tag{6.105}$$

所以式 (6.104) 等于：

$$\frac{1}{\sqrt{2^{m+1}}} \sum_{k'=0}^{2^m-1} \sum_{k_m=0}^{1} \omega_{2^{m+1}}^{jk'+j(2^m k_m)} |k_0' k_1' \cdots k_{m-1}'\rangle |k_m\rangle \tag{6.106}$$

$$= \frac{1}{\sqrt{2^{m+1}}} \sum_{k'=0}^{2^m-1} \sum_{k_m=0}^{1} \omega_{2^{m+1}}^{j(k'+2^m k_m)} |k_0' k_1' \cdots k_{m-1}'\rangle |k_m\rangle \tag{6.107}$$

$$= \frac{1}{\sqrt{2^{m+1}}} \sum_{k=0}^{2^{m+1}-1} \omega_{2^{m+1}}^{jk} |k_0 k_1 \cdots k_m\rangle \tag{6.108}$$

下面来分析量子傅里叶变换的时间复杂度，即实现量子傅里叶变换所需基本量子门的个数。设 $g(m)$ 为实现 $\widetilde{\text{QFT}}_{2^m}$ 的基本量子门的个数，则 $g(1) = 1$，$g(m+1) = g(m) + (m+1)$。故 $g(m) = \sum_{j=1}^{m} j = \begin{pmatrix} m+1 \\ 2 \end{pmatrix} = O(m^2)$。注意到经典算法中当前已知最快的实现离散傅里叶变换的算法为快速傅里叶变换算法，其时间复杂度为 $O(m2^m)$。因此在实现离散傅里叶变换时，也体现了量子算法相比经典算法有本质的优势。

习　　题

6.14　证明：

$$\frac{1}{\sqrt{2^m}} \sum_{k'=0}^{2^m-1} \omega_{2^{m+1}}^{2j'k'+j_0k_0'+j_0(2k_1')+\cdots+j_0(2^{m-1}k_{m-1}')} |k_0'k_1'\cdots k_{m-1}'\rangle|j_0\rangle$$

$$= \frac{1}{\sqrt{2^m}} \sum_{k'=0}^{2^m-1} \omega_{2^{m+1}}^{jk'} |k_0'k_1'\cdots k_{m-1}'\rangle|j_0\rangle$$

进一步，Hadamard 变换作用于 $|j_0\rangle$ 后为

$$\frac{1}{\sqrt{2^{m+1}}} \sum_{k=0}^{2^{m+1}-1} \omega_{2^{m+1}}^{jk} |k_0k_1\cdots k_m\rangle$$

6.15　可计算基 $|0\rangle, \cdots, |N-1\rangle$ 上的量子傅里叶变换 QFT 定义为作用在基态上的线性算子，定义如下：

$$|j\rangle \to \frac{1}{\sqrt{N}} \sum_{k=0}^{N-1} \mathrm{e}^{2\pi ijk/N} |k\rangle$$

证明该线性变换 QFT 为酉的。

6.16　计算 n 量子比特态 $|00\cdots0\rangle$ 和 $|11\cdots1\rangle$ 经量子傅里叶变换后的态。

6.17　给出实现逆量子傅里叶变换的量子电路。

6.8　量子相位估计

设 U 是 $2^n \times 2^n$ 酉矩阵，相应的特征向量为 $|\psi_1\rangle, \cdots, |\psi_N\rangle$ $(N = 2^n)$ 以及对应的特征值分别为 $\mathrm{e}^{2\pi i\theta_1}, \mathrm{e}^{2\pi i\theta_2}, \cdots, \mathrm{e}^{2\pi i\theta_N}$，其中 $\theta_i \in [0, 1)$，$i = 1, 2, \cdots, N$，

即

$$U|\psi_j\rangle = \mathrm{e}^{2\pi i\theta_j}|\psi_j\rangle \tag{6.109}$$

其中 $j \in \{1, 2, \cdots, N\}$，而且

$$\langle\psi_j|\psi_k\rangle = \begin{cases} 1, & j = k \\ 0, & j \neq k \end{cases} \tag{6.110}$$

其中 $j, k \in \{1, 2, \cdots, N\}$。

相位估计问题可以描述如下：给定酉算子 U，且 $|\psi\rangle$ 为 U 的特征向量，即 $U|\psi\rangle = \mathrm{e}^{2\pi i\theta}|\psi\rangle$，目标是尽可能精确地估计出 θ，输出 $\theta \in [0, 1)$ 的近似值。

设 U 为作用于 n 个量子比特上的酉变换，m 是一正整数，$\Lambda_m(U)$ 表示作用于 $m + n$ 个量子比特上的酉变换，其定义为

$$\Lambda_m(U)|k\rangle|\phi\rangle = |k\rangle(U^k|\phi\rangle) \tag{6.111}$$

其中 $k \in \{0, 1, \cdots, 2^m - 1\}$，$|\phi\rangle$ 为 n 比特量子态。

我们可以借助 6.7 节介绍的量子傅里叶变换这一基本工具解决相位估计问题。以下介绍量子相位估计的具体过程，如图 6.9 所示。

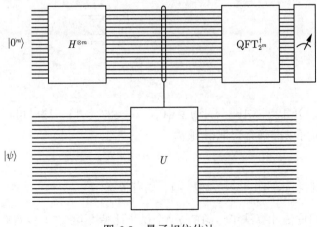

图 6.9　量子相位估计

算法 6.4: 量子相位估计

输入: 黑盒 U 及其特征向量 $|\psi\rangle$。

输出: $|\psi\rangle$ 对应特征值的相位 θ。

(1) 设置初态 $|\Phi_0\rangle = |0^m\rangle|\psi\rangle$。

(2) $|\Phi_1\rangle = (H^{\otimes m} \otimes I)|\Phi_0\rangle = \dfrac{1}{\sqrt{2^m}} \sum\limits_{k=0}^{2^m-1} |k\rangle|\psi\rangle$。

(3) $|\Phi_2\rangle = \Lambda_m(U)|\Phi_1\rangle = \dfrac{1}{\sqrt{2^m}} \sum\limits_{k=0}^{2^m-1} |k\rangle(U^k|\psi\rangle) = \dfrac{1}{\sqrt{2^m}} \sum\limits_{k=0}^{2^m-1} |k\rangle e^{2\pi i k\theta}|\psi\rangle = \left(\dfrac{1}{\sqrt{2^m}} \sum\limits_{k=0}^{2^m-1} e^{2\pi i k\theta}|k\rangle \right)|\psi\rangle$。

(4) 忽略第二个寄存器的 n 个量子比特,得 $\dfrac{1}{\sqrt{2^m}} \sum\limits_{k=0}^{2^m-1} e^{2\pi i k\theta}|k\rangle$。

(5) 对第一个寄存器的 m 个量子比特执行逆量子傅里叶变换 $\mathrm{QFT}_{2^m}^\dagger$。

(6) 测量第一个寄存器的 m 个量子比特,得到 j。

(7) 输出 $\theta = \dfrac{j}{2^m}$。

以下分两种情形对上述量子相位估计算法进行分析。

情形一:

若存在 $j \in \{0, 1, \cdots, 2^m - 1\}$ 使得 $\theta = \dfrac{j}{2^m}$。这时,量子相位估计算法第(4)步中的状态为

$$\frac{1}{\sqrt{2^m}} \sum_{k=0}^{2^m-1} e^{2\pi i k\theta}|k\rangle = \frac{1}{\sqrt{2^m}} \sum_{k=0}^{2^m-1} e^{2\pi i k\frac{j}{2^m}}|k\rangle \tag{6.112}$$

$$= \frac{1}{\sqrt{2^m}} \sum_{k=0}^{2^m-1} \omega^{jk}|k\rangle \tag{6.113}$$

$$= |\phi_j\rangle \tag{6.114}$$

可见,$\mathrm{QFT}_{2^m}^\dagger|\phi_j\rangle = |j\rangle$,$j \in \{0, 1, \cdots, 2^m - 1\}$。这时可以准确无误地得到 j,进而可以准确无误地得到 θ。

情形二:

若对任意 $j \in \{0, 1, \cdots, 2^m - 1\}$ 均有 $\theta \neq \dfrac{j}{2^m}$。

量子相位估计算法第一组的 m 个量子比特在第(5)步实施 $\mathrm{QFT}_{2^m}^\dagger$ 之前

的状态为 $\frac{1}{\sqrt{2^m}} \sum_{k=0}^{2^m-1} e^{2\pi ik\theta}|k\rangle$，$\mathrm{QFT}_{2^m}^{\dagger}$ 对其作用后为

$$\mathrm{QFT}_{2^m}^{\dagger}\left(\frac{1}{\sqrt{2^m}} \sum_{k=0}^{2^m-1} e^{2\pi ik\theta}|k\rangle\right) \tag{6.115}$$

$$= \frac{1}{\sqrt{2^m}} \sum_{k=0}^{2^m-1} e^{2\pi ik\theta} \mathrm{QFT}_{2^m}^{\dagger}\left(|k\rangle\right) \tag{6.116}$$

$$= \frac{1}{\sqrt{2^m}} \sum_{k=0}^{2^m-1} e^{2\pi ik\theta} \frac{1}{\sqrt{2^m}} \sum_{j=0}^{2^m-1} e^{-2\pi ijk/2^m}|j\rangle \tag{6.117}$$

$$= \frac{1}{2^m} \sum_{k=0}^{2^m-1} \sum_{j=0}^{2^m-1} e^{2\pi ik(\theta-j/2^m)}|j\rangle \tag{6.118}$$

$$= \sum_{j=0}^{2^m-1}\left(\frac{1}{2^m} \sum_{k=0}^{2^m-1} e^{2\pi ik(\theta-j/2^m)}\right)|j\rangle \tag{6.119}$$

因此测得 j 的概率为

$$p_j = \left|\frac{1}{2^m} \sum_{k=0}^{2^m-1} e^{2\pi ik(\theta-j/2^m)}\right|^2 \tag{6.120}$$

其中 $j \in \{0, 1, \cdots, 2^m - 1\}$。

现在由于 $e^{2\pi ik(\theta-j/2^m)} \neq 1\,(j \in \{0, 1, \cdots, 2^m - 1\})$，由等比数列求和公式易知：

$$p_j = \frac{1}{2^{2m}}\left|\frac{e^{2\pi i(2^m\theta-j)} - 1}{e^{2\pi i(\theta-j/2^m)} - 1}\right|^2 \tag{6.121}$$

以下证明对 $\frac{j}{2^m} \approx \theta$ 时 p_j 较大，而 $\frac{j}{2^m}$ 与 θ 相差较大时 p_j 较小。

对于最接近 θ 的 $\frac{j}{2^m}$，令 $\theta - \frac{j}{2^m} = \epsilon$，则 $|\epsilon| \leqslant 2^{-(m+1)}$。

令

$$a = \left|e^{2\pi i(2^m\theta-j)} - 1\right| = \left|e^{2\pi i\epsilon 2^m} - 1\right| \tag{6.122}$$

$$b = \left|e^{2\pi i(\theta-\frac{j}{2^m})} - 1\right| = \left|e^{2\pi i\epsilon} - 1\right| \tag{6.123}$$

则

$$p_j = \frac{1}{2^{2m}} \frac{a^2}{b^2} \tag{6.124}$$

为计算 p_j 的一个下界，可以参照图 6.10 与图 6.11 。

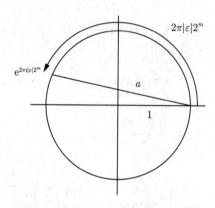

图 6.10　量子相位估计概率下界（1）

如图 6.10 所示，可以证明，在复平面的单位圆上，$e^{2\pi i|\epsilon|2^m}$ 与 1 之间的弧长除以弦长小于等于 $\frac{\pi}{2}$，而 $e^{2\pi i|\epsilon|2^m}$ 与 1 之间的弧长为 $2\pi|\epsilon|2^m$，弦长为 a，因此有 $\frac{2\pi|\epsilon|2^m}{a} \leqslant \frac{\pi}{2}$，进而可以得到 $a \geqslant 4|\epsilon|2^m$。

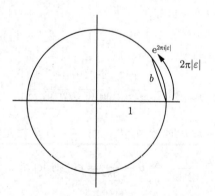

图 6.11　量子相位估计概率下界（2）

如图 6.11 所示，不难看出，在复平面的单位圆上，$e^{2\pi i|\epsilon|}$ 与 1 之间的弧长大于等于弦长，而 $e^{2\pi i|\epsilon|}$ 与 1 之间的弧长为 $2\pi|\epsilon|$，弦长为 b，因此有 $2\pi|\epsilon| \geqslant b$。

进一步，有

$$p_j \geqslant \frac{1}{2^{2m}} \frac{16|\epsilon|^2 2^{2m}}{4\pi^2 |\epsilon|^2} = \frac{4}{\pi^2} > 0.4 \tag{6.125}$$

即可以以较大的概率得到最接近 θ 的 $\dfrac{j}{2^m}$。

另一方面，假设 $e^{2\pi i\theta} = e^{2\pi i(\frac{j}{2^m}+\epsilon)}$，其中 $\dfrac{t}{2^m} \leqslant |\epsilon| \leqslant \dfrac{1}{2}$（$t$ 为某正整数）。在这种情形下，根据等式 (6.124) 和三角不等式，有

$$a = \left| e^{2\pi i\epsilon 2^m} - 1 \right| \leqslant \left| e^{2\pi i\epsilon 2^m} \right| + |-1| = 2 \tag{6.126}$$

类似之前的分析有 $\dfrac{2\pi |\epsilon|}{b} \leqslant \dfrac{\pi}{2}$，可以推出 $b \geqslant 4|\epsilon|$。

因此，有

$$p_j \leqslant \frac{4}{2^{2m} 4^2 |\epsilon|^2} = \frac{1}{2^{2m} 4|\epsilon|^2} \leqslant \frac{1}{2^{2m} 4t^2 2^{-2m}} = \frac{1}{4t^2} \tag{6.127}$$

可见得到和 θ 相差较大的 $\dfrac{j}{2^m}$ 的概率是很小的。

6.9 ＊ 量子相位估计的详细概率分析

本节为选学内容，将之前作用于维度为 2^m 的正交基的量子傅里叶变换推广为作用于任意维度正交基的一般的量子傅里叶变换，并给出了量子相位估计算法求得不同结果的概率的相关定理与更为详细的分析[13]。

先给出一些定义如下。

定义 6.9　对任意 $M \geqslant 1$，$0 \leqslant x < M$，定义量子傅里叶变换

$$F_M : |x\rangle \to \frac{1}{\sqrt{M}} \sum_{y=0}^{M-1} e^{2\pi ixy/M} |y\rangle \tag{6.128}$$

定义 6.10　对任意正整数 M 与实数 ω，其中 $0 \leqslant \omega < 1$，令

$$|S_M(\omega)\rangle = \frac{1}{\sqrt{M}} \sum_{y=0}^{M-1} e^{2\pi i\omega y} |y\rangle \tag{6.129}$$

则对 $0 \leqslant x \leqslant M-1$，有

$$F_M|x\rangle = |S_M(x/M)\rangle \tag{6.130}$$

定义 6.11 对任意实数 ω_0 与 ω_1，令

$$d(\omega_0,\omega_1) = \min_{z\in\mathbb{Z}}\{|z + \omega_1 - \omega_0|\} \tag{6.131}$$

接着有如下引理。

引理 6.1 对 $0 \leqslant \omega_0 < 1$ 与 $0 \leqslant \omega_1 < 1$，令 $\Delta = d(\omega_0,\omega_1)$。若 $\Delta = 0$，则

$$|\langle S_M(\omega_0)|S_M(\omega_1)\rangle|^2 = 1 \tag{6.132}$$

否则

$$|\langle S_M(\omega_0)|S_M(\omega_1)\rangle|^2 = \frac{\sin^2(M\Delta\pi)}{M^2\sin^2(\Delta\pi)} \tag{6.133}$$

证明

$$|\langle S_M(\omega_0)|S_M(\omega_1)\rangle|^2 = \left|\left(\frac{1}{\sqrt{M}}\sum_{y=0}^{M-1}e^{-2\pi i\omega_0 y}\langle y|\right)\left(\frac{1}{\sqrt{M}}\sum_{y=0}^{M-1}e^{2\pi i\omega_1 y}|y\rangle\right)\right|^2 \tag{6.134}$$

$$= \frac{1}{M^2}\left|\sum_{y=0}^{M-1}e^{2\pi i(\omega_1-\omega_0)y}\right|^2 \tag{6.135}$$

首先我们知道 $-1 < \omega_1 - \omega_0 < 1$。因为

$$\Delta = d(\omega_0,\omega_1) = \min_{z\in\mathbb{Z}}\{|z + \omega_1 - \omega_0|\} \tag{6.136}$$

所以当 $-1 < \omega_1 - \omega_0 < -\dfrac{1}{2}$ 时，有

$$\Delta = \{|1 + \omega_1 - \omega_0|\} = 1 + \omega_1 - \omega_0 \tag{6.137}$$

因而

$$e^{2\pi i(\omega_1-\omega_0)y} = e^{2\pi i(\omega_1-\omega_0)y}e^{2\pi i y} = e^{2\pi i(1+\omega_1-\omega_0)y} = e^{2\pi i\Delta y} \tag{6.138}$$

当 $-\dfrac{1}{2} \leqslant \omega_1 - \omega_0 < 0$ 时，有 $\Delta = \{|0 + \omega_1 - \omega_0|\} = \omega_0 - \omega_1$。因此，

$$\left| \sum_{y=0}^{M-1} \mathrm{e}^{2\pi i(\omega_1 - \omega_0)y} \right|^2 = \left(\sum_{y=0}^{M-1} \mathrm{e}^{-2\pi i(\omega_1 - \omega_0)y} \right) \left(\sum_{y=0}^{M-1} \mathrm{e}^{2\pi i(\omega_1 - \omega_0)y} \right) \tag{6.139}$$

$$= \left(\sum_{y=0}^{M-1} \mathrm{e}^{2\pi i \Delta y} \right) \left(\sum_{y=0}^{M-1} \mathrm{e}^{-2\pi i \Delta y} \right) \tag{6.140}$$

$$= \left| \sum_{y=0}^{M-1} \mathrm{e}^{2\pi i \Delta y} \right|^2 \tag{6.141}$$

当 $0 \leqslant \omega_1 - \omega_0 < \dfrac{1}{2}$ 时，有

$$\Delta = \{|0 + \omega_1 - \omega_0|\} = \omega_1 - \omega_0 \tag{6.142}$$

因而

$$\mathrm{e}^{2\pi i(\omega_1 - \omega_0)y} = \mathrm{e}^{2\pi i \Delta y} \tag{6.143}$$

当 $\dfrac{1}{2} \leqslant \omega_1 - \omega_0 < 1$ 时，有

$$\Delta = \{|-1 + \omega_1 - \omega_0|\} = 1 - \omega_1 + \omega_0 \tag{6.144}$$

故

$$\left| \sum_{y=0}^{M-1} \mathrm{e}^{2\pi i(\omega_1 - \omega_0)y} \right|^2 = \left(\sum_{y=0}^{M-1} \mathrm{e}^{-2\pi i(\omega_0 - \omega_1)y} \right) \left(\sum_{y=0}^{M-1} \mathrm{e}^{2\pi i(\omega_0 - \omega_1)y} \right) \tag{6.145}$$

$$= \left| \sum_{y=0}^{M-1} \mathrm{e}^{2\pi i(\omega_0 - \omega_1)y} \right|^2 \tag{6.146}$$

$$= \left| \sum_{y=0}^{M-1} \mathrm{e}^{2\pi i(1 - \omega_1 + \omega_0)y} \right|^2 \tag{6.147}$$

$$= \left| \sum_{y=0}^{M-1} \mathrm{e}^{2\pi i \Delta y} \right|^2 \tag{6.148}$$

综上各种情形，有

$$|\langle S_M(\omega_0)|S_M(\omega_1)\rangle|^2 = \frac{1}{M^2}\left|\sum_{y=0}^{M-1}\mathrm{e}^{2\pi i(\omega_1-\omega_0)y}\right|^2 \tag{6.149}$$

$$= \frac{1}{M^2}\left|\sum_{y=0}^{M-1}\mathrm{e}^{2\pi i\Delta y}\right|^2 \tag{6.150}$$

$$= \begin{cases} 1, & \Delta = 0 \\ \dfrac{\sin^2(M\Delta\pi)}{M^2\sin^2(\Delta\pi)}, & \Delta \neq 0 \end{cases} \tag{6.151}$$

引理证毕。   □

设 ω 为实数且 $0 \leqslant \omega < 1$，M 为正整数，x 为整数且 $0 \leqslant x < M$，k 为大于 1 的整数。

令

$$\Delta_x = d\left(\omega, \frac{x}{M}\right) = \min_{z\in\mathbb{Z}}\left\{\left|z + \frac{x}{M} - \omega\right|\right\} \tag{6.152}$$

对于任意 x，设 $z_x \in \mathbb{Z}$ 使得

$$\Delta_x = \left|z_x + \frac{x}{M} - \omega\right| \tag{6.153}$$

有以下引理。

引理 6.2   令 $S_1 = \left\{x\middle|z_x + \dfrac{x}{M} - \omega > \dfrac{k}{M}\right\}$，则对于任意 x_1、$x_2 \in S_1$ 且 $x_1 \neq x_2$，存在 $t_{(x_1,x_2)} \in \mathbb{Z}\backslash\{0\}$，使得 $\Delta_{x_1} - \Delta_{x_2} = \dfrac{1}{M} \cdot t_{(x_1,x_2)}$。令 $S_2 = \left\{x\middle| -\left(z_x + \dfrac{x}{M} - \omega\right) > \dfrac{k}{M}\right\}$，则对于任意 x'_1、$x'_2 \in S_2$ 且 $x'_1 \neq x'_2$，存在 $t'_{(x'_1,x'_2)} \in \mathbb{Z}\backslash\{0\}$，使得 $\Delta_{x'_1} - \Delta_{x'_2} = \dfrac{1}{M} \cdot t'_{(x'_1,x'_2)}$。

证明   对于任意 x_1、$x_2 \in S_1$ 且 $x_1 \neq x_2$，有

$$\Delta_{x_1} - \Delta_{x_2} = \left(z_{x_1} + \frac{x_1}{M} - \omega\right) - \left(z_{x_2} + \frac{x_2}{M} - \omega\right) \tag{6.154}$$

$$= \frac{1}{M} \cdot (M(z_{x_1} - z_{x_2}) + x_1 - x_2) \tag{6.155}$$

由于 $-(M-1) \leqslant x_1 - x_2 \leqslant (M-1)$ 且 $x_1 - x_2 \neq 0$, $z_{x_1} - z_{x_2} \in \mathbb{Z}$, 所以 $M(z_{x_1} - z_{x_2}) + x_1 - x_2$ 为非零整数。令 $t_{(x_1, x_2)} = M(z_{x_1} - z_{x_2}) + x_1 - x_2$, 即得 $\Delta_{x_1} - \Delta_{x_2} = \frac{1}{M} \cdot t_{(x_1, x_2)}$。同理可得，对于任意 x_1'、$x_2' \in S_2$ 且 $x_1' \neq x_2'$, 存在 $t_{(x_1', x_2')}' \in \mathbb{Z} \backslash \{0\}$, 使得 $\Delta_{x_1'} - \Delta_{x_2'} = \frac{1}{M} \cdot t_{(x_1', x_2')}'$。 $\qquad\square$

进一步，给出以下定理并证明。

定理 6.11　令 X 为与在计算基下测量 $F_M^{-1}|S_M(\omega)\rangle$ 得到的测量结果相关的离散随机变量。若 $M\omega$ 为整数，则 $\Pr(X = M\omega) = 1$; 否则，

$$\Pr(X = x) = \frac{\sin^2(M\Delta_x \pi)}{M^2 \sin^2(\Delta_x \pi)} \leqslant \frac{1}{(2M\Delta_x)^2} \tag{6.156}$$

其中 $0 \leqslant \omega < 1$, M 为正整数，x 为整数且满足 $0 \leqslant x \leqslant M-1$。对任意 $k > 1$, 有

$$\Pr(d(X/M, \omega) \leqslant k/M) \geqslant 1 - \frac{1}{2(k-1)} \tag{6.157}$$

当 $k = 1$, $M \geqslant 2$, 有

$$\Pr(d(X/M, \omega) \leqslant 1/M) \geqslant \frac{8}{\pi^2} \tag{6.158}$$

证明　首先，

$$\Pr(X = x) = |\langle x|F^{-1}|S_M(\omega)\rangle|^2 \tag{6.159}$$

$$= |(F|x\rangle)^\dagger |S_M(\omega)\rangle|^2 \tag{6.160}$$

$$= |\langle S_M(x/M)|S_M(\omega)\rangle|^2 \tag{6.161}$$

利用引理 6.1 即可得到该定理第一部分。

实际上，若 $M\omega$ 为整数，有

$$\Pr(X = M\omega) = |\langle S_M(M\omega/M)|S_M(\omega)\rangle|^2 \tag{6.162}$$

$$= |\langle S_M(\omega)|S_M(\omega)\rangle|^2 \tag{6.163}$$

$$= 1 \tag{6.164}$$

若 $M\omega$ 不为整数，由于 $0 \leqslant \omega < 1$，而 M 为正整数，x 为整数且满足 $0 \leqslant x \leqslant M - 1$，所以可得 $0 < \Delta_x \leqslant \dfrac{1}{2}$。

由于 $\sin^2(M\Delta_x\pi) \leqslant 1$，所以有

$$\Pr(X = x) = \frac{\sin^2(M\Delta_x\pi)}{M^2\sin^2(\Delta_x\pi)} \leqslant \frac{1}{M^2\sin^2(\Delta_x\pi)} \tag{6.165}$$

根据不等式 $\sin\left(\dfrac{\pi}{2}t\right) \geqslant t$，其中 $0 < t \leqslant 1$，且令 $\Delta_x = \dfrac{t}{2}$，则可得 $\sin(\pi\Delta_x) \geqslant 2\Delta_x$，其中 $0 < \Delta_x \leqslant \dfrac{1}{2}$。因此

$$\Pr(X = x) \leqslant \frac{1}{M^2\sin^2(\Delta_x\pi)} \leqslant \frac{1}{(2M\Delta_x)^2} \tag{6.166}$$

以下进一步利用不等式 (6.166) 证明定理剩余部分。

记

$$A = \left\{x \,\middle|\, \Delta_x > \frac{k}{M}\right\} \tag{6.167}$$

$$S_1 = \left\{x \,\middle|\, z_x + \frac{x}{M} - \omega > \frac{k}{M}\right\} \tag{6.168}$$

$$S_2 = \left\{x \,\middle|\, -\left(z_x + \frac{x}{M} - \omega\right) > \frac{k}{M}\right\} \tag{6.169}$$

则有

$$\Pr(d(X/M, \omega) \leqslant k/M) \tag{6.170}$$

$$= 1 - \Pr(d(X/M, \omega) > k/M) \tag{6.171}$$

$$= 1 - \sum_{x \in A} \Pr(X = x) \tag{6.172}$$

$$= 1 - \left(\sum_{x \in S_1} \Pr(X = x) + \sum_{x \in S_2} \Pr(X = x)\right) \tag{6.173}$$

$$\geqslant 1 - \left(\sum_{x \in S_1} \frac{1}{(2M\Delta_x)^2} + \sum_{x \in S_2} \frac{1}{(2M(\Delta_x))^2} \right) \tag{6.174}$$

$$\geqslant 1 - \left(\sum_{j=k}^{\infty} \frac{1}{4M^2 \left(\dfrac{j}{M} \right)^2} + \sum_{j=k}^{\infty} \frac{1}{4M^2 \left(\dfrac{j}{M} \right)^2} \right) \tag{6.175}$$

$$\geqslant 1 - 2 \sum_{j=k}^{\infty} \frac{1}{4M^2 \left(\dfrac{j}{M} \right)^2} \tag{6.176}$$

$$= 1 - \sum_{j=k}^{\infty} \frac{1}{2j^2} \tag{6.177}$$

$$\geqslant 1 - \sum_{j=k}^{\infty} \frac{1}{2j(j-1)} \tag{6.178}$$

$$= 1 - \sum_{j=k}^{\infty} \left(\frac{1}{2(j-1)} - \frac{1}{2j} \right) \tag{6.179}$$

$$= 1 - \frac{1}{2(k-1)} \tag{6.180}$$

以下证明定理最后一部分。因为 $M\omega$ 不为整数，所以可设 $M\omega = \lfloor M\omega \rfloor + \epsilon_1 = \lceil M\omega \rceil - \epsilon_2$，其中 $0 < \epsilon_1 < 1$，$0 < \epsilon_2 < 1$ 且 $\epsilon_1 + \epsilon_2 = 1$。

当 $X = \lfloor M\omega \rfloor = M\omega - \epsilon_1$，有

$$d(X/M, \omega) = \min_{z \in \mathbb{Z}} \left\{ \left| z + \omega - \frac{X}{M} \right| \right\} \tag{6.181}$$

$$= \min_{z \in \mathbb{Z}} \left\{ \left| z + \omega - \frac{M\omega - \epsilon_1}{M} \right| \right\} \tag{6.182}$$

$$= \min_{z \in \mathbb{Z}} \left\{ \left| z + \frac{\epsilon_1}{M} \right| \right\} \tag{6.183}$$

因为 $M \geqslant 2$，$0 < \epsilon_1 < 1$，所以 $0 < \dfrac{\epsilon}{M} < \dfrac{1}{2}$。因此

$$\min_{z \in \mathbb{Z}} \left\{ \left| z + \frac{\epsilon_1}{M} \right| \right\} = \left| 0 + \frac{\epsilon_1}{M} \right| = \frac{\epsilon_1}{M} \leqslant \frac{1}{M} \tag{6.184}$$

同理可得，当 $X = \lceil M\omega \rceil = M\omega + \epsilon_2$，有 $d(X/M, \omega) \leqslant 1/M$；当 $X = \lfloor M\omega \rfloor - l$ 或 $X = \lceil M\omega \rceil + l$，有 $d(X/M, \omega) > 1/M$，其中 l 为正整数。可见，

$$\Pr(d(X/M, \omega) \leqslant 1/M) = \Pr(X = \lfloor M\omega \rfloor) + \Pr(X = \lceil M\omega \rceil) \tag{6.185}$$

令 $\Delta' = d\left(\dfrac{\lfloor M\omega \rfloor}{M}, \omega\right)$，因为

$$d\left(\frac{\lfloor M\omega \rfloor}{M}, \omega\right) + d\left(\frac{\lceil M\omega \rceil}{M}, \omega\right) = \frac{\epsilon_1 + \epsilon}{M} = \frac{1}{M} \tag{6.186}$$

所以有

$$\Pr(d(X/M, \omega) \leqslant 1/M) = \Pr(X = \lfloor M\omega \rfloor) + \Pr(X = \lceil M\omega \rceil) \tag{6.187}$$

$$= \frac{\sin^2(M\Delta'\pi)}{M^2 \sin^2(\Delta'\pi)} + \frac{\sin^2\left(M\left(\dfrac{1}{M} - \Delta'\right)\pi\right)}{M^2 \sin^2\left(\left(\dfrac{1}{M} - \Delta'\right)\pi\right)} \tag{6.188}$$

其中 $0 \leqslant \Delta' \leqslant 1/M$。

设

$$f(\Delta') = \frac{\sin^2(M\Delta'\pi)}{M^2 \sin^2(\Delta'\pi)} + \frac{\sin^2\left(M\left(\dfrac{1}{M} - \Delta'\right)\pi\right)}{M^2 \sin^2\left(\left(\dfrac{1}{M} - \Delta'\right)\pi\right)} \tag{6.189}$$

可求得当 $0 < \Delta' < \dfrac{1}{2M}$，有

$$f'(\Delta') < 0 \tag{6.190}$$

当 $\Delta' = \dfrac{1}{2M}$，有

$$f'(\Delta') = 0 \tag{6.191}$$

当 $\dfrac{1}{2M} < \Delta' < \dfrac{1}{M}$，有

$$f'(\Delta') > 0 \tag{6.192}$$

因而 $f(\Delta')$ 在 $\left(0, \dfrac{1}{M}\right)$ 上的最小值为 $f\left(\dfrac{1}{2M}\right)$。

因此，有

$$\Pr(d(X/M, \omega) \leqslant 1/M) \tag{6.193}$$

$$= \frac{\sin^2(M\Delta'\pi)}{M^2 \sin^2(\Delta'\pi)} + \frac{\sin^2\left(M\left(\frac{1}{M} - \Delta'\right)\pi\right)}{M^2 \sin^2\left(\left(\frac{1}{M} - \Delta'\right)\pi\right)} \tag{6.194}$$

$$\geqslant \frac{\sin^2\left(\frac{\pi}{2}\right)}{M^2 \sin^2\left(\frac{\pi}{2M}\right)} + \frac{\sin^2\left(\frac{\pi}{2}\right)}{M^2 \sin^2\left(\frac{\pi}{2M}\right)} \tag{6.195}$$

$$\geqslant \frac{4}{\pi^2} + \frac{4}{\pi^2} \tag{6.196}$$

$$= \frac{8}{\pi^2} \tag{6.197}$$

定理证毕。 □

定理 6.11 更为精确地定量说明了量子相位估计可以以较高的概率估计出较为接近 ω 的 $\frac{X}{M}$。

6.10 Shor 因数分解算法

Shor 算法由 Peter Shor[14] 在 1994 年提出。Shor 算法在因数分解问题与求离散对数问题上比已知最好的经典算法在时间复杂度上有指数级加速，这是量子计算历史上最重要的进展之一。本节将介绍 Shor 量子因数分解算法。

Shor 算法因为其对当今广泛使用的 RSA 密码系统提出了挑战而闻名。RSA 密码系统是一种公钥密码系统，在信息安全领域中被广泛用于加密信息与数字认证。RSA 的安全性基于计算机很难对大整数进行因数分解。也就是说，目前还没有已知的经典算法能以关于 n 的多项式时间对 n 位整数进行因数分解。如果找到了能以关于 n 的多项式时间对 n 位整数进行因数分解的算法，那么 RSA 安全性的根基将被动摇，对当今广泛使用 RSA 算法的政府部门和工业界的信息安全造成严重威胁。因此，Shor 设计的能够高效分解大整数的量子算法引起了人们对量子计算的极大兴趣，也激发了各国政府和工业界探寻量子计算的潜力。同时，Shor 算法也促进了人们对后量子密码学的研究。

在介绍 Shor 算法之前，我们先介绍 Shor 算法所涉及的一些数论的基础知识。

设 a，b，N 为整数且 $N \geqslant 1$，将 a 与 b 模 N 后的余数相等记为 $a \equiv b \pmod{N}$，表示 $N|(a-b)$。

记 $\mathbb{Z}_N^* = \{a \in \mathbb{Z}_N | \gcd(a, N) = 1\}$，其中 $\mathbb{Z}_N = \{0, 1, \cdots, N-1\}$。

欧拉函数定义为 $\varphi(N) = |\mathbb{Z}_N^*|$。

事实上，对任意 $a \in \mathbb{Z}_N^*$，存在唯一元素 $b \in \mathbb{Z}_N^*$ 使得 $ab \equiv 1 \pmod{N}$，b 称为 a 在模 N 意义下的逆元，为方便将其记为 $a^{-1} \pmod{N}$。

定理 6.12（欧拉定理） 对任意整数 $a > 0$ 和 $N \geqslant 2$，当 $\gcd(a, N) = 1$ 时，有 $a^{\varphi(N)} \equiv 1 \pmod{N}$。

对任意 $a \in \mathbb{Z}_N^*$，a 在 $\mathbb{Z}_N^*$ 中的阶是满足 $a^r \equiv 1 \pmod{N}$ 的最小正整数 r。根据欧拉定理，可知对任意 $a \in \mathbb{Z}_N^*$ 都存在阶，且 a 的阶是 $\varphi(N)$ 的约数。

阶问题是因数分解问题中的一个关键问题，下面先介绍阶问题。

定义 6.12 阶问题：

输入：正整数 $N \geqslant 2$ 及 $a \in \mathbb{Z}_N^*$。

输出：a 在 $\mathbb{Z}_N^*$ 中的阶，即满足 $a^r \equiv 1 \pmod{N}$ 的最小正整数 r。

目前已知求解阶问题最快的经典算法的时间复杂度是关于 $\log(N)$（N 的位数）的指数时间。一种直观的经典算法是逐个计算 a 的幂模 N，直至得到 1，其时间复杂度为 $O(N)$，为关于 $\log(N)$ 的指数时间。

接下来介绍如何利用量子相位估计解决阶问题。

记 $n = \lceil \log(N) \rceil$。对于任意 $a \in \mathbb{Z}_N^*$，定义一个 n 量子比特的变换 M_a 为

$$M_a|x\rangle = |ax \pmod{N}\rangle, \quad x \in \mathbb{Z}_N \tag{6.198}$$

（可定义 $M_a|x\rangle = |x\rangle$，$N \leqslant x < 2^n$）。对任意 $0 \leqslant x < N$，有

$$M_{a^{-1}} M_a|x\rangle = M_{a^{-1}}|ax \pmod{N}\rangle \tag{6.199}$$

$$= |a^{-1}ax \pmod{N}\rangle \tag{6.200}$$

$$= |x \pmod{N}\rangle \tag{6.201}$$

$$= |x\rangle \tag{6.202}$$

对任意 $N \leqslant x < 2^n$，我们有

$$M_{a^{-1}} M_a |x\rangle = M_{a^{-1}} |x\rangle \tag{6.203}$$

$$= |x\rangle \tag{6.204}$$

因此有 $M_{a^{-1}} M_a = I$。

设 r 是 a 在 $\mathbb{Z}_N^*$ 中的阶，则如下 $|\psi_0\rangle$ 为 M_a 的特征向量（为了方便和清晰性，下面等式右边的右矢内部都省略了 $\pmod{N}$）：

$$|\psi_0\rangle = \frac{1}{\sqrt{r}}(|1\rangle + |a\rangle + |a^2\rangle + \cdots + |a^{r-1}\rangle) \tag{6.205}$$

事实上，

$$M_a|\psi_0\rangle = M_a\left(\frac{1}{\sqrt{r}}(|1\rangle + |a\rangle + |a^2\rangle + \cdots + |a^{r-1}\rangle)\right) \tag{6.206}$$

$$= \frac{1}{\sqrt{r}}(M_a|1\rangle + M_a|a\rangle + M_a|a^2\rangle + \cdots + M_a|a^{r-1}\rangle) \tag{6.207}$$

$$= \frac{1}{\sqrt{r}}(|a\rangle + |a^2\rangle + |a^3\rangle + \cdots + |a^r\rangle) \tag{6.208}$$

$$= \frac{1}{\sqrt{r}}(|a\rangle + |a^2\rangle + \cdots + |a^{r-1}\rangle + |1\rangle) \tag{6.209}$$

$$= |\psi_0\rangle \tag{6.210}$$

可见 $|\psi_0\rangle$ 为 M_a 的特征向量，对应特征值为 1。

令

$$|\psi_1\rangle = \frac{1}{\sqrt{r}}(|1\rangle + \omega_r^{-1}|a\rangle + \omega_r^{-2}|a^2\rangle + \cdots + \omega_r^{-(r-1)}|a^{r-1}\rangle) \tag{6.211}$$

其中 $\omega_r = \mathrm{e}^{2\pi i/r}$，则有

$$M_a|\psi_1\rangle = \omega_r|\psi_1\rangle \tag{6.212}$$

一般地，$\forall 0 \leqslant j < r$，令

$$|\psi_j\rangle = \frac{1}{\sqrt{r}}(|1\rangle + \omega_r^{-j}|a\rangle + \omega_r^{-2j}|a^2\rangle + \cdots + \omega_r^{-j(r-1)}|a^{r-1}\rangle) \tag{6.213}$$

$$= \frac{1}{\sqrt{r}}\sum_{k=0}^{r-1}\omega_r^{-jk}|a^k\rangle \tag{6.214}$$

有

$$M_a|\psi_j\rangle = \omega_r^j|\psi_j\rangle \tag{6.215}$$

由于 r 未知，所以 $|\psi_j\rangle$ $(0 \leqslant j < r)$ 并不知道，但是注意到：

$$|1\rangle \equiv \frac{1}{\sqrt{r}}\sum_{k=0}^{r-1}|\psi_k\rangle \tag{6.216}$$

这样利用量子相位估计算法，我们有求阶的量子电路如图 6.12 所示。

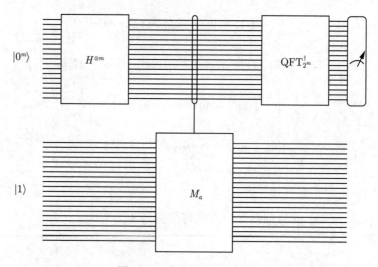

图 6.12　求阶的量子电路图

求阶算法的具体步骤如下。

分析上述求阶算法第（4）步到第（6）步的量子态如下。

$$|\psi_1\rangle = (H^{\otimes m} \otimes I)|0^m\rangle|1\rangle \tag{6.217}$$

$$= \frac{1}{\sqrt{2^m}} \sum_{l=0}^{2^m-1} |l\rangle|1\rangle \tag{6.218}$$

$$|\psi_2\rangle = \Lambda_m(M_a)|\Phi_1\rangle \tag{6.219}$$

$$= \frac{1}{\sqrt{2^m}} \sum_{l=0}^{2^m-1} |l\rangle M_a^l|1\rangle \tag{6.220}$$

$$= \frac{1}{\sqrt{2^m}} \sum_{l=0}^{2^m-1} |l\rangle M_a^l \left(\frac{1}{\sqrt{r}} \sum_{k=0}^{r-1} |\psi_k\rangle \right) \tag{6.221}$$

$$= \frac{1}{\sqrt{2^m}} \sum_{l=0}^{2^m-1} |l\rangle \frac{1}{\sqrt{r}} \sum_{k=0}^{r-1} M_a^l|\psi_k\rangle \tag{6.222}$$

$$= \frac{1}{\sqrt{2^m}} \sum_{l=0}^{2^m-1} |l\rangle \frac{1}{\sqrt{r}} \sum_{k=0}^{r-1} w_r^{kl}|\psi_k\rangle \tag{6.223}$$

$$= \frac{1}{\sqrt{2^m}} \sum_{l=0}^{2^m-1} |l\rangle \frac{1}{\sqrt{r}} \sum_{k=0}^{r-1} \mathrm{e}^{\frac{2\pi i k l}{r}}|\psi_k\rangle \tag{6.224}$$

$$= \frac{1}{\sqrt{r}} \sum_{k=0}^{r-1} \left(\frac{1}{\sqrt{2^m}} \sum_{l=0}^{2^m-1} \mathrm{e}^{\frac{2\pi i k l}{r}}|l\rangle \right) |\psi_k\rangle \tag{6.225}$$

$$|\psi_3\rangle = (\mathrm{QFT}_{2^m}^\dagger \otimes I)|\Phi_2\rangle \tag{6.226}$$

$$= \frac{1}{\sqrt{r}} \sum_{k=0}^{r-1} \left(\mathrm{QFT}_{2^m}^\dagger \left(\frac{1}{\sqrt{2^m}} \sum_{l=0}^{2^m-1} \mathrm{e}^{\frac{2\pi i k l}{r}}|l\rangle \right) \right) (I|\psi_k\rangle) \tag{6.227}$$

$$= \frac{1}{\sqrt{r}} \sum_{k=0}^{r-1} \left(\frac{1}{\sqrt{2^m}} \sum_{l=0}^{2^m-1} \mathrm{e}^{\frac{2\pi i k l}{r}} \left(\mathrm{QFT}_{2^m}^\dagger|l\rangle \right) \right) |\psi_k\rangle \tag{6.228}$$

$$= \frac{1}{\sqrt{r}} \sum_{k=0}^{r-1} \left(\frac{1}{\sqrt{2^m}} \sum_{l=0}^{2^m-1} \mathrm{e}^{\frac{2\pi i k l}{r}} \left(\frac{1}{\sqrt{2^m}} \sum_{j=0}^{2^m-1} \mathrm{e}^{-\frac{2\pi i l j}{2^m}}|j\rangle \right) \right) |\psi_k\rangle \tag{6.229}$$

$$= \frac{1}{\sqrt{r}} \sum_{k=0}^{r-1} \left(\frac{1}{2^m} \sum_{j=0}^{2^m-1} \sum_{l=0}^{2^m-1} \mathrm{e}^{2\pi i l \left(\frac{k}{r} - \frac{j}{2^m} \right)}|j\rangle \right) |\psi_k\rangle \tag{6.230}$$

算法 6.5: 求阶算法

输入: 合数 $N \geqslant 2$, 满足 $\gcd(a, N) = 1$ 的正整数 a, $m = \lceil 2\log(N) \rceil + 1$。

输出: a 在模 N 意义下的阶 r。

(1) 设置 $i = 1$。

(2) 制备初始态 $|\psi_0\rangle = |0^m\rangle|1\rangle$。

(3) $|\psi_1\rangle = (H^{\otimes m} \otimes I)|\psi_0\rangle$。

(4) $|\psi_2\rangle = \Lambda_m(M_a)|\psi_1\rangle$。

(5) $|\psi_3\rangle = (\mathrm{QFT}_{2^m}^\dagger \otimes I)|\psi_2\rangle$。

(6) 测量 $|\psi_3\rangle$ 的第一个寄存器, 得到 j_i。

(7) 使用连分数算法求出两个整数 x_i 与 y_i, 满足 $\left| \dfrac{x_i}{y_i} - \dfrac{j_i}{2^m} \right|$。若连分数算法找不到满足要求的整数 x_i 与 y_i, 则跳转到第（3）步。

(8) 计算 $r = \mathrm{lcm}(y_1, y_2, \ldots, y_i)$。

(9) 验证 $a^r \bmod N$ 是否为 1, 如果是则输出 r, 算法结束; 否则令 i 增加 1 并跳转到第（3）步。

求阶算法第（7）步, 测量第一个寄存器得到

$$\frac{j}{2^m} \approx \frac{k}{r} \quad (k \in \{0, 1, \cdots, r-1\}) \tag{6.231}$$

更准确地说, 第（7）步测得 j 的概率为

$$p_j = \frac{1}{r} \sum_{k=0}^{r-1} \left| \frac{1}{2^m} \sum_{l=0}^{2^m-1} \mathrm{e}^{2\pi i l(k/r - j/2^m)} \right|^2 \tag{6.232}$$

直观理解, 求阶算法随机选取一个 $k \in \{0, 1, \cdots, r-1\}$, 然后返回 $\dfrac{k}{r}$ 的近似值 $\dfrac{j}{2^m}$。

根据连分数算法, 对任意 $\alpha \in (0, 1)$ 及 $N \geqslant 2$, 存在最多一个分数 $\dfrac{x}{y}$ 满足 $0 \leqslant x$, $y < N$, $y \neq 0$, $\gcd(x, y) = 1$ 以及 $\left| \alpha - \dfrac{x}{y} \right| \leqslant \dfrac{1}{2N^2}$。连分数算法的时间复杂度为 $O((\log N)^3)$。

因此在求阶算法第（7）步测量后, 可以使用连分数算法找出 $\dfrac{x}{y}$, 满足 $0 \leqslant x$, $y < 2^m$, $y \neq 0$, $\gcd(x, y) = 1$, 且

$$\left| \frac{j}{2^m} - \frac{x}{y} \right| \leqslant \frac{1}{2^m} \leqslant \frac{1}{2N^2} \leqslant \frac{1}{2r^2} \tag{6.233}$$

这样我们可以得到 $\dfrac{k}{r}$ 约分后的值 $\dfrac{x}{y}$。

若 $\gcd(k,r) > 1$，虽然此时没有求得真正的 r，但可以知道 r 为 y 的倍数。可见，假设重复 T 次后得 $y_1, y_2, \cdots, y_T$，则 r 均为它们的倍数。根据数论相关知识，取 $y_1, y_2, \cdots, y_T$ 的最小公倍数，则可以以高概率得到 r。

因数分解问题的关键在于求阶问题。根据上述量子求阶算法，可以给出 Shor 因数分解算法。

算法 6.6: Shor 因数分解算法

输入: 合数 $N \geqslant 2$ $(N = p_1^{k_1} \cdots p_m^{k_m})$。

输出: N 的因子分解 u 和 v $(N = uv,\ u > 1,\ v > 1)$。

(1) 循环

(2)   任取 $a \in \{2, \cdots, N-1\}$。

(3)   计算 $d = \gcd(a, N)$。

(4)   如果 $d \geqslant 2$，那么

(5)   返回 $u = d$ 和 $v = N/d$。

(6)   否则

(7)   求 a 在 $\mathbb{Z}_N^*$ 中的阶 r。

(8)   如果 r 是偶数，那么

(9)   计算 $x = a^{\frac{r}{2}} - 1 \pmod{N}$。

(10)   计算 $d = \gcd(x, N)$。

(11)   如果 $d \geqslant 2$，那么

(12)   返回 $u = d$ 及 $v = N/d$。

(13) 直到完成。

注 6.3 r 是偶数且 N 不整除 $a^{\frac{r}{2}} + 1$ 的概率至少是 $\dfrac{1}{2}$。

习　　题

6.18 证明：任意 $a \in \mathbb{Z}_N^*$，存在唯一 $b \in \mathbb{Z}_N^*$，使得 $ab \equiv 1 \pmod{N}$。

6.19 求出 3 模 7 的阶，并计算 $3^{2021} \pmod 7$。

6.20 求出 5 $\pmod{21}$ 的阶。

6.21 对任意 $a \in \mathbb{Z}_N^*$，定义一个 n 量子比特的变换 M_a 为

$$M_a|x\rangle = |ax \pmod{N}\rangle,\ x \in \mathbb{Z}_N$$

$$M_a|x\rangle = |x \ (\mathrm{mod}\ N)\rangle, \quad N \leqslant x < 2^n$$

证明 M_a 为酉算子。

6.22　证明：$|1\rangle = \dfrac{1}{\sqrt{r}}\displaystyle\sum_{k=0}^{r-1}|\psi_k\rangle$。

6.23　证明：对任意 $0 \leqslant j < r$，$M_a|\psi_j\rangle = \omega_r^j|\psi_j\rangle$。

6.11　Shor 离散对数算法

Shor 因数分解算法对安全性基于大数分解问题困难性的 RSA 算法造成了巨大的威胁，但并不是所有的公钥密码算法都依赖于大数分解问题求解的困难性。目前使用的不少公钥密码算法的安全性基于在有限域上的乘法群中或者椭圆曲线上点的加法群中求解离散对数问题的困难性。Shor[14] 同时也设计了一种可以在 $\mathbb{Z}_N^*$ 中高效求解离散对数的量子算法，该算法也可以被进一步推广来求解其他群中的离散对数问题。

本节先描述 $\mathbb{Z}_N^*$ 中的离散对数问题。假设已知 $\mathbb{Z}_N^*$ 中的两个数 a、b 以及 a 的阶 r，其中 b 满足 $b = a^t(\mathrm{mod}\ N)$，而 t 是 $\{0,1,\cdots,r-1\}$ 中的一个未知整数。离散对数问题要求我们将整数 t 找出来。

常见的求解离散对数问题的经典算法为大步小步算法，该算法求解上述 $\mathbb{Z}_N^*$ 中的离散对数问题的时间复杂度为 $O(\sqrt{N})$，这是关于 N 的数位长度的指数时间复杂度。

下面开始介绍求解上述离散对数问题的量子算法。令 $m = \lceil \log_2(r) + 1 \rceil$。我们可以沿用 6.10 节中的记号，定义 M_a 为实现下列操作的酉算子：

$$M_a : |s\rangle \to |sa \ (\mathrm{mod}\ N)\rangle, 0 \leqslant s < N \tag{6.234}$$

同时定义 M_b 为实现下列操作的酉算子：

$$M_b : |s\rangle \to |sb \ (\mathrm{mod}\ N)\rangle, 0 \leqslant s < N \tag{6.235}$$

为了算法分析的方便与清晰性，假设 r 为质数。通过一些更复杂的分析，可以验证 Shor 离散对数算法事实上也适用于 r 为合数的情形。

可以验证，6.10 节定义的 $|\psi_j\rangle = \frac{1}{\sqrt{r}}\sum_{k=0}^{r-1}\omega_r^{-jk}|a^k\rangle$ 同时是 M_a 和 M_b 的特征向量，对应的特征值分别为 $\omega_r^j = \mathrm{e}^{2\pi i\frac{j}{r}}$ 和 $\omega_r^{jt} = \mathrm{e}^{2\pi i\frac{jt}{r}}$。

Shor 离散对数算法的关键思想是：应用两次量子相位估计算法，将 $\frac{j}{r}$ 和 $\frac{jt\ (\mathrm{mod}\ r)}{r}$ 足够精确地估计出来。由于我们已经知道了 r，因此与 6.10 节的情形不同，不需要使用连分数算法，在估计的相位误差最多不超过 $\frac{1}{2r}$ 的情况下，就可以将 $\frac{j}{r}$ 和 $\frac{jt\ (\mathrm{mod}\ r)}{r}$ 求出来。

不难发现，求出来的 j 等于 0 的概率为 $\frac{1}{r}$。在 j 不等于 0 的情况下，j 模 p 的乘法逆元一定存在，因此可以通过下面等式求出 t：

$$t = j^{-1}jt\ (\mathrm{mod}\ r) = (j\ (\mathrm{mod}\ r))^{-1}(jt\ (\mathrm{mod}\ r))(\mathrm{mod}\ r) \tag{6.236}$$

图 6.13 的电路将输入态 $|0\rangle^{\otimes m}|0\rangle^{\otimes m}|\psi_j\rangle$ 映射为输出态 $\left|\frac{\tilde{j}}{r}\right\rangle\left|\frac{\tilde{jt}}{r}\right\rangle|\psi_j\rangle$。因此当输入态为 $|0\rangle^{\otimes m}|0\rangle^{\otimes m}|1\rangle = |0\rangle^{\otimes m}|0\rangle^{\otimes m}\left(\frac{1}{r}\sum_{j=0}^{r-1}|\psi_j\rangle\right)$ 时，电路的输出态为：

$$\frac{1}{r}\sum_{j=0}^{r-1}\left|\frac{\tilde{j}}{r}\right\rangle\left|\frac{\tilde{jt}}{r}\right\rangle|\psi_j\rangle \tag{6.237}$$

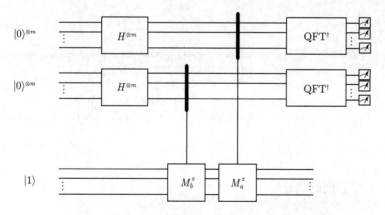

图 6.13　Shor 离散对数算法的量子电路图

根据量子相位估计，记第一个寄存器的测量结果为 x，第二个寄存器的测量结果为 y。由定理 6.11 可知

$$\Pr(d(X/M, \omega) \leqslant 1/M) \geqslant \frac{8}{\pi^2} \tag{6.238}$$

其中 $0 \leqslant \omega < 1$，M 为整数且 $M \geqslant 2$。

令 $X = x$，$M = 2^m$，$\omega = \dfrac{j}{r}$，那么有

$$\Pr\left(d\left(\frac{x}{2^m}, \frac{j}{r}\right) \leqslant \frac{1}{2^m}\right) \geqslant \frac{8}{\pi^2} \tag{6.239}$$

对于 $\left|\dfrac{x}{2^m} - \dfrac{j}{r}\right| \leqslant \dfrac{1}{2^m}$，由于 $m \geqslant 1$，所以有

$$\left|\frac{j}{r} - \frac{x}{2^m}\right| = \left|\frac{x}{2^m} - \frac{j}{r}\right| \leqslant \frac{1}{2^m} \leqslant \frac{1}{2} \tag{6.240}$$

因此，$d\left(\dfrac{x}{2^m}, \dfrac{j}{r}\right) = \min_{z \in \mathbb{Z}}\left\{\left|z + \dfrac{j}{r} - \dfrac{x}{2^m}\right|\right\} = \left|0 + \dfrac{j}{r} - \dfrac{x}{2^m}\right| = \left|\dfrac{x}{2^m} - \dfrac{j}{r}\right|$，所以有

$$\Pr\left(\left|\frac{x}{2^m} - \frac{j}{r}\right| \leqslant \frac{1}{2^m}\right) = \Pr\left(d\left(\frac{x}{2^m}, \frac{j}{r}\right) \leqslant \frac{1}{2^m}\right) \tag{6.241}$$

$$\geqslant \frac{8}{\pi^2} \tag{6.242}$$

同理，可得

$$\Pr\left(\left|\frac{y}{2^m} - \frac{jt \, (\mathrm{mod} \, r)}{r}\right| \leqslant \frac{1}{2^m}\right) \tag{6.243}$$

$$= \Pr\left(d\left(\frac{y}{2^m}, \frac{jt \, (\mathrm{mod} \, r)}{r}\right) \leqslant \frac{1}{2^m}\right) \tag{6.244}$$

$$\geqslant \frac{8}{\pi^2} \tag{6.245}$$

所以 x 和 y 同时满足

$$\left|\frac{x}{2^m} - \frac{j}{r}\right| \leqslant \frac{1}{2^m} \tag{6.246}$$

和

$$\left| \frac{y}{2^m} - \frac{jt \ (\mathrm{mod} \ r)}{r} \right| \leqslant \frac{1}{2^m} \tag{6.247}$$

的概率至少为 $\left(\dfrac{8}{\pi^2} \right)^2$。

在这种情况下有

$$\left| \frac{xr}{2^m} - j \right| \leqslant \frac{r}{2^m} \tag{6.248}$$

和

$$\left| \frac{yr}{2^m} - jt \ (\mathrm{mod} \ r) \right| \leqslant \frac{r}{2^m} \tag{6.249}$$

进一步，因为 $m = \lceil \log_2(r) + 1 \rceil$，所以有 $\dfrac{r}{2^m} \leqslant \dfrac{1}{2}$，这样可以分别将 $\dfrac{xr}{2^m}$ 和 $\dfrac{yr}{2^m}$ 四舍五入取整到最近的整数来获得 j 和 $jt \ (\mathrm{mod} \ r)$，然后利用等式 (6.236) 来 求得 t。

Shor 离散对数算法的步骤描述如下。

算法 6.7: Shor 离散对数算法

  输入：合数 $N \geqslant 2$，满足 $\gcd(a, N) = 1$ 的正整数 a，满足 $b = a^t$ 的正整数 b（t 是未知的整数），a 模 N 的阶 r。

  输出：b 在模 N 意义下以 a 为底的离散对数 t。

(1) 设置 $m = \lceil \log_2(r) + 1 \rceil$。

(2) 制备初始态 $|0^m\rangle|0^m\rangle|1\rangle$。

(3) $|\psi_1\rangle = (H^{\otimes m} \otimes H^{\otimes m} \otimes I)|\psi_0\rangle$。

(4) 以第二个寄存器为控制寄存器，第三个寄存器为目标寄存器，对 $|\psi_1\rangle$ 实施 $\Lambda_m(M_b)$ 门，得到 $|\psi_2\rangle$。

(5) 以第一个寄存器为控制寄存器，第三个寄存器为目标寄存器，对 $|\psi_2\rangle$ 实施 $\Lambda_m(M_a)$ 门，得到 $|\psi_3\rangle$。

(6) $|\psi_4\rangle = |\mathrm{QFT}_{2^m}^\dagger \otimes \mathrm{QFT}_{2^m}^\dagger \otimes I)|\psi_3\rangle$。

(7) 测量 $|\psi_4\rangle$ 的前两个寄存器，获得 $\dfrac{j}{r}$ 的估计值 $\dfrac{x}{2^m}$ 与 $\dfrac{jt \ (\mathrm{mod} \ r)}{r}$ 的估计值 $\dfrac{y}{2^m}$ （$j \in \{0, 1, \ldots, r-1\}$）。

(8) 将 $\dfrac{xr}{2^m}$ 和 $\dfrac{yr}{2^m}$ 分别四舍五入得到整数 $\tilde{x}$ 和 $\tilde{y}$。如果 $\tilde{x}$ 为 0，算法失败；否则，计 算 $\tilde{t} = \tilde{y}\tilde{x}^{-1} \mathrm{mod} \ r$。验证如果 $b = a^{\tilde{t}} \mathrm{mod} \ N$，那么算法成功，输出 $\tilde{t}$；否则算 法失败。

Shor 离散对数算法使用到的基本门数量为 $\text{ploy}(\log_2(N))$ 级别，正确率为

$$\frac{r-1}{r}\left(\frac{8}{\pi^2}\right)^2 = \frac{64(r-1)}{\pi^4 r} > 0.657\frac{r-1}{r} \tag{6.250}$$

习　　题

6.24　证明如果酉算子 U 满足 $U^r = I$，那么 U 的特征值必定是 1 的 r 次方根。

6.25　证明等式 (6.235) 中的 M_b 对应于特征向量 $|\psi_j\rangle$ 的特征值为 $\omega_r^{jt} = \mathrm{e}^{2\pi i \frac{jt}{r}}$。

6.12　隐子群算法

本节将进一步介绍隐子群问题与相应的量子算法。之前学习的 Simon 问题、阶问题、离散对数问题都可以被视为隐子群问题的一个特例。下面先给出隐子群问题的定义[15]。

定义 6.13（隐子群问题）　设 $f: G \to X$ 为一个将群 G 映射到一个有限集 X 的函数，且满足存在 G 的子群 S，使得对于任意的 x、$y \in G$，$f(x) = f(y)$ 当且仅当 $xS = yS$。目标是找出子群 S。

我们之前讨论的许多问题与其他的一些问题都可以在隐子群问题的框架下重新叙述如下。

例 6.3　Deutsch 问题：$G = \mathbb{Z}_2$，$X = \{0,1\}$。当 f 是平衡函数时 $S = \{0\}$；当 f 是常值函数时 $S = \{0,1\}$。

例 6.4　广义 Simon 问题：$G = \mathbb{Z}_2^n$，$X = \{0,1\}^n$，S 是 $\mathbb{Z}_2^n$ 的任意一个子群，且 $f(x) = f(y) \Leftrightarrow x \oplus y \in S$。当 $S = \{0, s\}$ 时为 Simon 问题。

例 6.5　求阶问题：$G = \mathbb{Z}$，而 X 为任意一个有限群 H，r 是 $a \in H$ 的阶。需要找到隐含的子群 $S = r\mathbb{Z}$，求出 S 的生成元即可求出 r。

例 6.6　求函数的周期问题：$G = \mathbb{Z}$，而 X 为任意一个集合，r 是函数 f 的周期。需要找到隐含的子群 $S = r\mathbb{Z}$，求出 S 的生成元即可求出 r。

例 6.7　一般群中的离散对数问题：$G = \mathbb{Z}_r \times \mathbb{Z}_r$，而 X 为任意一个有限群 H 并且群 H 中的元素 a 和 b 满足 $a^r = 1$ 且 $b = a^k$。考虑函数 $f(x_1, x_2) = a^{x_1} b^{x_2}$，则有 $f(x_1, x_2) = f(y_1, y_2)$ 当且仅当

$$(x_1, x_2) - (y_1, y_2) \in \{(-tk, t) | t \in \{0, 1, \ldots, r-1\}\} \tag{6.251}$$

求出 S 的生成元 $(-k, 1)$ 即可求出离散对数 k。

例 6.8　隐藏的线性函数问题：$G = \mathbb{Z} \times \mathbb{Z}$。对于一个正整数 N，令 g 为 $\mathbb{Z}_N$ 的一个排列，h 为 $\mathbb{Z} \times \mathbb{Z}$ 到 $\mathbb{Z}_N$ 上的一个函数且有 $h(x, y) = (x + ay) \bmod N$。考虑函数

$$f(x_1, x_2) = g(h(x_1, x_2)) = g((x_1 + ax_2) \bmod N) \tag{6.252}$$

则有 $f(x_1, x_2) = f(y_1, y_2)$ 当且仅当 $(x_1, x_2) - (y_1, y_2) \in \{(-ta, t) | t \in \mathbb{Z}\}$。求出 S 的生成元 $(-a, 1)$ 即可求出隐藏的系数 a。

例 6.9　自平移等价多项式问题：给定一个 l 变元的多项式 P，其变元 $X_1, X_2, \ldots, X_l$ 取值在有限域 $\mathbb{F}_q$ 上。函数 f 将 $(a_1, a_2, \ldots, a_l) \in \mathbb{F}_q^l$ 映射到 $P(X_1 - a_1, X_2 - a_2, \ldots, X_l - a_l)$，且 f 在 $\mathbb{F}_q^l$ 中的一个子群 S 的陪集上是常数，其中子群 S 是多项式 P 的自平移多项式集合。

例 6.10　阿贝尔稳定子问题：X 为一个有限集，G 为由有限集 X 上的函数构成的一个群，即 G 中的每个元素都是将 X 映射到 X 的一个函数。同时 G 需要满足对于任意的两个元素 $a, b \in G$，均有 $a(b(x)) = (ab)(x)$，$\forall x \in X$。对于 X 中的一个特定的元素 x，所有满足 $a \in G$ 且 $a(x) = x$ 的元素 a 构成了一个子群。这个子群被称为 G 关于 x 的阿贝尔稳定子，记作 $St_G(x)$。令 $f_x : G \to X$ 满足对于 $g \in G$，有 $f_x(g) = g(x)$，则函数 f_x 的隐含子群为 $St_G(x)$。

例 6.11　一般图自同构问题：S_n 表示 n 个元素上的对称群(相当于 $\{1, 2, \ldots, n\}$ 的排列构成的群)。G 表示一个有 n 个顶点且顶点标号为 $1, 2, \ldots, n$ 的一般图。对 S_n 中的任意一个排列 σ，f_G 将 S_n 映射到 n 个顶点的图组成的集合且满足 $f_G(\sigma) = \sigma(G)$，其中 $\sigma(G)$ 是将 G 中的顶点标号根据 σ 进行重新排列后得到的图。这时，函数 f_G 的隐含子群是 G 的自同构群。

注 6.4　一个群被称为是阿贝尔的，当且仅当对于这个群中的任意两个元素 a 和 b，均有 $ab = ba$，即群运算是可交换的。

注意到在上面的一般图自同构问题中，群 S_n 是非阿贝尔的。目前对于有限阿贝尔群和一些特殊的非阿贝尔群，存在可以有效解决隐子群问题的量子算法。然而目前对于很多非阿贝尔子群问题，还没有找到有效的量子算法。

下面将介绍一般有限阿贝尔群的量子隐子群算法。在介绍量子隐子群算法的具体流程之前，先将之前学习的 Simon 算法的一些相关性质与命题进行推广。

在 Simon 算法中，使用到了变换 $H^{\otimes k}$，该变换是量子傅里叶变换的张量积 $\mathrm{QFT}_N^{\otimes k}$ 的特例。更一般地，该变换还可以被进一步推广为

$$\mathrm{QFT}_{N_1, N_2, N_3, \ldots, N_k} = \mathrm{QFT}_{N_1} \otimes \mathrm{QFT}_{N_2} \otimes \mathrm{QFT}_{N_3} \otimes \cdots \otimes \mathrm{QFT}_{N_k} \tag{6.253}$$

其中，QFT_{N_i} 作用在空间 $\mathcal{H}_{N_i}$ 上。上述 $\mathrm{QFT}_{N_1, N_2, N_3, \ldots, N_k}$ 变换作用在空间 $\mathcal{H}_{N_1} \otimes \mathcal{H}_{N_2} \otimes \mathcal{H}_{N_3} \otimes \cdots \otimes \mathcal{H}_{N_k}$ 上。

根据等式 (6.90) 对量子傅里叶变换的定义，我们可以验证：

$$\mathrm{QFT}_{N_1, N_2, N_3, \ldots, N_k} |x_1\rangle |x_2\rangle |x_3\rangle \cdots |x_k\rangle$$

$$= \frac{1}{\sqrt{N_1 N_2 N_3 \cdots N_k}} \sum_{\substack{(y_1, y_2, y_3, \ldots, y_k) \\ \in \mathbb{Z}_{N_1} \times \mathbb{Z}_{N_2} \\ \times \mathbb{Z}_{N_3} \times \cdots \times \mathbb{Z}_{N_k}}} e^{2\pi i \left(\frac{x_1 y_1}{N_1} + \frac{x_2 y_2}{N_2} + \frac{x_3 y_3}{N_3} + \cdots + \frac{x_k y_k}{N_k} \right)} |y_1\rangle |y_2\rangle |y_3\rangle \cdots |y_k\rangle$$

$$\tag{6.254}$$

如果 $N_1 = N_2 = N_3 = \cdots = N_k = N$，那么我们可以将上式简写为：

$$\mathrm{QFT}_N^{\otimes k} |\mathbf{x}\rangle = \frac{1}{\sqrt{N^k}} \sum_{\mathbf{y} \in \mathbb{Z}_N^k} e^{\frac{2\pi i}{N} \mathbf{x} \cdot \mathbf{y}} |\mathbf{y}\rangle \tag{6.255}$$

其中 $\mathbf{x} \cdot \mathbf{y} = \left(\sum_{i=1}^k x_i y_i \right) \bmod N$。

令 S 为 $\mathbb{Z}_N^k$ 的任意子群，记

$$|S\rangle = \frac{1}{\sqrt{|S|}} \sum_{\mathbf{s} \in S} |\mathbf{s}\rangle \tag{6.256}$$

并且记 $S^\perp = \{\mathbf{t} | \mathbf{t} \cdot \mathbf{s} = 0, \forall \mathbf{s} \in S\}$，则有如下等式成立：

$$\mathrm{QFT}_N^{\otimes k} |S\rangle = \frac{1}{\sqrt{|S^\perp|}} \sum_{\mathbf{t} \in S^\perp} |\mathbf{t}\rangle \tag{6.257}$$

以下验证等式 (6.257) 是成立的：

$$\mathrm{QFT}_N^{\otimes k}|S\rangle \tag{6.258}$$

$$= \frac{1}{\sqrt{|S|N^k}} \sum_{\mathbf{t}\in\mathbb{Z}_N^k} \sum_{\mathbf{s}\in S} \mathrm{e}^{\frac{2\pi i}{N}\mathbf{s}\cdot\mathbf{t}} |\mathbf{t}\rangle \tag{6.259}$$

$$= \frac{1}{\sqrt{|S|N^k}} \sum_{\mathbf{t}\in S^\perp} \sum_{\mathbf{s}\in S} \mathrm{e}^{\frac{2\pi i}{N}\mathbf{s}\cdot\mathbf{t}} |\mathbf{t}\rangle + \frac{1}{\sqrt{|S|N^k}} \sum_{\mathbf{t}\in\mathbb{Z}_N^k\setminus S^\perp} \sum_{\mathbf{s}\in S} \mathrm{e}^{\frac{2\pi i}{N}\mathbf{s}\cdot\mathbf{t}} |\mathbf{t}\rangle \tag{6.260}$$

$$= \frac{1}{\sqrt{|S|N^k}} \sum_{\mathbf{t}\in S^\perp} \sum_{\mathbf{s}\in S} \mathrm{e}^{0} |\mathbf{t}\rangle + \frac{1}{\sqrt{|S|N^k}} \sum_{\mathbf{t}\in\mathbb{Z}_N^k\setminus S^\perp} \sum_{\mathbf{s}\in S} \mathrm{e}^{\frac{2\pi i}{N}\mathbf{s}\cdot\mathbf{t}} |\mathbf{t}\rangle \tag{6.261}$$

$$= \frac{|S|}{\sqrt{|S|N^k}} \sum_{\mathbf{t}\in S^\perp} |\mathbf{t}\rangle + \frac{1}{\sqrt{|S|N^k}} \sum_{\mathbf{t}\in\mathbb{Z}_N^k\setminus S^\perp} \sum_{\mathbf{s}\in S} \mathrm{e}^{\frac{2\pi i}{N}\mathbf{s}\cdot\mathbf{t}} |\mathbf{t}\rangle \tag{6.262}$$

$$= \sqrt{\frac{|S|}{N^k}} \sum_{\mathbf{t}\in S^\perp} |\mathbf{t}\rangle + \frac{1}{\sqrt{|S|N^k}} \sum_{\mathbf{t}\in\mathbb{Z}_N^k\setminus S^\perp} \sum_{\mathbf{s}\in S} \mathrm{e}^{\frac{2\pi i}{N}\mathbf{s}\cdot\mathbf{t}} |\mathbf{t}\rangle \tag{6.263}$$

因为 $\dim(S) + \dim(S^\perp) = \dim(\mathbb{Z}_N^k)$，所以 $N^{\dim(S)} \cdot N^{\dim(S^\perp)} = N^{\dim(\mathbb{Z}_N^k)}$，即 $|S| \cdot |S^\perp| = N^k$。因此，

$$\mathrm{QFT}_N^{\otimes k}|S\rangle \tag{6.264}$$

$$= \frac{1}{\sqrt{|S^\perp|}} \sum_{\mathbf{t}\in S^\perp} |\mathbf{t}\rangle + \frac{1}{\sqrt{|S|N^k}} \sum_{\mathbf{t}\in\mathbb{Z}_N^k\setminus S^\perp} \sum_{\mathbf{s}\in S} \mathrm{e}^{\frac{2\pi i}{N}\mathbf{s}\cdot\mathbf{t}} |\mathbf{t}\rangle \tag{6.265}$$

因为 $\mathrm{QFT}_N^{\otimes k}|S\rangle$ 与 $\dfrac{1}{\sqrt{|S^\perp|}} \sum_{\mathbf{t}\in S^\perp} |\mathbf{t}\rangle$ 的模都为 1，所以

$$\frac{1}{\sqrt{|S|N^k}} \sum_{\mathbf{t}\in\mathbb{Z}_N^k\setminus S^\perp} \sum_{\mathbf{s}\in S} \mathrm{e}^{\frac{2\pi i}{N}\mathbf{s}\cdot\mathbf{t}} |\mathbf{t}\rangle \tag{6.266}$$

为零向量。故，

$$\mathrm{QFT}_N^{\otimes k}|S\rangle = \frac{1}{\sqrt{|S^\perp|}} \sum_{\mathbf{t}\in S^\perp} |\mathbf{t}\rangle \tag{6.267}$$

进一步地，对于任意的 $\mathbf{b}\in\mathbb{Z}_N^k$，记

$$|\mathbf{b}+S\rangle = \frac{1}{\sqrt{|S|}} \sum_{\mathbf{s}\in S} |\mathbf{b}+\mathbf{s}\rangle \tag{6.268}$$

则有如下等式成立:

$$\mathrm{QFT}_N^{\otimes k}|\mathbf{b} + S\rangle = \frac{1}{\sqrt{|S^\perp|}} \sum_{\mathbf{t} \in S^\perp} \mathrm{e}^{\frac{2\pi i}{N}\mathbf{b}\cdot\mathbf{t}}|\mathbf{t}\rangle \tag{6.269}$$

更一般地, 对于任意的阿贝尔群 $G = \mathbb{Z}_{N_1} \times \mathbb{Z}_{N_2} \times \mathbb{Z}_{N_3} \times \cdots \times \mathbb{Z}_{N_k}$ 以及任意的子群 $S \leqslant G$, 可以类似地记

$$|S\rangle = \frac{1}{\sqrt{|S|}} \sum_{\mathbf{s} \in S} |\mathbf{s}\rangle \tag{6.270}$$

此外, 对于任意的 $\mathbf{b} \in G$, 记

$$|\mathbf{b} + S\rangle = \frac{1}{\sqrt{|S|}} \sum_{\mathbf{s} \in S} |\mathbf{b} + \mathbf{s}\rangle \tag{6.271}$$

相应地, 我们也将 $S^\perp$ 推广为 $\left\{\mathbf{t}\,\middle|\,\left(\sum_{i=1}^{k} \frac{t_i s_i}{N_i}\right) \equiv 0 \pmod 1, \forall \mathbf{s} \in S\right\}$。可验证以下等式成立:

$$\mathrm{QFT}_{N_1, N_2, N_3, \ldots, N_k}^\dagger |\mathbf{b} + S\rangle = \frac{1}{\sqrt{|S^\perp|}} \sum_{\mathbf{t} \in S^\perp} \mathrm{e}^{-2\pi i \left(\sum_{i=1}^{k} \frac{t_i b_i}{N_i}\right)}|\mathbf{t}\rangle \tag{6.272}$$

为了方便描述有限阿贝尔群隐子群量子算法, 假设对于任意的 N 都可以有效地实施 QFT_N (事实上, 可以以任意精度近似实施 QFT_N)。若 $\prod_{i=1}^{k} N_i$ 的质因子分解为 $\prod_{i=1}^{l} p_i^{n_i}$, 记 $n = \sum_{i=1}^{l} n_i$。有限阿贝尔群隐子群量子算法描述如下。

注意到群 G 可以被划分为关于隐子群 S 的一系列陪集 $\mathbf{y} + S$, 可以将隐子群算法第 (4) 步的状态表示为如下的陪集求和形式:

$$\sum_{\mathbf{y}} |\mathbf{y} + S\rangle|f(\mathbf{y})\rangle \tag{6.273}$$

隐子群算法第 (5) 步的测量操作将使得前 k 组寄存器的状态变为一个随机的 $|\mathbf{y} + S\rangle$ 状态。根据等式 (6.272), 第 (6) 步的量子傅里叶逆变换操作后将上述状态变为 $S^\perp$ 中元素的均匀叠加态。然后, $\mathbf{w}_1, \mathbf{w}_2, \mathbf{w}_3, \cdots, \mathbf{w}_{n+3}, \mathbf{w}_{n+4}$

将有很高的概率生成 $S^\perp$。在这种情况下，通过 $\text{ploy}(n)$ 时间复杂度的求解方程组操作，可以得到 S 的所有生成元。有如下的定理：

算法 6.8: 有限阿贝尔群隐子群量子算法

　　输入: 黑盒 U_f（U_f 作用的量子状态所处的 Hilbert 空间记为 $\mathcal{H}_X$）。

　　输出: f 隐含的隐子群 S 的一组基。

(1) 令 $i = 1$。

(2) 制备量子态 $|0\rangle|0\rangle|0\rangle \cdots |0\rangle|0\rangle \in \mathcal{H}_{N_1} \otimes \mathcal{H}_{N_2} \otimes \mathcal{H}_{N_3} \otimes \cdots \otimes \mathcal{H}_{N_k} \otimes \mathcal{H}_X$。

(3) 对前 k 个寄存器实施酉变换 $\text{QFT}_{N_1,N_2,N_3,\cdots,N_k}$。

(4) U_f 作用第（3）步中的量子态得 $\dfrac{1}{\sqrt{|G|}} \sum\limits_{\mathbf{x} \in G} |\mathbf{x}\rangle|f(\mathbf{x})\rangle$。

(5) 测量第二个寄存器。

(6) 对前 k 个寄存器实施酉变换 $\text{QFT}^{-1}_{N_1,N_2,N_3,\cdots,N_k}$。

(7) 测量第一个寄存器，得到 $t_1,\cdots,t_k$，令 $w_i = (t_1/N_1, t_2/N_2, \cdots, t_k/N_k)$。

(8) 若 $i \geqslant n+4$，则进入第（9）步，否则 i 增加 1 且返回第（2）步。

(9) 求解方程组 $\mathbf{W}x^{\mathrm{T}} = \mathbf{0}^{\mathrm{T}} \pmod 1$ 得到群 S 的生成元 $\mathbf{g}_1, \mathbf{g}_2, \cdots$，其中 $\mathbf{W}$ 是第 i 行为 w_i 的矩阵。

(10) 输出 $\mathbf{g}_1, \mathbf{g}_2, \cdots$。

定理 6.13　上述隐子群算法得到的 $\mathbf{w}_i$ 生成的群 $\langle \mathbf{w}_1, \mathbf{w}_2, \mathbf{w}_3, \cdots, \mathbf{w}_{n+3}, \mathbf{w}_{n+4} \rangle$ 是 $S^\perp$ 的一个子群，其中 $\langle \mathbf{w}_1, \mathbf{w}_2, \mathbf{w}_3, \cdots, \mathbf{w}_{n+3}, \mathbf{w}_{n+4} \rangle = S^\perp$ 的概率至少为 $\dfrac{2}{3}$。

　　进而可以得到如下的推论：

推论 6.2　$\langle \mathbf{g}_1, \mathbf{g}_2, \cdots \rangle = S$ 的概率至少为 $\dfrac{2}{3}$，即可以以高概率通过 $\langle \mathbf{g}_1, \mathbf{g}_2, \cdots \rangle$ 获得 f 的隐子群 S。

　　注意到我们可以对所有的 $\mathbf{g}_i$ 检查是否有 $f(\mathbf{g}_i) = f(\mathbf{0})$，所以可以通过 $n + O(1)$ 次对 f 的计算检查是否有 $\langle \mathbf{g}_1, \mathbf{g}_2, \cdots \rangle = S$。

　　因此，可以总结得到下面的定理。

定理 6.14　存在一个求解有限阿贝尔隐子群问题的有界误差量子算法，其可以通过 $O(\log(N))$ 次 f 的查询以及 $O(\log^3(N))$ 次经典基本门操作找到 f 的隐子群 S。

习　　题

　　6.26　证明等式 (6.254)。

6.27　证明等式 (6.257)。

6.28　证明等式 (6.269)。

6.29　证明等式 (6.272)。

6.13　Grover 算法

在本节中，我们将介绍 Grover 量子搜索算法，该算法由 Grover[16] 于 1996 年提出，这也是量子计算历史上最为重要的算法之一。Grover 算法是一种适用范围较广的量子算法，比当前已知最好的经典算法有多项式级别的加速。尽管 Grover 算法不像 Shor 算法那样能产生指数级的加速，但是 Grover 算法对于问题的结构没有太多的需求，因此有机会在很多问题上发挥其作用。举例来说，在无索引结构的数据库上检索一个特定的元素，经典确定性算法最坏情况下要遍历整个数据库中的所有元素，而 Grover 算法比该经典算法有平方级别的加速，这也是很大的优势。

在详细介绍 Grover 算法之前，先介绍一些基本知识。设布尔函数 f : $\{0,1\}^n \to \{0,1\}$，由 f 定义一个可逆变换 B_f，即

$$B_f|x\rangle|y\rangle = |x\rangle|y \oplus f(x)\rangle \tag{6.274}$$

其中 $x \in \{0,1\}^n$，$y \in \{0,1\}$。目标是找到 $x \in \{0,1\}^n$ 使得 $f(x) = 1$，或判定不存在 x 使得 $f(x) = 1$（当 $f(x) \equiv 0$）。

设恰有一个 x 使得 $f(x) = 1$。经典确定性查询算法在最坏情形下的复杂度是 $\Theta(2^n)$；对概率查询而言，设 k 次查询误差小于 ϵ，则 k 次查询没有找到答案的概率为 $1 - \dfrac{k}{2^n} \leqslant \epsilon$，故 $k \geqslant (1-\epsilon)2^n$，即 $k = \Omega(2^n)$。

下面描述 Grover 算法，先定义酉算子 U_f 和 $U_0^\perp$ 如下：

$$U_f|x\rangle = (-1)^{f(x)}|x\rangle \tag{6.275}$$

$$U_0^\perp|x\rangle = \begin{cases} |x\rangle, & x = 0^n \\ -|x\rangle, & x \neq 0^n \end{cases} \tag{6.276}$$

其中 $x \in \{0,1\}^n$。

下面给出 Grover 算法的量子电路图，如图 6.14 所示。

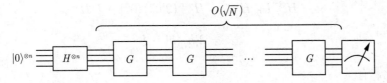

图 6.14　Grover 算法的量子电路图

Grover 算法描述如下。

算法 6.9: Grover 算法

输入: 黑盒 U_f，满足 $|\{x \in \{0,1\}^n | f(x) = 1\}| = a \geqslant 1$ 是个较小的数。

输出: $x \in \{0,1\}^n$ 满足 $f(x) = 1$。

(1) $|\psi_0\rangle = H^{\otimes n}|0\rangle^{\otimes n} = \dfrac{1}{\sqrt{2^n}} \sum\limits_{x \in \{0,1\}^n} |x\rangle$。

(2) 对 $|\psi_0\rangle$ 作用 $\left\lfloor \dfrac{\pi}{4}\sqrt{\dfrac{2^n}{a}} \right\rfloor$ 次 G 算子，其中 $G = H^{\otimes n}U_0^{\perp}H^{\otimes n}U_f$。

(3) 测量得到结果。

接下来对上述 Grover 算法进行分析，以下先给出一些记号：

$$A = \{x \in \{0,1\}^n | f(x) = 1\} \tag{6.277}$$

$$B = \{x \in \{0,1\}^n | f(x) = 0\} \tag{6.278}$$

$$|A\rangle = \frac{1}{\sqrt{a}} \sum_{x \in A} |x\rangle \tag{6.279}$$

$$|B\rangle = \frac{1}{\sqrt{b}} \sum_{x \in B} |x\rangle \tag{6.280}$$

在 Grover 算法的第（1）步后有

$$H^{\otimes n}|0\rangle^{\otimes n} = \sqrt{\frac{a}{N}}|A\rangle + \sqrt{\frac{b}{N}}|B\rangle \triangleq |h\rangle \tag{6.281}$$

其中 $a = |A|$，$b = |B|$，$N = 2^n$。进一步，易知

$$U_0^{\perp} = 2|0^n\rangle\langle 0^n| - I \tag{6.282}$$

因而

$$H^{\otimes n} U_0^\perp H^{\otimes n} = H^{\otimes n}(2|0^n\rangle\langle 0^n| - I)H^{\otimes n} \tag{6.283}$$

$$= 2|h\rangle\langle h| - I \tag{6.284}$$

因此，有

$$G|A\rangle = H^{\otimes n} U_0^\perp H^{\otimes n} U_f|A\rangle \tag{6.285}$$

$$= (I - 2|h\rangle\langle h|)(-U_f)|A\rangle \tag{6.286}$$

$$= (I - 2|h\rangle\langle h|)|A\rangle \tag{6.287}$$

$$= |A\rangle - 2\sqrt{\frac{a}{N}}\left(\sqrt{\frac{a}{N}}|A\rangle + \sqrt{\frac{b}{N}}|B\rangle\right) \tag{6.288}$$

$$= \left(1 - \frac{2a}{N}\right)|A\rangle - \frac{2\sqrt{ab}}{N}|B\rangle \tag{6.289}$$

类似地，可以得到

$$G|B\rangle = \frac{2\sqrt{ab}}{N}|A\rangle - \left(1 - \frac{2b}{N}\right)|B\rangle \tag{6.290}$$

可以将 G 对 $|A\rangle$ 和 $|B\rangle$ 的变换写成如下矩阵形式：

$$M = \begin{bmatrix} -\left(1 - \dfrac{2b}{N}\right) & -\dfrac{2\sqrt{ab}}{N} \\ \dfrac{2\sqrt{ab}}{N} & 1 - \dfrac{2a}{N} \end{bmatrix} \tag{6.291}$$

$$= \begin{bmatrix} \dfrac{b-a}{N} & -\dfrac{2\sqrt{ab}}{N} \\ \dfrac{2\sqrt{ab}}{N} & \dfrac{b-a}{N} \end{bmatrix} \tag{6.292}$$

$$= \begin{bmatrix} \sqrt{\dfrac{b}{N}} & -\sqrt{\dfrac{a}{N}} \\ \sqrt{\dfrac{a}{N}} & \sqrt{\dfrac{b}{N}} \end{bmatrix}^2 \tag{6.293}$$

若记 $\sin\theta = \sqrt{\dfrac{a}{N}}$，$\cos\theta = \sqrt{\dfrac{b}{N}}$，则有

$$R_{2\theta} = \begin{bmatrix} \cos\theta & -\sin\theta \\ \sin\theta & \cos\theta \end{bmatrix}^2 = \begin{bmatrix} \sqrt{\dfrac{b}{N}} & -\sqrt{\dfrac{a}{N}} \\ \sqrt{\dfrac{a}{N}} & \sqrt{\dfrac{b}{N}} \end{bmatrix}^2 = M \tag{6.294}$$

可见，G 对 $\mathrm{span}\{|A\rangle, |B\rangle\}$ 中向量实行 2θ 的旋转，其中 $\theta = \sin^{-1}\sqrt{\dfrac{a}{N}}$。

由于 $|h\rangle = \cos\theta|B\rangle + \sin\theta|A\rangle$，所以 k 次 G 的迭代后状态 $G^k|h\rangle$ 为

$$\cos\left((2k+1)\theta\right)|B\rangle + \sin\left((2k+1)\theta\right)|A\rangle \tag{6.295}$$

我们的目标是让 $\sin\left((2k+1)\theta\right) \approx 1$，即 $(2k+1)\theta \approx \dfrac{\pi}{2}$，故 $k \approx \dfrac{\pi}{4\theta} - \dfrac{1}{2}$。

若已知目标个数 $a \geqslant 1$ 且 a 是个较小的数时，则 $\theta = \sin^{-1}\sqrt{\dfrac{a}{N}} \approx \sqrt{\dfrac{a}{N}}$，故

$k = \left\lfloor \dfrac{\pi}{4}\sqrt{\dfrac{N}{a}} \right\rfloor$，Grover 算法成功概率为

$$\sin^2\left(\left(2\left\lfloor \dfrac{\pi}{4}\sqrt{\dfrac{N}{a}} \right\rfloor + 1\right)\sin^{-1}\left(\sqrt{\dfrac{a}{N}}\right)\right) \tag{6.296}$$

注 6.5 若目标个数 a 较大，说明目标元素占比较高，那么直接采用随机选取的经典算法即以较高概率可找到目标元素，不需要采用 Grover 算法。

特别地，当 $a = 1$ 时，则 $\theta = \sin^{-1}\sqrt{\dfrac{1}{N}} \approx \dfrac{1}{\sqrt{N}}$，故 $k = \left\lfloor \dfrac{\pi}{4}\sqrt{N} \right\rfloor$，成功

概率为

$$\sin^2\left(\left(2\left\lfloor \dfrac{\pi}{4}\sqrt{N} \right\rfloor + 1\right)\sin^{-1}\left(\sqrt{\dfrac{1}{N}}\right)\right) \tag{6.297}$$

习　题

6.30 在 2^n 个元素中，若有 $s \geqslant 1$ 个目标，只要找到其中一个目标即可，则找 k 次后成功的概率是多少？

6.31 证明：在 Grover 算法中，有

$$G^k|h\rangle = \sin\left((2k+1)\theta\right)|A\rangle + \cos\left((2k+1)\theta\right)|B\rangle \tag{6.298}$$

6.32 证明：算子 $2|\psi\rangle\langle\psi| - I$ 作用在形如 $\sum\limits_k \alpha_k|k\rangle$ 的态后得到如下态

$$\sum_k [-\alpha_k + 2\langle\alpha\rangle]|k\rangle$$

其中 $\langle\alpha\rangle \equiv \sum\limits_k \dfrac{\alpha_k}{N}$ 是 α_k 的均值。

6.14　量子振幅扩大

本节介绍量子振幅扩大算法[13]。量子振幅扩大算法是对 Grover 算法的一种推广，其基本思想是：对于一个成功概率较低的量子算法，可以通过多次运行量子振幅扩大算法并使用其他一些辅助操作，提高算法成功的概率。正如 Grover 算法一样，量子振幅扩大算法对于问题的结构没有较多的约束，因此也有着一定的通用性，有希望在一大类问题上发挥其潜力。另外，对本节的学习也可以加深对 6.13 节 Grover 算法的理解。

对任意量子算法 $\mathcal{A}$，设

$$\mathcal{A}|0^m\rangle = |\psi\rangle \tag{6.299}$$

$$= \sum_x \alpha_x|x\rangle|\text{junk}(x)\rangle \tag{6.300}$$

$$= \sum_{x\in X_g} \alpha_x|x\rangle|\text{junk}(x)\rangle + \sum_{x\in X_b} \alpha_x|x\rangle|\text{junk}(x)\rangle \tag{6.301}$$

其中，X_g 表示希望得到的元素集合，X_b 表示不希望得到的元素集合，$|\text{junk}(x)\rangle$ 表示辅助状态。

记

$$P_g = \sum_{x\in X_g} |\alpha_x|^2 \tag{6.302}$$

$$P_b = \sum_{x\in X_b} |\alpha_x|^2 = 1 - P_g \tag{6.303}$$

其中，P_g 表示算法 $\mathcal{A}$ 的成功率，P_b 表示算法 $\mathcal{A}$ 的失败率。

令

$$|\psi_g\rangle = \sum_{x \in X_g} \frac{\alpha_x}{\sqrt{P_g}} |x\rangle |\text{junk}(x)\rangle \tag{6.304}$$

$$|\psi_b\rangle = \sum_{x \in X_b} \frac{\alpha_x}{\sqrt{P_b}} |x\rangle |\text{junk}(x)\rangle \tag{6.305}$$

则

$$|\psi\rangle = \sqrt{P_g} |\psi_g\rangle + \sqrt{P_b} |\psi_b\rangle \tag{6.306}$$

$$= \sin\theta |\psi_g\rangle + \cos\theta |\psi_b\rangle \tag{6.307}$$

其中 $0 < \theta < \dfrac{\pi}{2}$。

令

$$Q = \mathcal{A} U_0^{\perp} \mathcal{A}^{-1} U_f \tag{6.308}$$

$$= U_{\psi}^{\perp} U_f \tag{6.309}$$

其中，

$$U_0^{\perp} = 2|0^n\rangle\langle 0^n| - I \tag{6.310}$$

$$U_f|x\rangle = (-1)^{f(x)}|x\rangle \tag{6.311}$$

$$U_{\psi}^{\perp} = A U_0^{\perp} A^{-1} \tag{6.312}$$

$$= 2|\psi\rangle\langle\psi| - I \tag{6.313}$$

f 定义为

$$f(x) = \begin{cases} 1, & x \in X_g \\ 0, & x \in X_b \end{cases} \tag{6.314}$$

可见，

$$U_{\psi}^{\perp}|\psi\rangle = |\psi\rangle \tag{6.315}$$

对于满足 $\langle\phi|\psi\rangle = 0$ 的向量 $|\phi\rangle$，即对于与 $|\psi\rangle$ 正交的向量 $|\phi\rangle$，有

$$U_\psi^\perp|\phi\rangle = -|\phi\rangle \tag{6.316}$$

因此 $U_\psi^\perp$ 保持向量 $|\psi\rangle$ 不变，同时可以翻转与向量 $|\psi\rangle$ 正交的向量。

记

$$|\bar{\psi}\rangle = \cos\theta|\psi_g\rangle - \sin\theta|\psi_b\rangle \tag{6.317}$$

则 $\langle\psi|\bar{\psi}\rangle = 0$。

可以参照图 6.15 进一步理解量子振幅扩大算法。

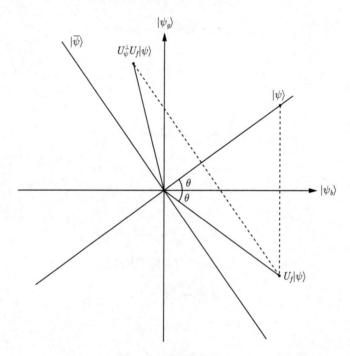

图 6.15　量子振幅扩大

如图 6.15 所示，可以将 $|\psi\rangle$ 看作在以 $|\psi_g\rangle$ 和 $|\psi_b\rangle$ 为基向量构建的平面直角坐标系上的一个向量。$|\psi\rangle$ 与 $|\psi_b\rangle$ 的夹角为 θ，目标是将 θ 增加到尽可能接近 $\frac{\pi}{2}$，这样就可以以较高的概率测量得到 $|\psi_g\rangle$ 中的元素。进一步分析如下：

$$U_f|\psi\rangle = -\sin\theta|\psi_g\rangle + \cos\theta|\psi_b\rangle \tag{6.318}$$

$$= \cos 2\theta |\psi\rangle - \sin 2\theta |\bar{\psi}\rangle \tag{6.319}$$

$$Q|\psi\rangle = U_\psi^\perp U_f |\psi\rangle \tag{6.320}$$

$$= \cos 2\theta |\psi\rangle + \sin 2\theta |\bar{\psi}\rangle \tag{6.321}$$

$$= \cos 3\theta |\psi_b\rangle + \sin 3\theta |\psi_g\rangle \tag{6.322}$$

$$= \cos((2+1)\theta) |\psi_b\rangle + \sin((2+1)\theta) |\psi_g\rangle \tag{6.323}$$

$$Q^k|\psi\rangle = \cos((2k+1)\theta) |\psi_b\rangle + \sin((2k+1)\theta) |\psi_g\rangle \tag{6.324}$$

如上述分析，U_f 作用于 $|\psi\rangle$ 后的效果是将 $|\psi\rangle$ 翻转到关于 $|\psi_b\rangle$ 对称的位置，而 Q 作用于 $|\psi\rangle$ 后的效果，即 $U_\psi^\perp$ 作用于 $U_f|\psi\rangle$ 后的效果，是将 $U_f|\psi\rangle$ 翻转到关于 $|\psi\rangle$ 对称的位置。这样做总的效果是将 $|\psi\rangle$ 往逆时针方向旋转 2θ 的角度。因此连续 k 次将 Q 作用于 $|\psi\rangle$ 后的效果，是将 $|\psi\rangle$ 往逆时针方向旋转 $2k\theta$ 的角度。可以根据 θ 的大小计算出所需要旋转的次数 k，使得旋转后的角度 $(2k+1)\theta$ 尽可能接近于 $\frac{\pi}{2}$。

以下是量子振幅扩大算法的描述。

算法 6.10: 量子振幅扩大算法

　　输入: 量子算法 $\mathcal{A}$，其成功率为 P_g，黑盒 U_f。

　　输出: $x \in \{0,1\}^n$ 满足 $f(x) = 1$。

(1) $|\psi_0\rangle = \mathcal{A}|0\rangle^{\otimes n}$。

(2) 对 $|\psi_0\rangle$ 执行 $\left\lfloor \dfrac{\pi}{4\arcsin(\sqrt{P_g})} \right\rfloor$ 次迭代 $Q = \mathcal{A}U_0^\perp \mathcal{A}^{-1} U_f$。

(3) 测量得到结果。

可以看到，Grover 算法是量子振幅扩大算法在 $\mathcal{A} = H^{\otimes n}$ 时的特殊情况。

6.15　* 量子振幅估计

在 Grover 算法中，需要事先知道目标元素的个数，才能确定出 Grover 算法中 G 算子的迭代次数。类似地，在量子振幅扩大算法中，也需要事先知道算法 $\mathcal{A}$ 的成功概率。本节介绍量子振幅估计算法[13]，可以在算法 $\mathcal{A}$ 的成功概率未知时，以较高概率找到目标元素。由于本节知识具有一定的难度，可作为选学内容。

定义 6.14　设布尔函数 $f : \{0,1\}^n \to \{0,1\}$，记

$$\mathcal{H} = \text{span}\{|x\rangle\,|\,x\text{为}f\text{原像}\} \tag{6.325}$$

$$\mathcal{H}_{\mathcal{G}} = \text{span}\{|x\rangle\,|\,f(x) = 1\} \tag{6.326}$$

$$\mathcal{H}_{\mathcal{B}} = \text{span}\{|x\rangle\,|\,f(x) = 0\} \tag{6.327}$$

若存在一个无测量的量子算法 $\mathcal{A}$，满足 $\mathcal{A}|0^n\rangle = |\Psi\rangle \in \mathcal{H}$，则可以将 $|\Psi\rangle$ 写为

$$|\Psi\rangle = |\Psi_1\rangle + |\Psi_0\rangle \tag{6.328}$$

其中

$$|\Psi_1\rangle = \sum_{x:f(x)=1} \alpha_x |x\rangle \tag{6.329}$$

$$|\Psi_0\rangle = \sum_{x:f(x)=0} \alpha_x |x\rangle \tag{6.330}$$

记

$$a = \langle \Psi_1 | \Psi_1 \rangle \tag{6.331}$$

其中 $0 < a < 1$。

回顾之前定义的以下酉算子：

$$Q = \mathcal{A} U_0^\perp \mathcal{A}^{-1} U_f$$

$$U_0^\perp = 2|0^n\rangle\langle 0^n| - I$$

$$U_f |x\rangle = (-1)^{f(x)} |x\rangle$$

$$Q = U_\Psi^\perp U_f,\ \text{其中}\ U_\Psi^\perp = \mathcal{A} U_0^\perp \mathcal{A}^{-1}$$

记

$$|\Psi_\pm\rangle = \frac{1}{\sqrt{2}}\left(\frac{1}{\sqrt{a}}|\Psi_1\rangle \pm \frac{i}{\sqrt{1-a}}|\Psi_0\rangle \right) \tag{6.332}$$

并记

$$\sin^2 \theta_a = a = \langle \Psi_1 | \Psi_1 \rangle,\ \text{其中}\ 0 \leqslant \theta_a \leqslant \frac{\pi}{2} \tag{6.333}$$

令

$$\lambda_{\pm} = \mathrm{e}^{\pm i 2\theta_a} \tag{6.334}$$

则有

$$Q|\Psi_{\pm}\rangle = \mathrm{e}^{\pm i 2\theta_a}|\Psi_{\pm}\rangle \tag{6.335}$$

$$\mathcal{A}|0^n\rangle = |\Psi\rangle \tag{6.336}$$

$$= \frac{-i}{\sqrt{2}}(\mathrm{e}^{i\theta_a}|\Psi_+\rangle - \mathrm{e}^{-i\theta_a}|\Psi_-\rangle) \tag{6.337}$$

$$Q^j|\Psi\rangle = \frac{-i}{\sqrt{2}}(\mathrm{e}^{(2j+1)i\theta_a}|\Psi_+\rangle - \mathrm{e}^{-(2j+1)i\theta_a}|\Psi_-\rangle) \tag{6.338}$$

$$= \frac{1}{\sqrt{a}}\sin((2j+1)\theta_a)|\Psi_1\rangle + \frac{1}{\sqrt{1-a}}\cos((2j+1)\theta_a)|\Psi_0\rangle \tag{6.339}$$

令 $(2j+1)\theta_a \approx \dfrac{\pi}{2}$，则 $j = \left\lfloor \dfrac{\pi}{4\theta_a} \right\rfloor$。当 a 很小时，有 $\theta_a = \arcsin\sqrt{a} \approx \sqrt{a}$，因此有 $j = \left\lfloor \dfrac{\pi}{4\theta_a} \right\rfloor \approx \left\lfloor \dfrac{\pi}{4\sqrt{a}} \right\rfloor$。

为了计算出合适的 j 的取值，使得有较大的概率得到满足 $f(x) = 1$ 的 x，可以按照以下两种情况进行分类讨论：

(I) a 已知时，根据 a 的值计算出 j；

(II) a 未知时，利用量子相位估计来求得 a 的近似值，进而计算 j。

具体讨论如下：

(I) a 已知时。根据 $\sin^2\theta_a = a$ 求出 θ_a。根据 $(2j+1)\theta_a \approx \dfrac{\pi}{2}$，可以解得 $j = \left\lfloor \dfrac{\pi}{4\theta_a} \right\rfloor$。有如下的定理。

定理 6.15　设 $\mathcal{A}$ 为一个无测量的量子算法，$f : \{0,1\}^n \to \{0,1\}$ 为一布尔函数，且设 $f(x) = 1$ 的 x 为好的结果。设实施 $\mathcal{A}$ 后成功的概率为 a，且 $a > 0$。记 $m = \left\lfloor \dfrac{\pi}{4\theta_a} \right\rfloor$，其中 $\sin^2\theta_a = a$，$0 < \theta_a \leqslant \dfrac{\pi}{2}$，则计算 $Q^m\mathcal{A}|0\rangle$ 并测量后得到好结果的概率至少为 $\max(1-a, a)$，其中 $m = \left\lfloor \dfrac{\pi}{4\theta_a} \right\rfloor$。

(II) a 未知时。首先给出如下命题。

命题 6.2 令 $a = \sin^2(\theta_a)$, $\widetilde{a} = \sin^2(\widetilde{\theta_a})$, 其中 $0 \leqslant \theta_a$, $\widetilde{\theta_a} \leqslant 2\pi$, 则

$$|\widetilde{\theta_a} - \theta_a| \leqslant \epsilon \Rightarrow |\widetilde{a} - a| \leqslant 2\epsilon\sqrt{a(1-a)} + \epsilon^2 \tag{6.340}$$

证明 对 $\epsilon > 0$, 根据三角恒等式, 可得

$$\sin^2(\theta_a + \epsilon) - \sin^2(\theta_a) \tag{6.341}$$

$$= (\sin(\theta_a)\cos(\epsilon) + \cos(\theta_a)\sin(\epsilon))^2 - \sin^2(\theta_a) \tag{6.342}$$

$$= \sin^2(\theta_a)\cos^2(\epsilon) + 2\sin(\theta_a)\cos(\epsilon)\cos(\theta_a)\sin(\epsilon) + \cos^2(\theta_a)\sin^2(\epsilon) - \sin^2(\theta_a) \tag{6.343}$$

$$= \sin(\theta_a)\cos(\theta_a)2\sin(\epsilon)\cos(\epsilon) + \sin^2(\theta_a)\cos^2(\epsilon) + \cos^2(\theta_a)\sin^2(\epsilon) - \sin^2(\theta_a) \tag{6.344}$$

$$= \sin(\theta_a)\cos(\theta_a)\sin(2\epsilon) + \sin^2(\theta_a)\cos^2(\epsilon) + \cos^2(\theta_a)\sin^2(\epsilon) - \sin^2(\theta_a) \tag{6.345}$$

$$= \sin(\theta_a)\cos(\theta_a)\sin(2\epsilon) + \sin^2(\theta_a)(\cos^2(\epsilon) - 1) + \cos^2(\theta_a)\sin^2(\epsilon) \tag{6.346}$$

$$= \sin(\theta_a)\cos(\theta_a)\sin(2\epsilon) - \sin^2(\theta_a)\sin^2(\epsilon) + \cos^2(\theta_a)\sin^2(\epsilon) \tag{6.347}$$

$$= \sin(\theta_a)\cos(\theta_a)\sin(2\epsilon) + (\cos^2(\theta_a) - \sin^2(\theta_a))\sin^2(\epsilon) \tag{6.348}$$

$$= \pm\sqrt{a(1-a)}\sin(2\epsilon) + (1 - 2a)\sin^2(\epsilon) \tag{6.349}$$

同理可得

$$\sin^2(\theta_a) - \sin^2(\theta_a - \epsilon) \tag{6.350}$$

$$= \pm\sqrt{a(1-a)}\sin(2\epsilon) + (2a - 1)\sin^2(\epsilon) \tag{6.351}$$

令 $|\widetilde{\theta_a} - \theta_a| = \epsilon' \leqslant \epsilon$, 由上述推导可得当 $\widetilde{\theta_a} = \theta_a + \epsilon'$ 时, 有

$$|\widetilde{a} - a| \tag{6.352}$$

$$= |\sin^2(\widetilde{\theta_a}) - \sin^2(\theta_a)| \tag{6.353}$$

$$= |\sin^2(\theta_a + \epsilon') - \sin^2(\theta_a)| \tag{6.354}$$

$$= |\pm\sqrt{a(1-a)}\sin(2\epsilon') + (1 - 2a)\sin^2(\epsilon')| \tag{6.355}$$

$$\leqslant |\sqrt{a(1-a)}\sin(2\epsilon')| + |(1-2a)\sin^2(\epsilon')| \tag{6.356}$$

$$\leqslant |\sqrt{a(1-a)}| \, |2\epsilon'| + |(1-2a)| \, |(\epsilon')^2| \tag{6.357}$$

$$\leqslant 2\epsilon\sqrt{a(1-a)} + \epsilon^2 \tag{6.358}$$

同理可得当 $\widetilde{\theta}_a = \theta_a - \epsilon'$ 时，也有 $|\widetilde{a} - a| \leqslant 2\epsilon\sqrt{a(1-a)} + \epsilon^2$。综上，命题证毕。$\qquad\square$

因此固定 a 时，有 $|\widetilde{a} - a| = O(|\widetilde{\theta}_a - \theta_a|)$。接下来考虑如何获得尽可能接近 θ_a 的 $\widetilde{\theta}_a$。

以下为量子振幅估计算法的描述。

算法 6.11: 量子振幅估计算法

　　输入: 无测量的量子算法 $\mathcal{A}$。

　　输出: a 的估计值 $\widetilde{a}$。

(1) $|\psi_0\rangle = |0^m\rangle \mathcal{A}|0^n\rangle$。

(2) $|\psi_1\rangle = (\mathrm{QFT}_{2^m} \otimes I)|\psi_0\rangle$。

(3) $|\psi_2\rangle = \Lambda_{2^m}(Q)|\psi_1\rangle$。

(4) $|\psi_3\rangle = (\mathrm{QFT}_{2^m}^{\dagger} \otimes I)|\psi_2\rangle$。

(5) 测量第一个寄存器的 m 个量子比特，得到 $|y\rangle$。

(6) 输出 $\widetilde{a} = \sin^2\left(\pi\dfrac{y}{2^m}\right)$。

算法的电路图如图 6.16 所示。

量子振幅估计算法的操作可通过以下酉变换表示：

$$(\mathrm{QFT}_{2^m}^{\dagger} \otimes I)\Lambda_{2^m}(Q)(\mathrm{QFT}_{2^m} \otimes I) \tag{6.359}$$

为证明量子振幅估计算法的正确性，给出如下定理。

定理 6.16　对于任意正整数 k，量子振幅估计算法输出 $\widetilde{a}$ $(0 \leqslant \widetilde{a} \leqslant 1)$ 使得

$$|\widetilde{a} - a| \leqslant 2\pi k\frac{\sqrt{a(1-a)}}{2^m} + k^2\frac{\pi^2}{2^{2m}} \tag{6.360}$$

成立的概率为

　　(1) $k = 1$ 时，$p \geqslant \dfrac{8}{\pi^2}$；

　　(2) $k \geqslant 2$ 时，$p \geqslant 1 - \dfrac{1}{2(k-1)}$。

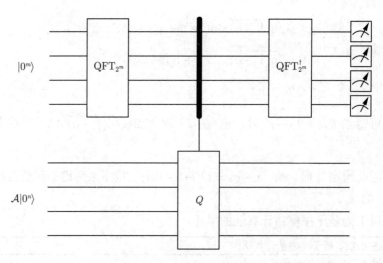

图 6.16   量子振幅估计电路

特别地，当 $a=0$ 时，$\tilde{a}=0$ 的概率为 1；当 $a=1$ 时，$\tilde{a}=1$ 的概率为 1。

证明   我们分析量子振幅估计算法每一步后的状态如下。

在算法第（1）步后状态为

$$|0^m\rangle\mathcal{A}|0^n\rangle = \frac{-i}{\sqrt{2}}|0^m\rangle(e^{i\theta_a}|\Psi_+\rangle - e^{-i\theta_a}|\Psi_-\rangle) \tag{6.361}$$

在算法第（2）步后，忽略全局相位 $-i$，状态为

$$\frac{1}{\sqrt{2^{m+1}}}\sum_{j=0}^{2^m-1}|j\rangle(e^{i\theta_a}|\Psi_+\rangle - e^{-i\theta_a}|\Psi_-\rangle) \tag{6.362}$$

在算法第（3）步后状态为

$$\frac{1}{\sqrt{2^{m+1}}}\sum_{j=0}^{2^m-1}|j\rangle(e^{i\theta_a}e^{2ij\theta_a}|\Psi_+\rangle - e^{-i\theta_a}e^{-2ij\theta_a}|\Psi_-\rangle) \tag{6.363}$$

$$= \frac{e^{i\theta_a}}{\sqrt{2^{m+1}}}\sum_{j=0}^{2^m-1}e^{2ij\theta_a}|j\rangle|\Psi_+\rangle - \frac{e^{-i\theta_a}}{\sqrt{2^{m+1}}}\sum_{j=0}^{2^m-1}e^{-2ij\theta_a}|j\rangle|\Psi_-\rangle \tag{6.364}$$

$$= \frac{e^{i\theta_a}}{\sqrt{2}}\left|S_{2^m}\left(\frac{\theta_a}{\pi}\right)\right\rangle|\Psi_+\rangle - \frac{e^{-i\theta_a}}{\sqrt{2}}\left|S_{2^m}\left(1-\frac{\theta_a}{\pi}\right)\right\rangle|\Psi_-\rangle \tag{6.365}$$

在算法第（4）步后状态为

$$\frac{\mathrm{e}^{i\theta_a}}{\sqrt{2}} F_{2^m}^{-1} \left| S_{2^m} \left(\frac{\theta_a}{\pi} \right) \right\rangle |\Psi_+\rangle - \frac{\mathrm{e}^{-i\theta_a}}{\sqrt{2}} F_{2^m}^{-1} \left| S_{2^m} \left(1 - \frac{\theta_a}{\pi} \right) \right\rangle |\Psi_-\rangle \tag{6.366}$$

在算法第（5）步测量后得 $|y\rangle$，$\widetilde{\theta_a} = \frac{\pi y}{2^m}$。由于 $\widetilde{a} = \sin^2 \widetilde{\theta_a}$，所以 $\widetilde{a} = \sin^2 \frac{\pi y}{2^m}$。

根据定理 6.11 与命题 6.2 可证明该定理。忽略第二个寄存器，第一个寄存器平均处于由 $F_{2^m}^{-1} \left| S_{2^m} \left(\frac{\theta_a}{\pi} \right) \right\rangle$ 与 $F_{2^m}^{-1} \left| S_{2^m} \left(1 - \frac{\theta_a}{\pi} \right) \right\rangle$ 构成的混合态。因此测量得到 $|y\rangle$ 可能是通过测量 $F_{2^m}^{-1} \left| S_{2^m} \left(\frac{\theta_a}{\pi} \right) \right\rangle$ 或测量 $F_{2^m}^{-1} \left| S_{2^m} \left(1 - \frac{\theta_a}{\pi} \right) \right\rangle$ 得到。

因为

$$F_{2^m}^{-1} \left| S_{2^m} \left(\frac{\theta_a}{\pi} \right) \right\rangle = \sum_{k=0}^{2^m-1} \left(\frac{1}{2^m} \sum_{j=0}^{2^m-1} \mathrm{e}^{2ij\left(\theta_a - \frac{\pi k}{2^m}\right)} \right) |k\rangle \tag{6.367}$$

所以给定态 $F_{2^m}^{-1} \left| S_{2^m} \left(\frac{\theta_a}{\pi} \right) \right\rangle$ 测量得到 $|y\rangle$ 的概率为

$$\left| \frac{1}{2^m} \sum_{j=0}^{2^m-1} \mathrm{e}^{2ij\left(\theta_a - \frac{\pi y}{2^m}\right)} \right|^2 \tag{6.368}$$

因为

$$F_{2^m}^{-1} \left| S_{2^m} \left(1 - \frac{\theta_a}{\pi} \right) \right\rangle = \sum_{k=0}^{2^m-1} \left(\frac{1}{2^m} \sum_{j=0}^{2^m-1} \mathrm{e}^{-2ij\left(\theta_a + \frac{\pi k}{2^m}\right)} \right) |k\rangle \tag{6.369}$$

所以给定态 $F_{2^m}^{-1} \left| S_{2^m} \left(1 - \frac{\theta_a}{\pi} \right) \right\rangle$ 测量得到 $|2^m - y\rangle$ 的概率为

$$\left| \frac{1}{2^m} \sum_{j=0}^{2^m-1} \mathrm{e}^{-2ij\left(\theta_a + \frac{\pi(2^m-y)}{2^m}\right)} \right|^2 \tag{6.370}$$

经计算可得

$$\left| \frac{1}{2^m} \sum_{j=0}^{2^m-1} \mathrm{e}^{2ij\left(\theta_a - \frac{\pi y}{2^m}\right)} \right|^2 = \left| \frac{1}{2^m} \sum_{j=0}^{2^m-1} \mathrm{e}^{-2ij\left(\theta_a + \frac{\pi(2^m-y)}{2^m}\right)} \right|^2 \tag{6.371}$$

所以给定态 $F_{2^m}^{-1}\left|S_{2^m}\left(\dfrac{\theta_a}{\pi}\right)\right\rangle$ 测量得到 $|y\rangle$ 的概率与给定态 $F_{2^m}^{-1}\left|S_{2^m}\left(1-\dfrac{\theta_a}{\pi}\right)\right\rangle$ 测量得到 $|2^m-y\rangle$ 的概率相等。

若给定态 $F_{2^m}^{-1}\left|S_{2^m}\left(\dfrac{\theta_a}{\pi}\right)\right\rangle$ 测量得到 $|y\rangle$，则根据定理 6.11 可令 $\widetilde{\theta}_a=\dfrac{\pi y}{2^m}$ 来估计 θ_a，再通过命题 6.2，令 $|\widetilde{\theta}_a-\theta_a|\leqslant\dfrac{k\pi}{2^m}$，可以得到

$$|\widetilde{a}-a|\leqslant 2\pi k\frac{\sqrt{a(1-a)}}{2^m}+k^2\frac{\pi^2}{2^{2m}} \tag{6.372}$$

最后根据定理 6.11 可得，当 $k=1$ 时，

$$\Pr\left(|\widetilde{\theta}_a-\theta_a|\leqslant\frac{k\pi}{2^m}\right)\geqslant\frac{8}{\pi^2} \tag{6.373}$$

因此当 $k=1$ 时，

$$\Pr\left(|\widetilde{a}-a|\leqslant 2\pi k\frac{\sqrt{a(1-a)}}{2^m}+k^2\frac{\pi^2}{2^{2m}}\right)\geqslant\frac{8}{\pi^2} \tag{6.374}$$

当 $k\geqslant 2$ 时，

$$\Pr\left(|\widetilde{\theta}_a-\theta_a|\leqslant\frac{k\pi}{2^m}\right)\geqslant 1-\frac{1}{2(k-1)} \tag{6.375}$$

$$\Pr\left(|\widetilde{a}-a|\leqslant 2\pi k\frac{\sqrt{a(1-a)}}{2^m}+k^2\frac{\pi^2}{2^{2m}}\right)\geqslant 1-\frac{1}{2(k-1)} \tag{6.376}$$

若给定态 $F_{2^m}^{-1}\left|S_{2^m}\left(1-\dfrac{\theta_a}{\pi}\right)\right\rangle$ 测量得到 $|2^m-y\rangle$，则根据定理 6.11 可令 $\pi-\widetilde{\theta}_a=\dfrac{\pi(2^m-y)}{2^m}$ 来估计 $\pi-\theta_a$，再通过命题 6.2，可以得到 $|\widetilde{a}-a|$ 的上界。令 $|(\pi-\widetilde{\theta}_a)-(\pi-\theta_a)|\leqslant\dfrac{k\pi}{2^m}$，可以得到

$$|\widetilde{a}-a|\leqslant 2\pi k\frac{\sqrt{a(1-a)}}{2^m}+k^2\frac{\pi^2}{2^{2m}} \tag{6.377}$$

最后根据定理 6.11 可得，当 $k = 1$ 时，

$$\Pr\left(|(\pi - \widetilde{\theta}_a) - (\pi - \theta_a)| \leqslant \frac{k\pi}{2^m} \right) \geqslant \frac{8}{\pi^2} \tag{6.378}$$

$$\Pr\left(|\widetilde{a} - a| \leqslant 2\pi k \frac{\sqrt{a(1-a)}}{2^m} + k^2 \frac{\pi^2}{2^{2m}} \right) \geqslant \frac{8}{\pi^2} \tag{6.379}$$

当 $k \geqslant 2$ 时，

$$\Pr\left(|(\pi - \widetilde{\theta}_a) - (\pi - \theta_a)| \leqslant \frac{k\pi}{2^m} \right) \geqslant 1 - \frac{1}{2(k-1)} \tag{6.380}$$

$$\Pr\left(|\widetilde{a} - a| \leqslant 2\pi k \frac{\sqrt{a(1-a)}}{2^m} + k^2 \frac{\pi^2}{2^{2m}} \right) \geqslant 1 - \frac{1}{2(k-1)} \tag{6.381}$$

特别地，根据定理 6.11 与命题 6.2，易得当 $a = 0$ 时，$\widetilde{a} = 0$ 的概率为 1；当 $a = 1$ 时，$\widetilde{a} = 1$ 的概率为 1。 $\square$

习　题

6.33 定义 $U_f : |x\rangle|b\rangle \to |x\rangle|b \oplus f(x)\rangle$，设 $f : \{00, 01, 10, 11\} \to \{0, 1\}$ 满足存在唯一 x 使 $f(x) = 1$。设计一个量子算法用一次 U_f 即可得到 x。

6.34 证明：

(1) $Q|\Psi_1\rangle = (1 - 2a)|\Psi_1\rangle - 2a|\Psi_0\rangle$；

(2) $Q|\Psi_0\rangle = 2(1 - a)|\Psi_1\rangle + (1 - 2a)|\Psi_0\rangle$。

6.35 证明：$Q|\Psi_\pm\rangle = e^{\pm i 2\theta_a}|\Psi_\pm\rangle$。

6.36 证明：

(1) $\mathcal{A}|0^n\rangle = |\Psi\rangle = \frac{-i}{\sqrt{2}}(e^{i\theta_a}|\Psi_+\rangle - e^{-i\theta_a}|\Psi_-\rangle)$；

(2) $Q^j|\Psi\rangle = \frac{-i}{\sqrt{2}}(e^{(2j+1)i\theta_a}|\Psi_+\rangle - e^{-(2j+1)i\theta_a}|\Psi_-\rangle)$；

(3) $Q^j|\Psi\rangle = \frac{1}{\sqrt{a}}\sin((2j+1)\theta_a)|\Psi_1\rangle + \frac{1}{\sqrt{1-a}}\cos((2j+1)\theta_a)|\Psi_0\rangle$。

6.16 * HHL 算法

本节对求解线性方程组的 HHL 算法作基本的介绍。HHL 算法由 Aram W. Harrow、Avinatan Hassidim 和 Seth Lloyd[17] 在 2009 年提出。当方程组的系数矩阵是稀疏的良态矩阵时，HHL 算法相比经典算法实现了关于矩阵维数的指数加速。HHL 算法的提出启发了人们利用量子算法高效处理某些矩阵运算，这可以对一些机器学习算法进行加速。因此，HHL 算法极大地促进了量子机器学习领域的发展。由于原始的 HHL 算法对于系数矩阵的约束条件较强，所以目前学术界也有一些关于 HHL 算法的改进研究。

现在我们来具体介绍 HHL 算法，先形式化地描述线性方程组求解问题的输入与输出。已知一个维度为 $N \times N$ 的系数矩阵 A，以及一个 N 维列向量 $\vec{b}$，目标是求解方程组 $A\vec{x} = \vec{b}$，得到向量 $\vec{x}$。

由于篇幅所限，本节主要讨论在系数矩阵 A 满足下面的一些限制条件的情况下如何求解出 $\vec{x}$，这足以展现出 HHL 算法的思想精髓。关于在限制条件放松的情况下如何求解方程组，HHL 算法的误差分析以及 HHL 算法的应用，读者可以进一步参考文献 [17]。

我们需要对问题的输入进行一些预处理，首先需要保证列向量 $\vec{b}$ 是归一化的。我们让系数矩阵 A 和列向量 $\vec{b}$ 同除以一个常数 $|\vec{b}|$，分别得到 A' 和 $\vec{b'}$，使得 $\vec{b'}$ 为一个单位向量。这样就将原问题转换为解方程组 $A'\vec{x} = \vec{b'}$，该方程组的解与原问题的解相等。

接下来需要保证方程组的系数矩阵 A 是 Hermitian 的。如果 A 不是 Hermitian 的，可以定义：

$$C = \begin{bmatrix} 0 & A \\ A^{\dagger} & 0 \end{bmatrix}$$

易知 C 是 Hermitian 的。

接下来可将原问题转化为求解方程组 $C\vec{y} = \begin{bmatrix} \vec{b} \\ 0 \end{bmatrix}$，可以得到 $\vec{y} = \begin{bmatrix} 0 \\ \vec{x} \end{bmatrix}$。因此从解 $\vec{y}$ 中可以获得原问题的解 $\vec{x}$。

此外，系数矩阵的条件数 κ 也是影响矩阵求逆算法的一个重要因素。随着系数矩阵条件数 κ 的增大，矩阵将逐渐变得趋于不可逆，方程组的解也将趋于不稳定。我们称解不稳定的方程组对应的系数矩阵为病态矩阵，称解稳定的方程组对应的系数矩阵为良态矩阵。

经过上面的预处理，保证了方程组的系数矩阵 A 为 Hermitian 的，并且列向量 $\vec{b}$ 为单位向量。记 ϵ 表示求得结果 $\vec{x}$ 与真实解之间的误差，进一步要求：

（1）矩阵的阶数 N 为 2 的整数幂，即 $N = 2^n$。

（2）矩阵 A 为 s-稀疏的且是行可有效计算的，即 A 每一行包含至多 s 个非零元素，并且给定一个行的下标时，这些非零元素可以用 $O(s)$ 的时间计算完毕。这样根据文献 [18]，我们可以 $\mathrm{ploy}(\log(N))$ 级别的基本门个数实现酉变换 $U = \mathrm{e}^{iAu}$，其中 u 取 $O\left(\dfrac{\kappa}{\epsilon}\right)$。

（3）矩阵 A 特征值位于 $\dfrac{1}{\kappa}$ 与 1 之间。

在上述这些条件下，HHL 算法的时间复杂度为 $O(\kappa^2 \log(N)/\epsilon)$。可见其时间复杂度为关于 N 的对数的多项式级别，相比同样在上述条件下最好的经典算法有着指数加速的优势。

在上述约束条件之下，假设已经将经典信息编码进了量子态，即拥有量子状态 $|b\rangle = \sum\limits_{i=1}^{N} |b_i\rangle$，以及受控 Hamiltonian 变换 $\sum\limits_{\tau=0}^{T-1} |\tau\rangle\langle\tau| \otimes \mathrm{e}^{iA\tau u/T}$，其中 $T = 2^t$ 为量子相位估计算法中与估计特征值的上界有关的参数。HHL 算法的量子电路如图 6.17 所示。

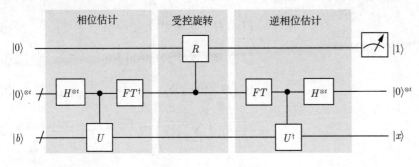

图 6.17　HHL 算法

如图 6.17 所示，HHL 算法流程可以大致分为相位估计、受控旋转与逆相位估计共三个阶段。HHL 算法所使用到的量子比特可以分为三组，最上面

一组只含 1 个量子比特，中间一组含 t 个量子比特，最下面一组含 n 个量子
比特。

给出 HHL 算法的具体步骤如下。

算法 6.12: HHL 算法

    输入: Hermitian 矩阵 A，状态 $|b\rangle$。

    输出: 编码方程组的解状态 $|x\rangle$。

(1) $|\psi_0\rangle = |0\rangle|0^t\rangle|b\rangle$。

(2) $|\psi_1\rangle = \left(I \otimes H^{\otimes t} \otimes I^{\otimes n}\right)|\psi_0\rangle$。

(3) $|\psi_2\rangle = \left(I \otimes \left(\sum\limits_{\tau=0}^{T-1} |\tau\rangle\langle\tau| \otimes \mathrm{e}^{iA\tau u/T}\right)\right)|\psi_1\rangle$。

(4) $|\psi_3\rangle = \left(I \otimes \mathrm{QFT}_T^\dagger \otimes I^{\otimes n}\right)|\psi_2\rangle$。

(5) 对 $|\psi_3\rangle$ 进行受控旋转，得到 $|\psi_4\rangle$，其中控制位为第二个寄存器，目标位为第一
    个寄存器。受控旋转的效果是，在相位估计阶段估计出特征值为 $\tilde{\lambda}_k$ 的条件下，
    将第一个寄存器的状态从 $|0\rangle$ 旋转至 $\sqrt{1 - \dfrac{C^2}{\tilde{\lambda}_k^2}}|0\rangle + \dfrac{C}{\tilde{\lambda}_k}|1\rangle$，其中 $C = O\left(\dfrac{1}{\kappa}\right)$。

(6) $|\psi_5\rangle = \left(I \otimes \mathrm{QFT}_T \otimes I^{\otimes n}\right)|\psi_4\rangle$。

(7) $|\psi_6\rangle = \left(I \otimes \left(\sum\limits_{\tau=0}^{T-1} |\tau\rangle\langle\tau| \otimes \mathrm{e}^{iA\tau u/T}\right)^\dagger\right)|\psi_5\rangle$。

(8) $|\psi_7\rangle = \left(I \otimes H^{\otimes t} \otimes I^{\otimes n}\right)|\psi_6\rangle$。

(9) 测量第一个寄存器，如果测量结果为 $|1\rangle$，那么说明算法执行成功，得到了答案
    $|x\rangle$；如果测量结果为 $|0\rangle$，那么需要重新执行算法，返回第（1）步。

现在对 HHL 算法进行分析。

在算法第（2）步后有

$$|\psi_1\rangle = \left(I \otimes H^{\otimes t} \otimes I^{\otimes n}\right)|\psi_0\rangle \tag{6.382}$$

$$= \left(I \otimes H^{\otimes t} \otimes I^{\otimes n}\right)|0\rangle|0^t\rangle|b\rangle \tag{6.383}$$

$$= |0\rangle\left(H^{\otimes t}|0^t\rangle\right)|b\rangle \tag{6.384}$$

$$= \frac{1}{\sqrt{T}}|0\rangle\left(\sum_{\tau=0}^{T-1}|\tau\rangle\right)|b\rangle \tag{6.385}$$

在算法第（3）步后有

$$|\psi_2\rangle = \left(I \otimes \left(\sum_{\tau=0}^{T-1}|\tau\rangle\langle\tau| \otimes \mathrm{e}^{iA\tau u/T}\right)\right)|\psi_1\rangle \tag{6.386}$$

$$= \left(I \otimes \left(\sum_{\tau=0}^{T-1} |\tau\rangle\langle\tau| \otimes \mathrm{e}^{iA\tau u/T} \right) \right) \left(\frac{1}{\sqrt{T}} |0\rangle \left(\sum_{\tau'=0}^{T-1} |\tau'\rangle \right) |b\rangle \right) \tag{6.387}$$

$$= \frac{1}{\sqrt{T}} |0\rangle \left(\left(\sum_{\tau=0}^{T-1} |\tau\rangle\langle\tau| \otimes \mathrm{e}^{iA\tau u/T} \right) \left(\sum_{\tau'=0}^{T-1} |\tau'\rangle \otimes |b\rangle \right) \right) \tag{6.388}$$

$$= \frac{1}{\sqrt{T}} |0\rangle \sum_{\tau=0}^{T-1} \sum_{\tau'=0}^{T-1} \left(|\tau\rangle\langle\tau|\tau'\rangle \right) \otimes \left(\mathrm{e}^{iA\tau u/T} |b\rangle \right) \tag{6.389}$$

$$= \frac{1}{\sqrt{T}} |0\rangle \sum_{\tau=0}^{T-1} |\tau\rangle \left(\mathrm{e}^{iA\tau u/T} |b\rangle \right) \tag{6.390}$$

在算法第（4）步后有

$$|\psi_3\rangle = \left(I \otimes \mathrm{QFT}_T^\dagger \otimes I^{\otimes n} \right) |\psi_2\rangle \tag{6.391}$$

$$= \left(I \otimes \mathrm{QFT}_T^\dagger \otimes I^{\otimes n} \right) \left(\frac{1}{\sqrt{T}} |0\rangle \sum_{\tau=0}^{T-1} |\tau\rangle \left(\mathrm{e}^{iA\tau u/T} |b\rangle \right) \right) \tag{6.392}$$

$$= \frac{1}{\sqrt{T}} |0\rangle \sum_{\tau=0}^{T-1} \left(\mathrm{QFT}_T^\dagger |\tau\rangle \right) \otimes \left(\mathrm{e}^{iA\tau u/T} |b\rangle \right) \tag{6.393}$$

$$= \frac{1}{\sqrt{T}} |0\rangle \sum_{\tau=0}^{T-1} \left(\frac{1}{\sqrt{T}} \sum_{k=0}^{T-1} \mathrm{e}^{-2\pi i \tau k/T} |k\rangle \right) \otimes \left(\mathrm{e}^{iA\tau u/T} |b\rangle \right) \tag{6.394}$$

$$= \frac{1}{T} |0\rangle \sum_{k=0}^{T-1} \sum_{\tau=0}^{T-1} \left(\mathrm{e}^{-2\pi i \tau k/T} |k\rangle \right) \otimes \left(\mathrm{e}^{iA\tau u/T} |b\rangle \right) \tag{6.395}$$

$$= \frac{1}{T} |0\rangle \sum_{k=0}^{T-1} |k\rangle \sum_{\tau=0}^{T-1} \mathrm{e}^{-2\pi i \tau k/T} \left(\mathrm{e}^{iA\tau u/T} |b\rangle \right) \tag{6.396}$$

注意到 A 为 Hermitian 的，因此其可以谱分解为 $A = \sum_{j=1}^{N} \lambda_j |u_j\rangle\langle u_j|$，其中矩阵 A 的特征值 λ_j 均为实数，$|u_j\rangle$ 为对应于特征值 λ_j 的特征向量。根据之前的假设，λ_j 位于 $\frac{1}{\kappa}$ 与 1 之间。根据 A 的谱分解，可以得到 $\mathrm{e}^{iA\tau u/T} = \sum_{j=1}^{N} \mathrm{e}^{i\lambda_j \tau u/T} |u_j\rangle\langle u_j|$。在 $\{|u_j\rangle\}$ 这组正交基下，$|b\rangle$ 也可以表示为 $|b\rangle = \sum_{j=1}^{N} \beta_j |u_j\rangle$。

因此可以继续对算法第（4）步后的状态整理如下：

$$|\psi_3\rangle = \frac{1}{T}|0\rangle \sum_{k=0}^{T-1}|k\rangle \sum_{\tau=0}^{T-1} e^{-2\pi i\tau k/T}\left(e^{iA\tau u/T}|b\rangle\right) \tag{6.397}$$

$$= \frac{1}{T}|0\rangle \sum_{k=0}^{T-1}|k\rangle \sum_{\tau=0}^{T-1} e^{-2\pi i\tau k/T}\left(\sum_{j=1}^{N} e^{i\lambda_j\tau u/T}|u_j\rangle\langle u_j|\left(\sum_{j'=1}^{N}\beta_{j'}|u_{j'}\rangle\right)\right) \tag{6.398}$$

$$= \frac{1}{T}|0\rangle \sum_{k=0}^{T-1}|k\rangle \sum_{\tau=0}^{T-1} e^{-2\pi i\tau k/T}\left(\sum_{j=1}^{N}\sum_{j'=1}^{N} e^{i\lambda_j\tau u/T}|u_j\rangle\langle u_j|\beta_{j'}|u_{j'}\rangle\right) \tag{6.399}$$

$$= \frac{1}{T}|0\rangle \sum_{k=0}^{T-1}|k\rangle \sum_{\tau=0}^{T-1} e^{-2\pi i\tau k/T}\left(\sum_{j=1}^{N}\sum_{j'=1}^{N} e^{i\lambda_j\tau u/T}\beta_{j'}|u_j\rangle\langle u_j|u_{j'}\rangle\right) \tag{6.400}$$

$$= \frac{1}{T}|0\rangle \sum_{k=0}^{T-1}|k\rangle \sum_{\tau=0}^{T-1} e^{-2\pi i\tau k/T}\left(\sum_{j=1}^{N} e^{i\lambda_j\tau u/T}\beta_j|u_j\rangle\right) \tag{6.401}$$

$$= \frac{1}{T}|0\rangle \sum_{k=0}^{T-1}|k\rangle \sum_{\tau=0}^{T-1}\sum_{j=1}^{N} e^{(\lambda_j u-2\pi k)i\tau/T}\beta_j|u_j\rangle \tag{6.402}$$

$$= \frac{1}{T}|0\rangle \sum_{j=1}^{N}\sum_{k=0}^{T-1}\left(\sum_{\tau=0}^{T-1} e^{(\lambda_j u/(2\pi)-k)2\pi i\tau/T}\beta_j|k\rangle|u_j\rangle\right) \tag{6.403}$$

注意到：

$$\left|\sum_{\tau=0}^{T-1} e^{(\lambda_j u/(2\pi)-k)2\pi i\tau/T}\right| \tag{6.404}$$

$$= \begin{cases} \left|\sum_{\tau=0}^{T-1}1\right| = T, & \frac{\lambda_j u}{2\pi} = k \\ \left|\dfrac{e^{(\lambda_j u/(2\pi)-k)2\pi i}-1}{e^{(\lambda_j u/(2\pi)-k)2\pi i/T}-1}\right|, & \frac{\lambda_j u}{2\pi} \neq k \end{cases} \tag{6.405}$$

实际上，算法第（2）步到第（4）步整体上是一个量子相位估计的过程。由量子相位估计算法的分析过程可知，$\left|\sum_{\tau=0}^{T-1} e^{(\lambda_j u/(2\pi)-k)2\pi i\tau/T}\right|$ 比较大当且仅

当 $\lambda_j \approx \dfrac{2\pi k}{u}$。对于矩阵 A 的每个特征值 λ_j，算法会用 $\dfrac{2\pi k}{u}$ 来估计 λ_j，其中 $k = 0, 1, \cdots, T-1$，越接近 λ_j 的 $\dfrac{2\pi k}{u}$ 对应振幅的模越大，也就是说其对应的概率也越大。因为 λ_j 均在 $\dfrac{1}{\kappa}$ 与 1 之间，且 $u = O\left(\dfrac{\kappa}{\epsilon}\right)$，所以可以在指定的精度需求 ϵ 下不遗漏与比较准确地估计出所有 λ_j。由于第二个寄存器状态 $|k\rangle$ 对应的特征值的估计值为 $\dfrac{2\pi k}{u}$，所以可以将 $|k\rangle$ 逻辑上重新标号为 $|\tilde{\lambda}_k\rangle$，这样可以更明确地表示该状态对应的特征值为 $\tilde{\lambda}_k = \dfrac{2\pi k}{u}$。因此 $|\psi_3\rangle$ 也可以写为

$$|\psi_3\rangle = \frac{1}{T}|0\rangle \sum_{j=1}^{N} \sum_{k=0}^{T-1} \left(\sum_{\tau=0}^{T-1} e^{(\lambda_j u/(2\pi)-k)2\pi i\tau/T} \right) \beta_j |\tilde{\lambda}_k\rangle |u_j\rangle \qquad (6.406)$$

在算法的第（5）步，将用一个受控旋转门作用于 $|\psi_3\rangle$，该受控旋转门根据第二个寄存器的状态控制第一个寄存器的状态旋转，即根据估计的特征值 $\tilde{\lambda}_k$ 对第一个寄存器进行相应的旋转。受控旋转后的状态为

$$|\psi_4\rangle = \frac{1}{T} \sum_{j=1}^{N} \sum_{k=0}^{T-1} \left(\sum_{\tau=0}^{T-1} e^{(\lambda_j u/(2\pi)-k)2\pi i\tau/T} \right) \left(\sqrt{1-\frac{C^2}{\tilde{\lambda}_k^2}}|0\rangle + \frac{C}{\tilde{\lambda}_k}|1\rangle \right) \beta_j |\tilde{\lambda}_k\rangle |u_j\rangle$$
$$(6.407)$$

其中 $\tilde{\lambda}_k = \dfrac{2\pi k}{u}$。

为了更清晰地说明算法的效果，假设对每个 λ_j 的估计都是完全准确的，即对每个 j，都存在一个 k 使得 $\left| \sum_{\tau=0}^{T-1} e^{(\lambda_j u/(2\pi)-k)2\pi i\tau/T} \right| = T$ 并且 $\tilde{\lambda}_k = \lambda_j$。这样就可以将第（5）步后的状态写为

$$|\psi_4\rangle = \sum_{j=1}^{N} \left(\sqrt{1-\frac{C^2}{\lambda_j^2}}|0\rangle + \frac{C}{\lambda_j}|1\rangle \right) \beta_j |\lambda_j\rangle |u_j\rangle \qquad (6.408)$$

算法第（6）步到第（8）步整体上是一个量子相位估计逆变换的过程，也是第（2）步到第（4）步的逆过程。在逆量子相位估计过程后的系统状态中，第二个寄存器将恢复到初始状态并与第三个寄存器解纠缠，第一个寄存器与第

三个寄存器存在纠缠。有

$$|\psi_7\rangle = \sum_{j=1}^{N} \left(\sqrt{1 - \frac{C^2}{\lambda_j^2}}|0\rangle + \frac{C}{\lambda_j}|1\rangle \right) \beta_j |0^t\rangle |u_j\rangle \tag{6.409}$$

在算法第（9）步测量第一个寄存器后，如果测量结果为 $|1\rangle$，那么将有如下系统状态：

$$\sqrt{\frac{1}{\sum\limits_{j=1}^{N} C^2 |\beta_j|^2 / |\lambda_j|^2}} \sum_{j=1}^{N} \frac{C}{\lambda_j} \beta_j |1\rangle |0^t\rangle |u_j\rangle \tag{6.410}$$

$$= |1\rangle |0^t\rangle \sqrt{\frac{1}{\sum\limits_{j=1}^{N} |\beta_j|^2 / |\lambda_j|^2}} \sum_{j=1}^{N} \frac{\beta_j}{\lambda_j} |u_j\rangle \tag{6.411}$$

此时第三个寄存器中的状态为

$$|x\rangle = \sqrt{\frac{1}{\sum\limits_{j=1}^{N} |\beta_j|^2 / |\lambda_j|^2}} \sum_{j=1}^{N} \frac{\beta_j}{\lambda_j} |u_j\rangle \tag{6.412}$$

该状态离方程组的真实解 $\vec{x} = A^{-1}\vec{b} = \sum\limits_{j=1}^{N} \frac{\beta_j}{\lambda_j} \vec{u_j}$ 只差一个归一化因子。可以通过第（9）步测量获得状态 $|1\rangle$ 的概率来确定该归一化因子。这样就可以通过 HHL 算法获得方程组的解。可见 HHL 算法使用到的量子比特总数为 $n + t + 1$，使用到基本门的个数为关于 $\log(N)$ 的多项式级别，其相比已知最好的经典算法有着时间复杂度关于 N 的指数加速优势。

线性方程组在科学和工程中的许多领域都发挥了重要作用，在这些领域中有着大量的需要求解线性方程组的情景。特别是对于一些复杂和困难的问题，可能需要一种求解维数巨大的方程组的高效算法。求解线性方程组的量子算法有希望在这些问题上发挥其独特的作用。

6.17 * 变分量子特征值求解算法

在本节中，我们将讨论变分量子特征求解算法（Variational Quantum Eigensolver，VQE），这一算法在 2014 年由 Alberto Peruzzo 等[19] 提出，是

最早的一种变分量子算法。作为一种可在含噪量子设备上实现的量子-经典混合算法，VQE 算法受到了广大学者们的青睐，可用于求解量子体系的基态和低激发态，在量子多体物理、量子化学等领域具有广泛的应用前景，还被数学家用来求解非线性微分方程和非线性偏微分方程组等问题。

　　量子系统的量子模拟包括量子系统时间演化的模拟和基态属性的计算。基态计算问题要求如下：对某些体系的哈密顿量 H，找到其最小特征值 E_g，满足 $H|\psi_g\rangle = E_g|\psi_g\rangle$，其中 $|\psi_g\rangle$ 是 E_g 对应的特征向量。目前没有找到有效的量子算法制备一般哈密顿量的基态，但对于某些特定的哈密顿量是可以的，也就是说 VQE 算法可用于寻找哈密顿量的基态。该算法可用于寻找一个较大矩阵 H 的特征值（包括最小特征值），它是量子与经典混合算法，算法示意图如图 6.18 所示。

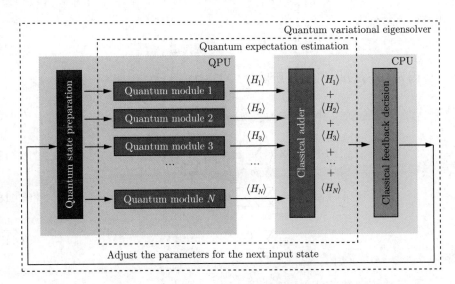

图 6.18　VQE 算法示意图

　　VQE 算法需要借助于量子力学中的变分原理。下面描述变分原理，量子力学中的求解哈密顿量平均值取极小问题，与求解带约束条件（波函数满足归一化）的薛定谔方程这个二阶偏微分方程问题等价。薛定谔方程是一个二阶线性偏微分方程，有时候很难求出基态波函数的光滑解，也很难求得它的基态能量 E_g。在定性理论研究中，人们去寻找弱解，即广义解，或者在计算数学中用有限元，有限差分，谱方法等方法去寻找数值解。然而，变分原理给出了 E_g

的一个上限。通过巧妙地运用变分原理，这个上限可以非常接近精确值。下面描述变分原理。

定理 6.17   设 H 是一个哈密顿量，$|\psi\rangle$ 是任意一个试验态，E_g 是体系的基态能量，则有

$$E_g \leqslant \langle \psi | H | \psi \rangle \equiv \langle H \rangle \tag{6.413}$$

其中 $\langle H \rangle$ 代表哈密顿量 H 在 $|\psi\rangle$ 态下的期望值。

证明   因为哈密顿量 H 的特征向量可构成一组完备的标准正交系（正交模基）$\{|\psi_i\rangle\}$，所以有

$$|\psi\rangle = \sum_n c_n |\psi_n\rangle \tag{6.414}$$

由薛定谔方程有

$$H |\psi_n\rangle = E_n |\psi_n\rangle \tag{6.415}$$

因为 $|\psi\rangle$ 是归一化的，所以

$$1 = \langle \psi \mid \psi \rangle \tag{6.416}$$

$$= \left\langle \sum_m c_m \psi_m \mid \sum_n c_n \psi_n \right\rangle \tag{6.417}$$

$$= \sum_m \sum_n c_m^* c_n \langle \psi_m \mid \psi_n \rangle \tag{6.418}$$

$$= \sum_n |c_n|^2 \tag{6.419}$$

由于特征向量满足 $\langle \psi_m \mid \psi_n \rangle = \delta_{mn}$，所以

$$\langle H \rangle = \left\langle \sum_m c_m \psi_m \middle| H \sum_n c_n \psi_n \right\rangle \tag{6.420}$$

$$= \sum_m \sum_n c_m^* E_n c_n \langle \psi_m \mid \psi_n \rangle \tag{6.421}$$

$$= \sum_n E_n |c_n|^2 \tag{6.422}$$

既然基态能量是最小的特征值，即 $E_g \leqslant E_n$，那么

$$\langle H \rangle \geqslant E_{\mathrm{g}} \sum_n |c_n|^2 = E_{\mathrm{g}} \tag{6.423}$$

定理证毕。　　　　　　　　　　　　　　　　　　　　　　　　　　　　□

从上述证明过程可看出，如果选择 $|\psi\rangle$ 为体系的基态 $|\psi_g\rangle$（即 E_g 对应的单位特征向量），则体系的平均能量 $\langle H \rangle = E_g$。如果选择的试验态 $|\psi\rangle$ 不是基态，那么计算得到的 $\langle H \rangle$ 将远大于 E_g。解决此问题的方法是引入一组参数，通过多次调节参数来调节试验态，使其最终接近体系的基态。

除了量子力学中的变分原理，VQE 算法还用到了量子力学中的量子绝热定理。下面回忆一下量子绝热定理。

定理 6.18　设某一体系的哈密顿量随时间而变化，记为 $H(t)(t \leqslant t_f)$，初始时刻体系处于基态 $|\psi_0(0)\rangle$（即 $H(0)$ 最小特征值对应的单位特征向量）。如果体系演化得足够缓慢，则演化到最终的 t_f 时刻时，体系仍然会处于此时的基态 $|\psi_0(t_f)\rangle$ 上。

如何用绝热量子计算来计算一个哈密顿量（记为 $H(t_f)$）的基态能量呢？有以下思路。

（1）初始时使体系哈密顿量足够简单（记为 $H(0)$），并且状态处于 $H(0)$ 的基态。

（2）调控体系，使其哈密顿量随时间而变化：$H(t) = (1 - s(t))H(0) + s(t)H(t_f)$，其中 $s(0) = 0, s(t_f) = 1$。

（3）根据绝热定理，如果系统演化足够缓慢，则演化到 t_f 时刻时，体系哈密顿量为 $H(t_f)$，状态处于 $H(t_f)$ 的基态 $|\psi_0(t_f)\rangle$。

（4）通过测量和计算得到 $H(t_f)$ 的基态能量 $\langle \psi_0(t_f)|H(t_f)|\psi_0(t_f)\rangle$。

绝热量子计算模型和门模型是等效的，用门模型模拟绝热量子计算模型方法，主要是逼近的思想。对于哈密顿量 H 不随时间演化的情况（量子静力学问题），根据薛定谔方程有

$$|\psi(t_f)\rangle = \mathrm{e}^{-\frac{iH \cdot t_f}{\hbar}}|\psi(0)\rangle \tag{6.424}$$

其中 H 为哈密顿量，$|\psi(0)\rangle$ 为初态，t_f 为演化时间，$\hbar$ 为约化普朗克常数。

对于哈密顿量 H 随时间演化的情况（量子动力学问题），极少能严格求解。因为我们考虑的是哈密顿量变化足够缓慢的情况，所以有

$$|\psi(t_f)\rangle \approx e^{-\frac{iH(t_{n-1})\cdot(t_n-t_{n-1})+\cdots+iH(t_0)\cdot(t_1-t_0)}{\hbar}}|\psi(0)\rangle \tag{6.425}$$

其中 $H(t_{n-1})$ 与 $H(t_0)$ 分别为 t_{n-1} 与 t_0 时刻的哈密顿量；$t_n = t_f$，$t_0 = 0$，且保证相邻时刻足够接近。

因为要保证相邻时刻足够接近，即 $t_i - t_{i-1}$ 足够小，所以需要很多量子门，花销无法承受。可以采用经典优化的方法不断优化参数。

下面详细描述 VQE 算法流程，其算法示意图如图（6.18）所示。假设算法目标为求出哈密顿量 $H(t_f)$ 的基态能量 E_0（$H(t_f)$ 的最小特征值）。

（1）根据化学体系构建哈密顿量 $H(t_f)$，并选择一个简单哈密顿量 $H(0)$ 作为初始时刻哈密顿量。设 $H(t) = (1 - s(t))H(0) + s(t)H(t_f)$，其中 $s(0) = 0$，$s(t_f) = 1$。

（2）初始化 $|\psi(0)\rangle$：为 $H(0)$ 的基态。

（3）制备试验态 $|\psi(\vec{\theta_n})\rangle$：利用幺正耦合团簇（Unitary Coupled Cluster，UCC）理论和渐进近似定理，由一些含参数 $\vec{\theta_n}$ 的量子门形成酉算子 $U(\vec{\theta_n})$，量子态变为 $|\psi(\vec{\theta_n})\rangle = U(\vec{\theta_n})|\psi\rangle$。

这一步是用 $U(\vec{\theta_n})$ 模拟 $|\psi\rangle$ 在 $H(t)$ 下的演化，目标是使 $|\psi(\vec{\theta_n})\rangle$ 尽可能接近 $H(t_f)$ 的基态。

（4）通过测量和计算求出子项期望 $\langle H_i\rangle = \langle\psi(\vec{\theta_n})|H_i|\psi(\vec{\theta_n})\rangle$，子项期望求和得到 $H(t_f)$ 期望 $\langle H(t_f)\rangle = \sum_i\langle H_i\rangle$。

（5）如果 $\langle H(t_f)\rangle$ 下降的程度小于某个阈值，则算法终止，输出结果 $\langle H(t_f)\rangle$；否则用经典优化器（例如梯度下降等）优化参数 $\vec{\theta_n}$ 为 $\vec{\theta_{n+1}}$，并跳转到（3）。

在测量试验态能量时，VQE 采用量子期望估计算法。量子期望估计，指对于多电子体系的哈密顿量可展开成多个子项的和，即

$$H(t_f) = \sum_{i=1}^{N} H_i \tag{6.426}$$

由于

$$\langle H_i\rangle = \langle\psi(t_f)|H_i|\psi(t_f)\rangle \tag{6.427}$$

所以求和后得到

$$\langle H(t_f) \rangle = \sum_i \langle H_i \rangle \tag{6.428}$$

因此，对于求解体系哈密顿量的问题，可以先求出每个子项的平均能量，再对平均能量求和，就可以得到体系总的平均能量。在算法运行过程中，对每个子项的平均能量测量，要借助量子处理器；而对平均能量的求和则采用经典处理器完成。

6.18　* 量子近似优化算法

之前介绍的量子算法主要都是基于量子查询模型的算法，下面将介绍另一类量子算法——量子近似优化算法（Quantum Approximate Optimization Algorithm, QAOA）。量子近似优化算法是一种应用广泛的优化算法（E. Farhi 等[20] 首次提出）。这是一种量子-经典混合算法，它利用哈密顿量和量子态操作等量子力学工具，通过经典迭代过程来解决目标函数的优化问题。与大多数近似优化算法一样，量子近似优化算法并不一定保证能找到目标函数的全局最优解，但是会以较高的概率找到一个近似最优解。当今量子计算机底层技术正处于中等规模带噪声量子（NISQ）时代，因此量子近似优化算法相比之前的量子查询算法，更有机会在较大规模上被实现。人们目前发现图论中的最大割问题、压缩图形信号问题等优化问题可以被 QAOA 算法较好地解决。

一个 QAOA 算法的基本组成部分是：目标函数、初始状态、相位算子和混合算子，其中，被 QAOA 算法优化的目标函数的一般形式如下：

$$\max_{x \in \{0,1\}^l} C(x) \tag{6.429}$$

对于一个具体的目标函数 C，可以考虑一个与之对应的哈密顿量 H_P，其作用效果为

$$H_P|x\rangle = C(x)|x\rangle \tag{6.430}$$

不难发现，每一个量子态 $|x\rangle$ 都是哈密顿量 H_P 的一个特征向量，其对应的特征值为 $C(x)$。这样，我们就将原来的优化问题转化为了求哈密顿量 H_P 的最大特征值问题。

为了求解 H_P 的最大特征值，先定义相位算子 $U_P(\gamma)$ 如下：

$$U_P(\gamma) = \mathrm{e}^{-i\gamma H_P} \tag{6.431}$$

其中 γ 是一个参数。不难发现，$U_P(\gamma)$ 是 2^l 维 Hilbert 空间中的一种旋转算子。

进一步定义混合哈密顿量如下：

$$H_M = \sum_{i=1}^{l} X_i \tag{6.432}$$

其中，$\boldsymbol{X}_i$ 是作用在第 i 个量子比特上的泡利 X 矩阵。

通常 QAOA 算法的初始状态为均匀叠加态

$$|+\rangle^{\otimes l} = \frac{1}{\sqrt{2^l}} \sum_{x \in \{0,1\}^l} |x\rangle \tag{6.433}$$

一个 k 层的 QAOA 算法的操作流程为

$$|\psi_P(\gamma,\beta)\rangle = \mathrm{e}^{-i\beta_k H_M}\mathrm{e}^{-i\gamma_k H_P}\mathrm{e}^{-i\beta_{k-1}H_M}\mathrm{e}^{-i\gamma_{k-1}H_P}\cdots \times$$
$$\mathrm{e}^{-i\beta_2 H_M}\mathrm{e}^{-i\gamma_2 H_P}\mathrm{e}^{-i\beta_1 H_M}\mathrm{e}^{-i\gamma_1 H_P}|+\rangle^{\otimes l} \tag{6.434}$$

其中，$|\psi_P(\gamma,\beta)\rangle$ 是关于 $2k$ 个参数 γ_i，β_i $(i=1,2,\cdots,k)$ 的一个函数，而 H_P 在 $|\psi_P(\gamma,\beta)\rangle$ 下的期望值

$$C_P(\gamma,\beta) = \langle\psi_P(\gamma,\beta)|H_P|\psi_P(\gamma,\beta)\rangle \tag{6.435}$$

也是关于 $2k$ 个参数 γ_i，β_i $(i=1,2,\cdots,k)$ 的一个函数。

我们可以通过在计算基下重复测量 $|\psi_P(\gamma,\beta)\rangle$ 来获得 $C_P(\gamma,\beta)$ 的值。类似于经典优化算法，可以通过迭代等技术找到最优的参数 γ_i,β_i $(i=1,2,\cdots,k)$。

假设当前我们运行算法找到了一组优化后的参数 (γ^*,β^*)，可以定义性能指标如下：

$$r = \frac{\langle C^*\rangle}{C_{\max}} = \frac{\langle\psi_P(\gamma^*,\beta^*)|H_P|\psi_P(\gamma^*,\beta^*)\rangle}{C_{\max}} \tag{6.436}$$

其中 $C_{\max}$ 是函数 C 的最大值。不难得出，经过了有限次的迭代次数有 $0 \leqslant r \leqslant 1$。随着 k 的增加，QAOA 算法的性能指标 r 将单调增加。随着 k 趋于 $+\infty$，QAOA 算法将趋于找到全局最优解。

　　然而，层数最浅的 QAOA 算法（即 $k = 1$）依然具有较好的性能。一般来说，QAOA 算法不可以被视为经典优化算法的一种特殊情况，而应该被视为经典优化算法的更一般的形式。从理论上也可以证明[21]，QAOA 算法相比另一类量子优化算法——量子退火算法有着更好的时间运行性能。因此，QAOA 算法是一种很有意义的量子-经典混合算法。

6.19　小结

　　在量子计算的发展史中，量子算法引人注目，这是由于解决某些问题的量子算法相比已知最好的经典算法可以提供多项式级别甚至指数级别的加速。本章首先探讨了量子算法与经典概率算法的关系，接着介绍了一般形式的量子查询模型及查询复杂度的相关概念与性质。之后，本章对于量子计算发展史上的一些重要量子算法进行了详细介绍。

　　希望本章激发读者学习量子算法的兴趣，让读者了解量子算法中重要算法的基本流程、正确性分析与效率分析。本章介绍的量子算法主要采用的思想是量子相位估计与量子振幅扩大。希望读者能重点掌握这两种设计量子算法的方法和思想，并熟悉运用这两种方法设计量子算法解决一些实际问题。目前，设计量子算法的方法还不太多，期待未来也有更多读者加入到量子算法的研究中，也期待未来有更多新颖的量子算法被发现。

参考文献

[1] QIU D W, ZHENG S G. Characterizations of symmetrically partial Boolean functions with exact quantum query complexity[A]. 2016: arXiv:1603.06505.

[2] DEUTSCH D. Quantum theory, the Church-Turing principle and the universal quantum computer[J]. Proceedings of the Royal Society of London. A. Mathematical and Physical Sciences, 1985, 400(1818): 97-117.

[3] DEUTSCH D, JOZSA R. Rapid solution of problems by quantum computation[J]. Proceedings of the Royal Society of London. Series A: Mathematical and Physical Sciences, 1992, 439(1907): 553-558.

[4] MONTANARO A, JOZSA R, MITCHISON G. On exact quantum query complexity[J]. Algorithmica, 2015, 71(4): 775-796.

[5]   SIMON D R. On the power of quantum computation[C]//Proceedings of the 35th Annual Symposium on Foundations of Computer Science. 1994: 116-123.

[6]   DE WOLF R. Quantum computing[Z]. QuSoft, CWI and University of Amsterdam, Lecture Notes, 2019.

[7]   CAI G Y, QIU D W. Optimal separation in exact query complexities for Simon's problem[J]. Journal of Computer and System Sciences, 2018, 97: 83-93.

[8]   NAYAK A. Deterministic algorithms for the hidden subgroup problem[A]. 2021: arXiv:2104.14436.

[9]   BRASSARD G, HÖYER P. An exact quantum polynomial-time algorithm for Simon's problem[C]//Proceedings of the Fifth Israeli Symposium on Theory of Computing and Systems. 1997: 12-23.

[10] KOIRAN P, NESME V, PORTIER N. A quantum lower bound for the query complexity of Simon's problem[C]//International Colloquium on Automata, Languages, and Programming. 2005: 1287-1298.

[11] WU Z G, QIU D W, TAN J W, et al. Quantum and classical query complexities for generalized Simon's problem[J]. Theoretical Computer Science, 2022, 924: 171-186.

[12] WATROUS J. Introduction to quantum computing[Z]. University of Waterloo, Lecture Notes, 2005.

[13] BRASSARD G, HOYER P, MOSCA M, et al. Quantum amplitude amplification and estimation[J]. Contemporary Mathematics, 2002, 305: 53-74.

[14] SHOR P W. Algorithms for quantum computation: discrete logarithms and factoring[C]//Proceedings 35th annual symposium on foundations of computer science. 1994: 124-134.

[15] KAYE P, LAFLAMME R, MOSCA M. An introduction to quantum computing [M]. Oxford, 2006.

[16] GROVER L K. A fast quantum mechanical algorithm for database search[C]// Proceedings of the twenty-eighth annual ACM symposium on Theory of computing. 1996: 212-219.

[17] HARROW A W, HASSIDIM A, LLOYD S. Quantum algorithm for linear systems of equations[J]. Physical Review Letters, 2009, 103(15): 150502.

[18] BERRY D W, AHOKAS G, CLEVE R, et al. Efficient quantum algorithms for simulating sparse Hamiltonians[J]. Communications in Mathematical Physics, 2006, 270(2): 359-371.

[19] PERUZZO A, MCCLEAN J, SHADBOLT P, et al. A variational eigenvalue solver on a photonic quantum processor[J]. Nature Communications, 2014, 5(4213): 1-7.

[20] FARHI E, GOLDSTONE J, GUTMANN S. A quantum approximate optimization algorithm[A]. 2014: arXiv:1411.4028.

[21] CHO C H, CHEN C Y, CHEN K C, et al. Quantum computation: Algorithms and applications[J]. Chinese Journal of Physics, 2021, 72: 248-269.

第 7 章 量子计算复杂性

量子计算复杂性理论是理论计算机科学的重要内容，它刻画了量子计算所需的时间与空间等资源的数量，可以用来体现量子算法的优劣。首先，介绍几个计算复杂类记号：设函数 $f: \mathbb{Z}^+ \to \mathbb{R}$，记

$$O(f(n)) = \{g | g \in \mathbb{R}^{\mathbb{Z}^+}, \exists c > 0, N > 0, \text{使 } n \geqslant N \text{ 时}, g(n) \leqslant cf(n)\} \tag{7.1}$$

$$\Omega(f(n)) = \{g | g \in \mathbb{R}^{\mathbb{Z}^+}, \exists c > 0, N > 0, \text{使 } n \geqslant N \text{ 时}, g(n) \geqslant cf(n)\} \tag{7.2}$$

$$\Theta(f(n)) = O(f(n)) \cap \Omega(f(n)) \tag{7.3}$$

设字母表 $\Sigma = \{0, 1\}$，$L \subseteq \Sigma^*$ 为语言。若算法 $\mathcal{A}$ 满足对任意 $x \in L$，$\mathcal{A}$ 接受 x；对任意 $x \notin L$，$\mathcal{A}$ 拒绝 x，则称算法 $\mathcal{A}$ 可判定语言 L。

例 7.1 判定任意正整数 n 是否为素数等价于判定 n 的二进制表示的 0、1 串是否在语言 PRIME 中，语言 PRIME 的定义如下：

$$\text{PRIME} = \{10, 11, 010, 011, 101, 111, \cdots\} \tag{7.4}$$

例 7.2 判定给定图 x 是否为可 3 染色的是指判定图 x 是否满足用三种颜色对图的任意顶点涂色，并使得任意一条边的两个顶点颜色不同。该问题等价于判定一个表示 x 的串是否属于语言 3-COLOURABLE（简称 3-COL，即由所有可 3 染色图构成的集合）。

可以用 0、1 串 x 以如下方式来表示图。设图 x 有 n 个顶点 $v_1, v_2, \cdots, v_n$，记边 $e_1 = \{v_1, v_2\}$，$e_2 = \{v_1, v_3\}$，$\cdots$，$e_{n-1} = \{v_1, v_n\}$，$e_n = \{v_2, v_3\}$，$\cdots$，$e_{\frac{n(n-1)}{2}} = \{v_{n-1}, v_n\}$。用串 $x_1 x_2 \cdots x_{\frac{n(n-1)}{2}}$ 表示该图，其中 $x_j = 1$ 当且仅当图 x 包含边 e_j；$x_j = 0$ 当且仅当图 x 不包含边 e_j。图 7.1 给出一个可 3 染色图的例子。

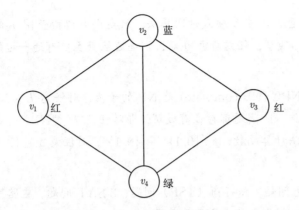

图 7.1　101111 ∈ 3-COL

以下给出计算复杂性理论中一些常见语言类的定义及例子。

定义 7.1　语言类 P 是指对任意 $L \in$ P，存在确定性多项式时间（关于输入串长度的多项式）算法 $\mathcal{A}$，使得对任意 $x \in \Sigma^*$，$\mathcal{A}$ 接受 x 当且仅当 $x \in L$。

定义 7.2　语言类 BPP 是指对任意 $L \in$ BPP，存在有界误差概率多项式时间算法 $\mathcal{A}$，使得对任意 $x \in \Sigma^*$，若 $x \in L$，则 $\mathcal{A}$ 接受 x 的概率至少为 $\dfrac{2}{3}$；若 $x \notin L$，则 $\mathcal{A}$ 接受 x 的概率至多为 $\dfrac{1}{3}$。

注 7.1　其实定义 7.2 中的 $\dfrac{2}{3}$ 可改为 $\dfrac{1}{2}+\delta$，$\dfrac{1}{3}$ 可改为 $\dfrac{1}{2}-\delta$，其中 $0 < \delta < \dfrac{1}{2}$。

定义 7.3　语言类 BQP 是指对任意 $L \in$ BQP，存在有界误差多项式时间量子算法 $\mathcal{A}$，使得对任意 $x \in \Sigma^*$，若 $x \in L$，则 $\mathcal{A}$ 接受 x 的概率至少为 $\dfrac{2}{3}$；若 $x \notin L$，则 $\mathcal{A}$ 接受 x 的概率至多为 $\dfrac{1}{3}$。

定义 7.4　语言类 NP 是指对任意 $L \in$ NP，存在多项式时间算法 $\mathcal{A}(a,b)$，对任意 $x \in \Sigma^*$，若 $x \in L$，则存在一个输入 y 使得 $\mathcal{A}(x,y)$ 输出接受；若 $x \notin L$，则对任意输入 y，$\mathcal{A}(x,y)$ 都输出拒绝，其中 $|y| \leqslant P(|x|)$，P 表示多项式函数。

注 7.2　语言类 NP 是不确定型图灵机在多项式时间内可判定的问题，也是确定型图灵机在多项式时间内可验证的问题。

例 7.3　令语言 $L =$ 3-COL，可知 $L \in$ NP，这是因为对任意 $x \in L$，取 y 为

x 的 3 色着色，存在多项式时间算法，只要逐条边检查图 x 的两顶点颜色是否不同；对 $x \notin L$，任意着色 y 后，则逐边检查至少有连一边的两个顶点的颜色一样。

定义 7.5　NPC (NP-complete) 是 NP 的子类，对任意 $L \in \text{NPC}$，若 L 有有效解，则任意 NP 问题都存在有效解，即对任意 $L' \in \text{NP}$，存在经典确定性多项式时间算法计算函数：$f : \{0,1\}^* \to \{0,1\}^*$，对任意 $x \in \Sigma^*$，$x \in L'$ 当且仅当 $f(x) \in L$。

例 7.4　3-色问题，旅行商（TSP）问题，3-SAT 问题，电路可满足（CSAT）问题，子集和问题等都为 NPC 问题。

注 7.3　整数分解和图同构问题是 NP 问题，但目前未证明它们是否为 NPC 问题。

　　3-SAT 问题是首个被证明为 NPC 的问题，由于许多问题都可以转化为 3-SAT 问题，所以它在计算机科学中具有非常重要的作用，接下来介绍其相关定义。

定义 7.6　3-CNF 公式为由若干子句通过合取构成的布尔公式，其中每个子句由 3 个布尔变元或其否定变元通过析取构成。

例 7.5　令 $\Phi = (a_1 \vee \overline{a_2} \vee a_3) \wedge (a_4 \vee a_5 \vee \overline{a_3}) \wedge (a_6 \vee a_7 \vee a_2)$，该 3-CNF 公式的一组成真赋值为 $a_1 = 1$, $a_2 = 0$, $a_3 = 0$, $a_4 = 1$, $a_5 = 1$, $a_6 = 1$, $a_7 = 0$。

定义 7.7　3-SAT 问题为判定一个 3-CNF 公式是否存在成真赋值。

定义 7.8　语言类 PSPACE 是指对任意 $L \in \text{PSPACE}$，存在经典多项式空间算法 $\mathcal{A}$，使得对任意 $x \in \Sigma^*$，$\mathcal{A}$ 接受 x 当且仅当 $x \in L$。

注 7.4　$\text{P} \subseteq \text{BPP} \subseteq \text{BQP} \subseteq \text{PSPACE}$，$\text{P} \subseteq \text{NP} \subseteq \text{PSPACE}$。

习　　题

7.1　证明 $f(n)$ 是 $O(g(n))$ 当且仅当 $g(n)$ 是 $\Omega(f(n))$。证明 $f(n)$ 是 $\Theta(g(n))$ 当且仅当 $g(n)$ 是 $\Theta(f(n))$。

7.2　设 $g(n)$ 是次数为 k 的多项式，证明对任意 $l \geqslant k$，$g(n)$ 是 $O(n^l)$。

7.3　证明对任意 $k > 0$，$\log n$ 是 $O(n^k)$。

7.4 证明对任意 k, n^k 是 $O(n^{\log n})$, 但 $n^{\log n}$ 不是 $O(n^k)$。

7.5 证明对任意 $c > 1$, c^n 是 $\Omega(n^{\log n})$, 但 $n^{\log n}$ 不是 $\Omega(c^n)$。

7.6 设 $e(n)$ 是 $O(f(n))$ 且 $g(n)$ 是 $O(h(n))$, 证明 $e(n)g(n)$ 是 $O(f(n)h(n))$。

7.1 重访量子查询模型

给定一个布尔函数 $f : \{0,1\}^n \to \{0,1\}$, 令 $N = 2^n$。定义查询算子:

$$O_{\mathbf{X}} : |i\rangle|b\rangle \to |i\rangle|b \oplus X_i\rangle \tag{7.5}$$

其中 $\mathbf{X} = X_0 X_1 \cdots X_{N-1}$, $X_i = f(i) \in \{0,1\}$, $0 \leqslant i < N$。

给定另一个布尔函数 $F : \{0,1\}^N \to \{0,1\}$。

关于串 $\mathbf{X} = X_0 X_1 \cdots X_{N-1}$ 的搜索问题是指找到 $X_j = 1$, 其中 $0 \leqslant j < N$。关于串 $\mathbf{X} = X_0 X_1 \cdots X_{N-1}$ 的判定问题是指判定是否存在 $X_j = 1$, 其中 $0 \leqslant j < N$。搜索问题一般不比判定问题容易。根据串 $\mathbf{X} = X_0 X_1 \cdots X_{N-1}$, 3-SAT 问题可重新定义如下:

定义 7.9 令 Φ 为 3-SAT 公式且有 n 个变元 $x_1, x_2, \cdots, x_n$, 令 $N = 2^n$。设 $0, 1, \cdots, N-1$ 分别为 $x_1 x_2 \cdots x_n$ 的 N 个赋值。定义布尔函数 $f_\Phi(x)$: $\{0,1\}^n \to \{0,1\}$ 为若 $\Phi(x) = 1$, 则 $f_\Phi(x) = 1$; 若 $\Phi(x) = 0$, 则 $f_\Phi(x) = 0$, 其中 $x = x_1 x_2, \cdots, x_n$。令 $X_j = f_\Phi(j)$, 3-SAT 问题可重新定义为判定串 $\mathbf{X} = X_0 X_1 \cdots X_{N-1}$ 中是否存在 $X_j = 1$, 其中 $0 \leqslant j < N$。

任意 T 次量子查询模型一般定义为从初态 $|00 \cdots 0\rangle$ 开始, 应用酉算子 U_0 得到状态 $U_0|00 \cdots 0\rangle$, 接着应用查询算子 $O_{\mathbf{X}}$, 之后应用酉算子 U_1, 接着应用查询算子 $O_{\mathbf{X}}$, 如此类推, 在 T 次查询后, 应用酉算子 U_T 得到终态 $|\psi_T\rangle$, 即 $|\psi_T\rangle = U_T O_{\mathbf{X}} \cdots U_1 O_{\mathbf{X}} U_0 |00 \cdots 0\rangle$, 最后测量得到结果。

本书介绍的算法大多属于量子查询算法, 如 Shor 算法的求阶用到量子查询算法, 量子搜索算法和量子振幅扩大算法都属于量子查询算法。

查询算法通过调用 $O_{\mathbf{X}}$ 查询关于串 $\mathbf{X}$ 的信息来计算布尔函数 $F(\mathbf{X})$, 调用 $O_{\mathbf{X}}$ 的次数称为算法的查询复杂度。任意算法计算函数 F 的值所调用 $O_{\mathbf{X}}$ 的最少次数, 称为函数 F 的查询复杂度。

任意查询算法 $\mathcal{A}$ 的复杂度可表示为 $Q_{\mathcal{A}}C_Q + C_{\mathcal{A}}$，其中 $Q_{\mathcal{A}}$ 为 $\mathcal{A}$ 的查询次数，C_Q 为实施每次查询所需要的计算复杂度，$C_{\mathcal{A}}$ 为所有非查询运算所需要的计算复杂度。在 Shor 算法中，$Q_{\mathcal{A}}C_Q$ 和 $C_{\mathcal{A}}$ 关于输入规模是多项式时间级别的，因而运行时间是多项式级别的。在量子搜索算法中，对于布尔函数 $f : \{0, 1, \cdots, N-1\} \to \{0, 1\}$，为找到一个使得 $f(x) = 1$ 的解，其查询复杂度上界为 $O(\sqrt{N})$，之后将证明至少需要 $\Omega(\sqrt{N})$ 查询，因而量子搜索算法复杂度为 $\Theta(\sqrt{N})$。

以下给出布尔函数 F 的经典查询复杂度定义。

定义 7.10 布尔函数 F 的经典确定性查询复杂度 $D(F)$ 是指任意给定一个经典确定性查询算法，其对任意 $\mathbf{X} \in \{0, 1\}^N$，计算 $F(\mathbf{X})$ 的最少查询次数。

以下给出布尔函数 F 的量子精确查询复杂度定义。

定义 7.11 布尔函数 F 的精确量子查询复杂度 $Q_E(F)$ 是指任意给定一个量子查询算法，其对任意 $\mathbf{X} \in \{0, 1\}^N$，精确计算 $F(\mathbf{X})$ 的最少查询次数。

以下给出布尔函数 F 的有界误差量子查询复杂度定义。

定义 7.12 布尔函数 F 的有界误差量子查询复杂度 $Q_2(F)$ 是指任意给定一个量子查询算法，其对任意 $\mathbf{X} \in \{0, 1\}^N$，以至少 $\frac{2}{3}$ 的概率正确计算 $F(\mathbf{X})$ 的最少查询次数。

7.2 量子状态区分

记 $|\psi^{\mathbf{X}}\rangle$ 和 $|\psi^{\mathbf{Y}}\rangle$ 为量子查询算法 $\mathcal{A}$ 分别查询串 $\mathbf{X}$ 和 $\mathbf{Y}$ 生成的量子态。

定理 7.1 对于输入量子态 $|\psi^{\mathbf{Z}}\rangle$，设 $|\psi^{\mathbf{Z}}\rangle \in \{|\psi^{\mathbf{X}}\rangle, |\psi^{\mathbf{Y}}\rangle\}$，若任意量子状态区分算法猜测 $\mathbf{Z} = \mathbf{X}$ 或 $\mathbf{Z} = \mathbf{Y}$，则其猜测正确的概率最大为 $1 - \epsilon = \frac{1}{2} + \frac{1}{2}\sqrt{1 - \delta^2}$，其中 ϵ 为出错概率，$\delta = |\langle \psi^{\mathbf{X}} | \psi^{\mathbf{Y}} \rangle|$。

证明 以下描述量子状态区分算法。设存在酉算子 U，使得

$$U|\psi^{\mathbf{X}}\rangle = |\phi^{\mathbf{X}}\rangle = \cos\theta|0\rangle + \sin\theta|1\rangle \tag{7.6}$$

$$U|\psi^{\mathbf{Y}}\rangle = |\phi^{\mathbf{Y}}\rangle = \sin\theta|0\rangle + \cos\theta|1\rangle \tag{7.7}$$

其中 $0 \leqslant \theta \leqslant \dfrac{\pi}{4}$。

在标准正交基下测量量子态 $|\phi^{\mathbf{X}}\rangle$ 或 $|\phi^{\mathbf{Y}}\rangle$，若测量结果为 0，则算法输出 $\mathbf{X}$；若测量结果为 1，则算法输出 $\mathbf{Y}$。由于该算法输出正确的概率为 $\cos^2\theta$，所以 $1 - \epsilon = \cos^2\theta$，即 $\epsilon = \sin^2\theta$。由

$$\delta = |\langle\psi^{\mathbf{X}}|\psi^{\mathbf{Y}}\rangle| \tag{7.8}$$

$$= |\langle\psi^{\mathbf{X}}|U^\dagger U|\psi^{\mathbf{Y}}\rangle| \tag{7.9}$$

$$= |\langle\phi^{\mathbf{X}}|\phi^{\mathbf{Y}}\rangle| \tag{7.10}$$

$$= \sin 2\theta \tag{7.11}$$

可得

$$\epsilon = \frac{1}{2} - \frac{1}{2}\sqrt{1 - \delta^2} \tag{7.12}$$

$$\delta = 2\sqrt{\epsilon(1 - \epsilon)} \tag{7.13}$$

以下证明上述量子状态区分算法是最优的，即没有更好的量子状态区分法以高于 $\dfrac{1}{2} + \dfrac{1}{2}\sqrt{1 - \delta^2}$ 的概率输出正确解。

一般量子状态区分算法可对输入状态添加若干辅助比特，辅助比特记为 anc，然后对添加了辅助比特的整个状态应用酉算子，最后测量第一个比特。

设算法以 $1 - \epsilon_x$ 的概率正确识别 $|\psi^{\mathbf{X}}\rangle$，以 $1 - \epsilon_y$ 的概率正确识别 $|\psi^{\mathbf{Y}}\rangle$。设 $\epsilon = \max(\epsilon_x, \epsilon_y)$，则算法输出正确解的概率为 $1 - \epsilon$。设存在酉算子 U'，使得

$$U'|\psi^{\mathbf{X}}\rangle|00\cdots0\rangle = \sqrt{1 - \epsilon_x}|0\rangle|\mathrm{anc}(x,0)\rangle + \sqrt{\epsilon_x}|1\rangle|\mathrm{anc}(x,1)\rangle \tag{7.14}$$

$$U'|\psi^{\mathbf{Y}}\rangle|00\cdots0\rangle = \sqrt{\epsilon_y}|0\rangle|\mathrm{anc}(y,0)\rangle + \sqrt{1 - \epsilon_y}|1\rangle|\mathrm{anc}(y,1)\rangle \tag{7.15}$$

综上可得

$$\delta = |\langle\psi^{\mathbf{X}}|\psi^{\mathbf{Y}}\rangle| \tag{7.16}$$

$$= |\langle\psi^{\mathbf{X}}|\langle00\cdots0|U'^\dagger U'|\psi^{\mathbf{Y}}\rangle|00\cdots0\rangle| \tag{7.17}$$

$$= |\sqrt{(1 - \epsilon_x)\epsilon_y}\langle\mathrm{anc}(x,0)|\mathrm{anc}(y,0)\rangle +$$

$$\sqrt{(1 - \epsilon_y)\epsilon_x} \langle \mathrm{anc}(x, 1)|\mathrm{anc}(y, 1)\rangle| \tag{7.18}$$

$$\leqslant \sqrt{(1 - \epsilon_x)\epsilon_y} + \sqrt{(1 - \epsilon_y)\epsilon_x} \tag{7.19}$$

为使得满足上述不等式的 ϵ 取得最小值，令 $\epsilon = \epsilon_x = \epsilon_y$，可得

$$\epsilon \geqslant \frac{1}{2} - \frac{1}{2}\sqrt{1 - \delta^2} \tag{7.20}$$

定理证毕。 $\square$

思 考 题

7.7 试用 0、1 串编码表示 3-SAT 问题。

7.3 搜索问题下界

给定一个布尔函数 $f : \{0, 1\}^n \to \{0, 1\}$，搜索问题是找到 $x \in \{0, 1\}^n$ 使得 $f(x) = 1$。判定问题为判断给定的一个问题是否存在解。由于通过搜索问题的解可得到判定问题的解，所以判定问题的复杂度下界是搜索问题的复杂度下界。

求解空间含 N 个元素的有界误差量子搜索算法，其算法查询复杂度为 $O(\sqrt{N})$。一个自然的问题是能否设计一个查询次数更少的量子算法，期望其具有复杂性优势。以下将证明搜索问题的下界，该结果证明 Grover 算法是最优的，即不存在查询复杂度少于 $\Omega(\sqrt{N})$ 的搜索算法。

定义 7.13 令 $\mathbf{X}_s = X_0 X_1 \cdots X_{N-1} \in \{0, 1\}^N$ 且 $X_r = 1$ 当且仅当 $r = s$，其中 $s \in \{0, 1, \cdots, N-1\}$。记 $S = \{\mathbf{X}_s | s = 0, 1, \cdots, N-1\}$ 为串 $\{0, 1\}^N$ 中只有一个 1 的串的集合。

引理 7.1 任意给定一个有界误差量子查询算法 $\mathcal{A}$，记 $|\psi_j\rangle = \sum\limits_{r=0}^{N-1} \alpha_{r,j}|r\rangle|\phi_{r,j}\rangle$ 为 $\mathcal{A}$ 第 $j + 1$ 次查询零串前的状态，记 $|\psi_j^s\rangle = \sum\limits_{r=0}^{N-1} \beta_{r,j}|r\rangle|\phi_{r,j}^s\rangle$ 为 $\mathcal{A}$ 第 $j + 1$ 次查询 $\mathbf{X}_s$ 前的状态，记 $|\widetilde{\psi}_{j+1}^s\rangle = U_{j+1}|\psi_j^s\rangle$，其中 $j \in \{0, 1, \cdots, T-1\}$，则有

$$|||\widetilde{\psi}_{j+1}^s\rangle - |\psi_{j+1}^s\rangle|| \leqslant 2|\beta_{s,j}| \tag{7.21}$$

$$|||\psi_j\rangle - |\psi_j^s\rangle|| \leqslant 2|\beta_{s,0}| + \cdots + 2|\beta_{s,j-1}| \tag{7.22}$$

证明　先证不等式 (7.21)。

$$|||\widetilde{\psi}_{j+1}^s\rangle - |\psi_{j+1}^s\rangle|| \tag{7.23}$$

$$=||U_{j+1}|\psi_j^s\rangle - U_{j+1}O_{\mathbf{X}_s}|\psi_j^s\rangle|| \tag{7.24}$$

$$=||\sum_{r=0}^{N-1}\beta_{r,j}|r\rangle|\phi_{r,j}^s\rangle - O_{\mathbf{X}_s}\left(\sum_{r=0}^{N-1}\beta_{r,j}|r\rangle|\phi_{r,j}^s\rangle\right)|| \tag{7.25}$$

$$=||\sum_{r\neq s}\beta_{r,j}|r\rangle|\phi_{r,j}^s\rangle + \beta_{s,j}|s\rangle|\phi_{s,j}^s\rangle - \tag{7.26}$$

$$\left(\sum_{r\neq s}\beta_{r,j}|r\rangle|\phi_{r,j}^s\rangle + O_{\mathbf{X}_s}\beta_{s,j}|s\rangle|\phi_{s,j}^s\rangle\right)||$$

$$=||\beta_{s,j}|s\rangle|\phi_{s,j}^s\rangle - O_{\mathbf{X}_s}\beta_{s,j}|s\rangle|\phi_{s,j}^s\rangle|| \tag{7.27}$$

$$\leqslant ||\beta_{s,j}|s\rangle|\phi_{s,j}^s\rangle|| + ||O_{\mathbf{X}_s}\beta_{s,j}|s\rangle|\phi_{s,j}^s\rangle|| \tag{7.28}$$

$$=||\beta_{s,j}|s\rangle|\phi_{s,j}^s\rangle|| + ||\beta_{s,j}|s\rangle|\phi_{s,j}^s\rangle|| \tag{7.29}$$

$$=2|\beta_{s,j}| \tag{7.30}$$

以下用数学归纳法证不等式 (7.22)。

当 $j = 1$ 时，有

$$|||\psi_1\rangle - |\psi_1^s\rangle|| \tag{7.31}$$

$$=||U_1|\psi_0\rangle - |\psi_1^s\rangle|| \tag{7.32}$$

$$=||U_1U_0|00\cdots 0\rangle - |\psi_1^s\rangle|| \tag{7.33}$$

$$=||U_1|\psi_0^s\rangle - |\psi_1^s\rangle|| \tag{7.34}$$

$$=|||\widetilde{\psi}_1^s\rangle - |\psi_1^s\rangle|| \tag{7.35}$$

$$\leqslant 2|\beta_{s,0}| \tag{7.36}$$

假设当 $j = k$ 时不等式 (7.22) 成立，即 $|||\psi_k\rangle - |\psi_k^s\rangle|| \leqslant 2|\beta_{s,0}| + \cdots +$

$2|\beta_{s,k-1}|$，以下证明当 $j = k + 1$ 时不等式 (7.22) 也成立，其中 $k \geqslant 1$。

$$||\,|\psi_{k+1}\rangle - |\psi_{k+1}^s\rangle\,|| \tag{7.37}$$

$$= ||U_{k+1}|\psi_k\rangle - U_{k+1}O_{\mathbf{X}_s}|\psi_k^s\rangle|| \tag{7.38}$$

$$= ||\,|\psi_k\rangle - O_{\mathbf{X}_s}|\psi_k^s\rangle\,|| \tag{7.39}$$

$$= ||\,|\psi_k\rangle - O_{\mathbf{X}_s}|\psi_k^s\rangle + |\psi_k^s\rangle - |\psi_k^s\rangle\,|| \tag{7.40}$$

$$= ||\,|\psi_k\rangle - |\psi_k^s\rangle + |\psi_k^s\rangle - O_{\mathbf{X}_s}|\psi_k^s\rangle\,|| \tag{7.41}$$

$$\leqslant ||\,|\psi_k\rangle - |\psi_k^s\rangle\,|| + ||\,|\psi_k^s\rangle - O_{\mathbf{X}_s}|\psi_k^s\rangle\,|| \tag{7.42}$$

$$\leqslant 2|\beta_{s,0}| + \cdots + 2|\beta_{s,k-1}| + ||U_{k+1}|\psi_k^s\rangle - U_{k+1}O_{\mathbf{X}_s}|\psi_k^s\rangle|| \tag{7.43}$$

$$= 2|\beta_{s,0}| + \cdots + 2|\beta_{s,k-1}| + ||\,|\widetilde{\psi}_{k+1}^s\rangle - |\psi_{k+1}^s\rangle\,|| \tag{7.44}$$

$$\leqslant 2|\beta_{s,0}| + \cdots + 2|\beta_{s,k-1}| + 2|\beta_{s,k}| \tag{7.45}$$

引理证毕。   □

引理 7.2　若 $|\phi_1\rangle$ 和 $|\phi_2\rangle$ 为量子态且维数相同，则

$$||\,|\phi_1\rangle - |\phi_2\rangle\,|| \leqslant c \Rightarrow |\langle\phi_1|\phi_2\rangle| \geqslant 1 - \frac{c^2}{2} \tag{7.46}$$

证明　因为

$$||\,|\phi_1\rangle - |\phi_2\rangle\,|| \leqslant c \Rightarrow ||\,|\phi_1\rangle - |\phi_2\rangle\,||^2 \leqslant c^2 \tag{7.47}$$

$$\Leftrightarrow (\langle\phi_1| - \langle\phi_2|)(|\phi_1\rangle - |\phi_2\rangle) \leqslant c^2 \tag{7.48}$$

$$\Leftrightarrow 1 - \langle\phi_1|\phi_2\rangle - \langle\phi_2|\phi_1\rangle + 1 \leqslant c^2 \tag{7.49}$$

$$\Leftrightarrow \frac{\langle\phi_1|\phi_2\rangle + \langle\phi_2|\phi_1\rangle}{2} \geqslant 1 - \frac{c^2}{2} \tag{7.50}$$

且

$$|\langle\phi_1|\phi_2\rangle| \geqslant \frac{\langle\phi_1|\phi_2\rangle + \langle\phi_2|\phi_1\rangle}{2} \tag{7.51}$$

所以

$$|\langle \phi_1 | \phi_2 \rangle| \geqslant 1 - \frac{c^2}{2} \tag{7.52}$$

因此, 有

$$|||\phi_1\rangle - |\phi_2\rangle|| \leqslant c \Rightarrow |\langle \phi_1 | \phi_2 \rangle| \geqslant 1 - \frac{c^2}{2} \tag{7.53}$$

引理证毕。 □

引理 7.3　任意有界误差量子查询算法成功区分零串与 N 个属于集合 S 的串 $\mathbf{X}_s$ 需要 $\Omega(\sqrt{N})$ 次查询, 其中 $S = \{\mathbf{X}_s : s = 0, 1, \cdots, N-1\}$ 为串 $\{0,1\}^N$ 中只有一个 1 的串的集合。

证明　任意给定一个 T 次有界误差量子查询算法 $\mathcal{A}$, 记

$$|\psi_j\rangle = \sum_{r=0}^{N-1} \alpha_{r,j} |r\rangle |\phi_{r,j}\rangle \tag{7.54}$$

为 $\mathcal{A}$ 第 $j+1$ 次查询零串前的状态, 则

$$|\psi_T\rangle = \sum_{r=0}^{N-1} \alpha_{r,T} |r\rangle |\phi_{r,T}\rangle \tag{7.55}$$

为 $\mathcal{A}$ 查询零串的终态。

记

$$|\psi_j^s\rangle = \sum_{r=0}^{N-1} \beta_{r,j} |r\rangle |\phi_{r,j}^s\rangle \tag{7.56}$$

为 $\mathcal{A}$ 第 $j+1$ 次查询 $\mathbf{X}_s$ 前的状态, 则

$$|\psi_T^s\rangle = \sum_{r=0}^{N-1} \beta_{r,T} |r\rangle |\phi_{r,T}^s\rangle \tag{7.57}$$

为 $\mathcal{A}$ 查询非零串 $\mathbf{X}_s$ 的终态。

算法 $\mathcal{A}$ 为了以有界误差区分非零串 $\mathbf{X}_s$ 与零串，其须使得 $|\psi_T^s\rangle$ 与 $|\psi_T\rangle$ 几乎正交。由引理 7.1 可得，在 $\mathcal{A}$ 查询 T 次非零串 $\mathbf{X}_s$ 后，有

$$|||\psi_T\rangle - |\psi_T^s\rangle|| \leqslant 2\sum_{t=0}^{T-1}|\beta_{s,t}| \tag{7.58}$$

由定理 7.1 可得，若算法 $\mathcal{A}$ 以有界误差成功区分 1 个非零串 $\mathbf{X}_s$ 与零串，可看作以至少 $\dfrac{2}{3}$ 的概率成功区分 1 个非零串 $\mathbf{X}_s$ 与零串，则须满足下述不等式：

$$1 - \epsilon = \frac{1}{2} + \frac{1}{2}\sqrt{1-\delta^2} \geqslant \frac{2}{3} \tag{7.59}$$

其中 ϵ 为算法 $\mathcal{A}$ 的出错概率，$\delta = |\langle\psi_T|\psi_T^s\rangle|$，即须满足

$$\delta = |\langle\psi_T|\psi_T^s\rangle| \leqslant \frac{2\sqrt{2}}{3} \tag{7.60}$$

由引理 7.2 可得以下不等式：

$$|\langle\psi_T|\psi_T^s\rangle| \leqslant 1 - \frac{c^2}{2} \Rightarrow |||\psi_T\rangle - |\psi_T^s\rangle|| \geqslant c \tag{7.61}$$

为使得 $|\langle\psi_T|\psi_T^s\rangle| \leqslant \dfrac{2\sqrt{2}}{3}$，令 $1 - \dfrac{c^2}{2} \leqslant \dfrac{2\sqrt{2}}{3}$，得 $c^2 \geqslant 2 - \dfrac{4\sqrt{2}}{3}$，有

$$|||\psi_T\rangle - |\psi_T^s\rangle|| \geqslant c > \frac{1}{3} \tag{7.62}$$

且由于 $|||\psi_T\rangle - |\psi_T^s\rangle|| \leqslant 2\sum_{t=0}^{T-1}|\beta_{s,t}|$，所以可得

$$\sum_{t=0}^{T-1}|\beta_{s,t}| \geqslant \frac{1}{2}|||\psi_T\rangle - |\psi_T^s\rangle|| \geqslant \frac{c}{2} > \frac{1}{6} \tag{7.63}$$

若算法 $\mathcal{A}$ 以有界误差成功区分 N 个非零串 $\mathbf{X}_s$ 与零串，其中 $s = 0, 1, \cdots, N-1$，则有

$$\sum_{s=0}^{N-1}\sum_{t=0}^{T-1}|\beta_{s,t}| > \frac{1}{6}N \tag{7.64}$$

由于 $|\psi_t^s\rangle = \sum\limits_{s=0}^{N-1} \beta_{s,t}|s\rangle|\phi_{s,t}^s\rangle$ 是单位向量,所以 $\sum\limits_{s=0}^{N-1}|\beta_{s,t}|^2 = 1$。由 Cauchy－Schwarz 不等式得 $\sum\limits_{s=0}^{N-1}|\beta_{s,t}| \leqslant \sqrt{N}$。因此,有

$$\sum_{s=0}^{N-1}\sum_{t=0}^{T-1}|\beta_{s,t}| = \sum_{t=0}^{T-1}\sum_{s=0}^{N-1}|\beta_{s,t}| \leqslant T\sqrt{N} \tag{7.65}$$

由不等式 (7.64) 与不等式 (7.65) 可得 $T > \dfrac{1}{6}\sqrt{N}$。引理证毕。 □

注 7.5　Cauchy－Schwarz 不等式是指对任意实数 $a_1, a_2, \cdots, a_N$ 与 $b_1, b_2, \cdots, b_N$,有 $(a_1b_1 + a_2b_2 + \cdots + a_Nb_N)^2 \leqslant (a_1^2 + a_2^2 + \cdots + a_N^2)(b_1^2 + b_2^2 + \cdots + b_N^2)$。

定理 7.2　设 $\mathcal{A}$ 是任意有界误差量子查询算法,则对每个 $\mathbf{X} = X_0X_1\cdots X_{N-1} \in S \cup \{\mathbf{0}\}$,$\mathcal{A}$ 判定是否存在 $X_j = 1$ 的查询复杂度为 $\Omega(\sqrt{N})$,其中 S 为串 $\{0,1\}^N$ 中只有一个 1 的串的集合。

证明　由于对每个 $\mathbf{X} = X_0X_1\cdots X_{N-1} \in S \cup \{\mathbf{0}\}$,若存在 $X_j = 1$,则 $\mathbf{X} \in S$;若不存在 $X_j = 1$,则 $\mathbf{X} \in \{\mathbf{0}\}$。因此,任意给定一有界误差量子查询算法 $\mathcal{A}$,若其对每个 $\mathbf{X} \in S \cup \{\mathbf{0}\}$,能判定是否存在 $X_j = 1$,则能区分 $\mathbf{X} \in S$ 还是 $\mathbf{X} \in \{\mathbf{0}\}$。由引理 7.3 可知,算法 $\mathcal{A}$ 对每个 $\mathbf{X} \in S \cup \{\mathbf{0}\}$,区分 $\mathbf{X} \in S$ 还是 $\mathbf{X} \in \{\mathbf{0}\}$ 需要 $\Omega(\sqrt{N})$ 次查询。因此,算法 $\mathcal{A}$ 对每个 $\mathbf{X} \in S \cup \{\mathbf{0}\}$,判定是否存在 $X_j = 1$ 的查询复杂度为 $\Omega(\sqrt{N})$,定理证毕。 □

推论 7.1　令 $T \subseteq \{0,1\}^N$,且 $S \cup \{\mathbf{0}\} \subseteq T$,则对每个 $\mathbf{X} \in T$,判定是否存在 $X_j = 1$ 的量子查询复杂度为 $\Omega(\sqrt{N})$,其中 $\mathbf{X} = X_0X_1\cdots X_{N-1}$。

证明　任意给定一有界误差量子查询算法 $\mathcal{A}$,若其对每个 $\mathbf{X} \in T$,能判定是否存在 $X_j = 1$,则由 $S \cup \{\mathbf{0}\} \subseteq T$ 可得对每个 $\mathbf{X} \in S \cup \{\mathbf{0}\}$,算法 $\mathcal{A}$ 能判定是否存在 $X_j = 1$。结合定理 7.2 可得,算法 $\mathcal{A}$ 对每个 $\mathbf{X} \in T$,判定是否存在 $X_j = 1$ 的查询复杂度为 $\Omega(\sqrt{N})$,推论证毕。 □

推论 7.2　令 $T \subseteq \{0,1\}^N$ 满足 $S \cup \{\mathbf{0}\} \subseteq T$,则对每个 $\mathbf{X} \in T$,找到 $X_j = 1$ 的量子查询复杂度为 $\Omega(\sqrt{N})$,其中 $\mathbf{X} = X_0X_1\cdots X_{N-1}$。

证明　任意给定一有界误差量子查询算法 $\mathcal{A}$，若算法 $\mathcal{A}$ 对每个 $\mathbf{X} \in T$，能找到 $X_j = 1$，则其能判定是否存在 $X_j = 1$，再由推论 7.1 可证得该推论。　□

推论 7.3　判定每个含 n 个变量的 3-SAT 公式 Φ 是否存在可满足赋值的量子查询复杂度为 $\Omega(\sqrt{N})$，其中 $N = 2^n$。

证明　由本节习题 7.8 可得 $S \cup \{0\} \subseteq \{\mathbf{X} | \mathbf{X} = X_0 X_1 \cdots X_{N-1}, X_j = f_\Phi(j)\}$。任意给定一有界误差量子查询算法 $\mathcal{A}$，若算法 $\mathcal{A}$ 能判定每个 3-SAT 公式 Φ 是否存在可满足赋值，则其对每个 $\mathbf{X} \in \{\mathbf{X} | \mathbf{X} = X_0 X_1 \cdots X_{N-1}, X_j = f_\Phi(j)\}$，能判定是否存在 $X_j = 1$，再由推论 7.1 可证得该推论。　□

习　题

7.8　令 Φ 表示某些含 n 个变元的 3-SAT 公式，令 $N = 2^n$，证明 $S \cup \{\mathbf{0}\} \subseteq \{\mathbf{X} | \mathbf{X} = X_0 X_1 \cdots X_{N-1}, X_j = f_\Phi(j)\}$，$S \cup \{\mathbf{0}\}$ 表示含最多一个 1 的 N 位比特串集。

7.4　多项式法

多项式法是量子查询复杂性中求解问题复杂度下界的重要方法，具体可参考文献 [1-2]。以下先给出多线性多项式的基本定义。

对于 N 位比特串 $\mathbf{X} = X_0 X_1 \cdots X_{N-1} \in \{0,1\}^N$，$I \subseteq [N]$，其中 $[N] = \{0, 1, \cdots, N-1\}$，单项式定义为

$$X_I = \prod_{i \in I} X_i \tag{7.66}$$

单项式的度定义为集合 I 的基数，即 $|I|$。

含 N 个变量的多线性多项式定义为

$$p(\mathbf{X}) = \sum_{I \subseteq [N]} c_I X_I \tag{7.67}$$

其中 c_I 为复数。

多线性多项式 p 的度定义为其所有单项式的度的最大值，即

$$\deg(p) = \max\{|I| \, | \, c_I \neq 0\} \tag{7.68}$$

定义 7.14 对于 N-变量多项式 $p : \mathbb{R}^N \to \mathbb{R}$，若对任意 $\mathbf{X} \in \{0,1\}^N$ 有 $p(\mathbf{X}) = F(\mathbf{X})$，则称 p 表示布尔函数 F，其中 $F : \{0,1\}^N \to \{0,1\}$。

引理 7.4 任意 N-变量函数 $F : \{0,1\}^N \to \{0,1\}$ 有唯一的多线性多项式 $p : \mathbb{R}^N \to \mathbb{R}$ 表示。

证明 多项式表示的存在性是显然的，即令

$$p(\mathbf{X}) = \sum_{\mathbf{Y} \in \{0,1\}^N} F(\mathbf{Y}) \prod_{k=0}^{N-1} [1 - (Y_k - X_k)^2] \tag{7.69}$$

以下证多项式表示唯一性。设 $p_1(\mathbf{X}) = p_2(\mathbf{X})$，其中 $\mathbf{X} \in \{0,1\}^N$，则 $p_0(\mathbf{X}) = p_1(\mathbf{X}) - p_2(\mathbf{X})$ 表示零多项式。若 $p_0(\mathbf{X})$ 不是零多项式，不失一般性，令 $\alpha X_0 X_1 \cdots X_{k-1}$ 为 $p_0(\mathbf{X})$ 度最小的单项式，其中 $\alpha \neq 0$。对于串 $\mathbf{X}$，若 $X_0 = X_1 = \cdots = X_{k-1} = 1$，其余 X_j 为 0，则 $p_0(\mathbf{X}) = \alpha \neq 0$，这与 $p_0(\mathbf{X})$ 表示零多项式矛盾。因此 $p_0(\mathbf{X})$ 为零多项式且 $p_1(\mathbf{X}) = p_2(\mathbf{X})$，其中 $\mathbf{X} \in \{0,1\}^N$，引理证毕。 $\square$

定义 7.15 布尔函数 F 的度 $\deg(F)$ 为表示 F 的多线性多项式 p 的度。

例 7.6 含 N 个变量的 OR_N 函数的多项式表示为 $1 - \prod_{j=0}^{N-1}(1 - X_j)$，$\mathrm{OR}_N$ 函数的度为 $\deg(\mathrm{OR}_N) = N$。

定义 7.16 对于 N-变元多项式 $p : \mathbb{R}^N \to \mathbb{R}$，若对所有 $\mathbf{X} \in \{0,1\}^N$ 有 $|p(\mathbf{X}) - F(\mathbf{X})| \leqslant \dfrac{1}{3}$，则称 p 近似表示布尔函数 F，其中 $F : \{0,1\}^N \to \{0,1\}$。

定义 7.17 布尔函数 F 的近似度 $\widetilde{\deg}(F)$ 为所有近似表示 F 的多线性多项式 p 的最小度。

以下介绍多项式的对称化操作过程。令 $p : \mathbb{R}^N \to \mathbb{R}$ 为多项式。设 π 为置换，对于 $\mathbf{X} = X_0 \cdots X_{N-1}$，有 $\pi(\mathbf{X}) = X_{\pi(0)} \cdots X_{\pi(N-1)}$。令 S_N 为所有 $N!$ 个置换组成的集合。多项式 p 经对称化操作后的对称多项式 p^{sym} 定义为

$$p^{sym}(\mathbf{X}) = \frac{\sum_{\pi \in S_N} p(\pi(\mathbf{X}))}{N!} \tag{7.70}$$

其中 p^{sym} 的度不大于 p 的度，若 $p = X_0 - X_1$，则 $p^{sym} = 0$。以下介绍一个关于将 N-变量多项式化为单变量多项式的引理。

引理 7.5 若 $p: \mathbb{R}^N \to \mathbb{R}$ 为多线性多项式，则存在度最多为 p 的度的多项式 $q: \mathbb{R} \to \mathbb{R}$，使得对任意 $\mathbf{X} \in \{0, 1\}^N$ 有 $p^{sym}(\mathbf{X}) = q(|\mathbf{X}|)$。

证明 令 p^{sym} 的度为 d，且 d 不大于 p 的度。由于 p^{sym} 是对称的，所以可写为

$$p^{sym}(\mathbf{X}) = a_0 + a_1 V_1 + a_2 V_2 + \cdots + a_d V_d \tag{7.71}$$

其中 $a_i \in \mathbb{R}$，且

$$V_j = \binom{|\mathbf{X}|}{j} \tag{7.72}$$

$$= \frac{|\mathbf{X}|(|\mathbf{X}| - 1)(|\mathbf{X}| - 2) \cdots (|\mathbf{X}| - j + 1)}{j!} \tag{7.73}$$

其中 V_j 是关于 $|\mathbf{X}|$ 且度为 j 的多项式。

因此若单变量多项式 q 定义为

$$q(|\mathbf{X}|) = a_0 + a_1 \binom{|\mathbf{X}|}{1} + a_2 \binom{|\mathbf{X}|}{2} + \cdots + a_d \binom{|\mathbf{X}|}{d} \tag{7.74}$$

则有 $p^{sym}(\mathbf{X}) = q(|\mathbf{X}|)$，引理证毕。 $\qquad \square$

引理 7.6 设 $\mathcal{A}$ 是 T 次量子查询算法，则存在度最多为 T 的 N-变量复值多线性多项式 α_i，使得对任意 $\mathbf{X} \in \{0, 1\}^N$，$\mathcal{A}$ 最后的状态为 $\sum\limits_{i \in \{0,1\}^m} \alpha_i(\mathbf{X})|i\rangle$。

证明 施归纳法于查询次数，当 $T = 0$ 时，$\mathcal{A}$ 最后的状态为 $U_0|00\cdots0\rangle$，显然多项式度为 0。假设查询 k 次并用 U_k 作用后状态为 $\sum\limits_{z \in \{0,1\}^m} \alpha_z(\mathbf{X})|z\rangle$，其中 $\alpha_z(\mathbf{X})$ 是度最多为 k 的多线性多项式（$U_k O_{\mathbf{X}} U_{k-1} O_{\mathbf{X}} \cdots U_1 O_{\mathbf{X}} U_0|0\cdots0\rangle$）。注意到：

$$O_{\mathbf{X}}\left(\alpha_{i,0,w}(\mathbf{X})|i, 0, w\rangle + \alpha_{i,1,w}(\mathbf{X})|i, 1, w\rangle\right) \tag{7.75}$$

$$= \begin{cases} \alpha_{i,0,w}(\mathbf{X})|i, 0, w\rangle + \alpha_{i,1,w}(\mathbf{X})|i, 1, w\rangle, & \mathbf{X}_i = 0 \\ \alpha_{i,1,w}(\mathbf{X})|i, 0, w\rangle + \alpha_{i,0,w}(\mathbf{X})|i, 1, w\rangle, & \mathbf{X}_i = 1 \end{cases} \tag{7.76}$$

$$= ((1 - \mathbf{X}_i)\alpha_{i,0,w}(\mathbf{X}) + \mathbf{X}_i\alpha_{i,1,w}(\mathbf{X}))|i, 0, w\rangle +$$

$$(\mathbf{X}_i\alpha_{i,0,w}(\mathbf{X}) + (1 - \mathbf{X}_i)\alpha_{i,1,w}(\mathbf{X}))|i, 1, w\rangle \tag{7.77}$$

而 U_{k+1} 的作用不改变多项式度，故引理证毕。 □

接下来给出一些定理来刻画函数的量子查询复杂度。

定理 7.3 设 F 为布尔函数，则 $Q_E(F) \geqslant \dfrac{\deg(F)}{2}$。

证明 考虑精确计算 F 的量子查询算法 $\mathcal{A}$，其查询复杂度为 $Q_E(F)$。令 $\mathcal{B}$ 为算法 $\mathcal{A}$ 输出为 1 的基态集，则算法 $\mathcal{A}$ 输出 1 的概率为

$$p(\mathbf{X}) = \sum_{z \in \mathcal{B}} |\alpha_z(\mathbf{X})|^2 \tag{7.78}$$

由引理 7.6 可得 α_z 是度最多为 $Q_E(F)$ 的多项式，因此 $p(\mathbf{X})$ 的度最多为 $2Q_E(F)$。由于多项式 p 表示函数 F，所以 p 的度为 $\deg(F)$，因此 $\deg(F) \leqslant 2Q_E(F)$，即 $Q_E(F) \geqslant \dfrac{\deg(F)}{2}$，定理证毕。 □

例 7.7 由于 $\deg(\mathrm{OR}_N) = N$，所以 $Q_E(\mathrm{OR}_N) \geqslant \dfrac{N}{2}$。

例 7.8 函数 PARITY 定义为：若 $\mathbf{X}$ 有奇数个 1，则 $\mathrm{PARITY}(\mathbf{X}) = 1$；若 $\mathbf{X}$ 有偶数个 1，则 $\mathrm{PARITY}(\mathbf{X}) = 0$。由本节习题 7.10 可得 $\deg(\mathrm{PARITY}) = N$，所以 $Q_E(\mathrm{PARITY}) \geqslant \left\lceil \dfrac{N}{2} \right\rceil$。

定理 7.4 若 F 为布尔函数，则 $Q_2(F) \geqslant \dfrac{\widetilde{\deg}(F)}{2}$。

证明 考虑近似估计 F 的有界误差量子查询算法 $\mathcal{A}$，其查询复杂度为 $Q_2(F)$。令 $\mathcal{C}$ 为算法 $\mathcal{A}$ 输出为 1 的基态集，则算法 $\mathcal{A}$ 输出 1 的概率为 $p(\mathbf{X}) = \sum_{z \in \mathcal{C}} |\alpha_z(\mathbf{X})|^2$，由引理 7.6 可得 α_z 是度最多为 $Q_2(F)$ 的多项式，因此 $p(\mathbf{X})$ 的度最多为 $2Q_2(F)$。若 $F(\mathbf{X}) = 1$，则 $p(\mathbf{X}) \geqslant \dfrac{2}{3}$；若 $F(\mathbf{X}) = 0$，则 $p(\mathbf{X}) \leqslant \dfrac{1}{3}$。即对任意 $\mathbf{X} \in \{0,1\}^N$ 有 $|p(\mathbf{X}) - F(\mathbf{X})| \leqslant \dfrac{1}{3}$，因此 p 近似表示 F。由于 p 近

似表示 F，所以 F 的近似度 $\widetilde{\deg}(F)$ 不大于 p 的度，因此 $\widetilde{\deg}(F) \leqslant 2Q_2(F)$，即 $Q_2(F) \geqslant \dfrac{\widetilde{\deg}(F)}{2}$。定理证毕。 $\square$

接下来介绍一些例子，这些例子可以让我们体会到上述定理的用处。

例 7.9　由本节习题 7.11 可得 $\widetilde{\deg}(\text{OR}) \in \Theta(\sqrt{N})$，所以 $Q_2(\text{OR}) \in \Omega(\sqrt{N})$。由于有界误差量子搜索算法估计 OR 函数的查询复杂度为 $O(\sqrt{N})$，所以以下界 $\Omega(\sqrt{N})$ 是紧的。

例 7.10　由本节习题 7.12 可得 $\widetilde{\deg}(\text{PARITY}) = N$，所以 $Q_2(\text{PARITY}) \geqslant \left\lceil \dfrac{N}{2} \right\rceil$。

例 7.11　考虑函数 MAJORITY，该函数定义为：若 $\mathbf{X}$ 含 1 的个数超过 $\frac{N}{2}$，则 $\text{MAJORITY}(\mathbf{X}) = 1$；若 $\mathbf{X}$ 含 1 的个数不多于 $\frac{N}{2}$，则 $\text{MAJORITY}(\mathbf{X}) = 0$，其中 $\mathbf{X} \in \{0,1\}^N$。由本节习题 7.14 可得 $\widetilde{\deg}(\text{MAJORITY}) \in \Theta(N)$，因此 $Q_2(\text{MAJORITY}) \in \Omega(N)$。

例 7.12　考虑函数 THRESHOLD_M，该函数定义为：若 $\mathbf{X}$ 含 1 的个数至少为 M 个，则 $\text{THRESHOLD}_M(\mathbf{X}) = 1$，否则 $\text{THRESHOLD}_M(\mathbf{X}) = 0$，其中 $\mathbf{X} \in \{0,1\}^N$。由本节习题 7.15 可得

$$\widetilde{\deg}(\text{THRESHOLD}_M) \in \Theta(\sqrt{M(N-M+1)}) \tag{7.79}$$

因此 $Q_2(\text{THRESHOLD}_M) \in \Omega(\sqrt{M(N-M+1)})$。

敏感度是一个刻画函数查询复杂度的重要指标，以下介绍敏感度与块敏感度定义及相关定理。

定义 7.18　对于串 $\mathbf{X} \in \{0,1\}^N$，令 $\mathbf{X}^I$ 表示翻转下标集 I 对应的变量得到的串，一般将 $\mathbf{X}^{\{i\}}$ 简写为 $\mathbf{X}^i$，其中 $I \subseteq \{0,1,\cdots,N-1\}$。如对串 $\mathbf{X} = 10101$，有 $\mathbf{X}^{\{0,1,2\}} = 01001$，$\mathbf{X}^4 = 10100$。

布尔函数 F 在 $\mathbf{X}$ 上的敏感度 $s_{\mathbf{X}}(F)$ 定义为

$$s_{\mathbf{X}}(F) = |\{X_i | F(\mathbf{X}) \neq F(\mathbf{X}^i), 0 \leqslant i \leqslant N-1\}|。$$

布尔函数 F 的敏感度定义为 $s(F) = \max\limits_{\mathbf{X} \in \{0,1\}^N} s_{\mathbf{X}}(F)$。

若 $F(\mathbf{X}) \neq F(\mathbf{X}^B)$，则称 F 对在 $\mathbf{X}$ 上的块 B 敏感。若布尔函数 F 对在 $\mathbf{X}$ 上的不相交集 $B_1, \cdots, B_b$ 都敏感，则称 b 的最大值为布尔函数 F 在 $\mathbf{X}$ 上的块

敏感度记为 $bs_{\mathbf{X}}(F)$。布尔函数 F 的块敏感度定义为 $bs(F) = \max\limits_{\mathbf{X} \in \{0,1\}^N} bs_{\mathbf{X}}(F)$。

若 F 为常值函数，则 $s(F) = bs(F) = 0$。其实布尔函数的敏感度就是限制布尔函数的块敏感度中的每个敏感块 B_i 的规模为 1 时的特殊情况。

定理 7.5 [2] 令 $p: \mathbb{R} \to \mathbb{R}$ 为多项式，若其对任意整数 $0 \leqslant i \leqslant N$ 满足 $b_1 \leqslant p(i) \leqslant b_2$，且存在实数 $0 \leqslant x \leqslant N$ 满足 $|p'(x)| \geqslant c$，则有 $\deg(p) \geqslant \sqrt{\dfrac{cN}{c + b_2 - b_1}}$。

定理 7.6 [2] 若 F 为布尔函数，则 $Q_2(F) \geqslant \sqrt{\dfrac{bs(F)}{16}}$ 且 $Q_E(F) \geqslant \sqrt{\dfrac{bs(F)}{8}}$。

证明 以下证 $Q_2(F) \geqslant \sqrt{\dfrac{bs(F)}{16}}$。考虑查询复杂度为 $Q_2(F)$ 的有界误差量子查询算法 $\mathcal{A}$ 计算函数 F，即以不大于 $\dfrac{1}{3}$ 的错误概率计算 F。记算法 $\mathcal{A}$ 以有界误差计算函数 F 的接受概率为度不大于 $2Q_2(F)$ 的多项式 p，且 p 近似表示 F。由于 p 表示概率，所以对任意 $\mathbf{X} \in \{0,1\}^N$，有 $p(\mathbf{X}) \in [0,1]$。令 $b = bs(F)$，$B_0, \cdots, B_{b-1}$ 为块敏感度集。$\mathbf{X}$ 为 F 的输入，不失一般性，可设 $F(\mathbf{X}) = 0$。

设 $\mathbf{Y} = (Y_0, \cdots, Y_{b-1}) \in \mathbb{R}^b$，定义 $\mathbf{Z} = (Z_0, \cdots, Z_{N-1}) \in \mathbb{R}^N$，其满足

$$Z_j = \begin{cases} Y_i, & \text{若 } X_j = 0 \text{ 且 } j \in B_i \\ 1 - Y_i, & \text{若 } X_j = 1 \text{ 且 } j \in B_i \\ X_j, & \text{若 } j \notin B_i \end{cases} \tag{7.80}$$

综上可得，若 $\mathbf{Y} = \vec{0}$，则 $\mathbf{Z} = \mathbf{X}$；若 $i \neq j$ 时，$\mathbf{Y}_i = 1$ 且 $\mathbf{Y}_j = 0$，则 $\mathbf{Z} = \mathbf{X}^{B_i}$。$q(\mathbf{Y}) = p(\mathbf{Z})$ 是含 b 个变量且度不大于 $2Q_2(F)$ 的多项式，其满足以下条件：

(1) 由于 p 表示概率，所以对任意 $\mathbf{Y} \in \{0,1\}^b$ 有 $q(\mathbf{Y}) \in [0,1]$；

(2) 由于 $|q(\vec{0}) - 0| = |p(\mathbf{X}) - F(\mathbf{X})| \leqslant \dfrac{1}{3}$，所以 $0 \leqslant q(\vec{0}) \leqslant \dfrac{1}{3}$；

(3) 若对 $i \neq j$ 有 $\mathbf{Y}_i = 1$ 且 $\mathbf{Y}_j = 0$，则 $|q(\mathbf{Y}) - 1| = |p(\mathbf{X}^{B_i}) - F(\mathbf{X}^{B_i})| \leqslant \dfrac{1}{3}$。

因此若 $|\mathbf{Y}| = 1$，即 $\mathbf{Y}$ 含一个 1，则有 $\dfrac{2}{3} \leqslant q(\mathbf{Y}) \leqslant 1$。

令 r 为 q 在 $\{0,1\}^b$ 上经对称化操作后的单变量多项式，可知 r 的度不大于 $2Q_2(F)$。可得对任意 $0 \leqslant i \leqslant b$，有 $0 \leqslant r(i) \leqslant 1$。由于 $r(0) = q(\vec{0}) \leqslant \dfrac{1}{3}$ 且

$r(1) = q(\mathbf{Y}) \geqslant \dfrac{2}{3}$，其中 $|\mathbf{Y}| = 1$，所以存在 $x \in [0,1]$ 使得 $r'(x) \geqslant \dfrac{1}{3}$。由定理 7.5 可得 $\deg(r) \geqslant \sqrt{\dfrac{b}{4}}$。因为 $\deg(r) \leqslant 2Q_2(F)$，所以

$$Q_2(F) \geqslant \sqrt{\frac{b}{16}} = \sqrt{\frac{bs(F)}{16}} \tag{7.81}$$

同理可证，$Q_E(F) \geqslant \sqrt{\dfrac{bs(F)}{8}}$，定理证毕。   □

例 7.13　因为 $bs_0(\mathrm{OR}) = N$，所以函数 OR 的块敏感度为 N。由定理 7.6 可得 $Q_2(\mathrm{OR}) \geqslant \dfrac{\sqrt{N}}{4}$。

引理 7.7[1]　若 F 为布尔函数，则 $D(F) \leqslant bs(F)^3$。

定理 7.7　若 F 为布尔函数，则 $D(F) \leqslant 2^{12}Q_2(F)^6$。

证明　由本章引理 7.7可得

$$D(F) \leqslant bs(F)^3 \tag{7.82}$$

由本章定理 7.6 可得

$$bs(F) \leqslant 16Q_2(F)^2 \tag{7.83}$$

由式子 (7.82) 与式子 (7.83) 可得

$$D(F) \leqslant 2^{12}Q_2(F)^6 \tag{7.84}$$

定理证毕。   □

若 $F(\mathbf{X})$ 只依赖 $\mathbf{X}$ 的汉明权值 $|\mathbf{X}|$，即 $\mathbf{X}$ 含 1 的个数，则称布尔函数 F 是对称的。对称布尔函数 F 可通过一个向量 $(F_0, F_1, \cdots, F_N) \in \{0,1\}^{N+1}$ 来描述，其中 F_k 是 $|\mathbf{X}| = k$ 时 $F(\mathbf{X})$ 的值。令

$$\Gamma(F) = \min\{|2k - N + 1| : F_k \neq F_{k+1}, 0 \leqslant k \leqslant N - 1\} \tag{7.85}$$

$\Gamma(F)$ 是关于对称函数 F 的一个变量，且 $0 \leqslant \Gamma(F) \leqslant N - 1$。

引理 7.8[1]　　若 F 为非常值的对称布尔函数, 则 $D(F) = (1-o(1))N$, $Q_2(F) = \Theta(\sqrt{N(N-\Gamma(F))})$。

定理 7.8　　若 F 为非常值的对称布尔函数, 则 $D(F) \in O((Q_2(F))^2)$。

证明　　由本章引理 7.8 可得

$$D(F) = (1-o(1))N \tag{7.86}$$

$$= O(N) \tag{7.87}$$

$$Q_2(F) = \Theta(\sqrt{N(N-\Gamma(F))}) \tag{7.88}$$

$$= \Omega(\sqrt{N(N-(N-1))}) \tag{7.89}$$

$$= \Omega(\sqrt{N}) \tag{7.90}$$

综上可得

$$D(F) \in O((Q_2(F))^2) \tag{7.91}$$

定理证毕。　　　　　　　　　　　　　　　　　　　　　　　　　　　　　　□

多项式法可扩展应用于定义在 $\{0,1\}^N$ 的真子集上的偏函数 F[3-5]。通过多项式法也可证明搜索问题下界为 $\Omega(\sqrt{N})$。

习　　题

7.9　　证明 $Q_E(\mathrm{OR}) = N$。

7.10　　用度为 N 的实多项式表示 PARITY 函数。

7.11　　证明 $\widetilde{\deg}(\mathrm{OR}) \in \Theta(\sqrt{N})$。

7.12　　证明 $\widetilde{\deg}(\mathrm{PARITY}) = N$。

7.13　　证明 $Q_E(\mathrm{PARITY}) = Q_2(\mathrm{PARITY}) = \left\lceil \dfrac{N}{2} \right\rceil$, 并设计相应的量子查询算法来计算 PARITY 函数。

7.14　　证明 $\widetilde{\deg}(\mathrm{MAJORITY}) \in \Theta(N)$。

7.15 证明 $\widetilde{\deg}(\mathrm{THRESHOLD}_M) \in \Theta(\sqrt{M(N-M+1)})$。

7.16 证明 $\mathrm{THRESHOLD}_M$ 函数的块敏感度为 $N-M+1$。

7.5 敌对法

敌对法[6](Adversary Method) 是量子计算复杂性中求解问题的查询复杂度下界的另一种重要方法。

考虑 t 次有界误差量子查询算法 $\mathcal{A}$ 计算布尔函数 $F: \{0,1\}^N \to \{0,1\}$。设 $|\psi_j^{\mathbf{X}}\rangle$ 与 $|\psi_j^{\mathbf{Y}}\rangle$ 分别为 $\mathcal{A}$ 查询 $\mathbf{X}$ 串与 $\mathbf{Y}$ 串 j 次后的状态，$|\psi_t^{\mathbf{X}}\rangle$ 与 $|\psi_t^{\mathbf{Y}}\rangle$ 分别为 $\mathcal{A}$ 查询 $\mathbf{X}$ 串与 $\mathbf{Y}$ 串 t 次后的终态。若 $\mathcal{A}$ 能以至少 $1-\epsilon$ 的概率区分 $|\psi_t^{\mathbf{X}}\rangle$ 与 $|\psi_t^{\mathbf{Y}}\rangle$，其中 ϵ 为出错概率，则由定理 7.1 可得

$$|\langle \psi_t^{\mathbf{X}}|\psi_t^{\mathbf{Y}}\rangle| \leqslant 2\sqrt{\epsilon(1-\epsilon)} \tag{7.92}$$

设 $\mathcal{X} = \{\mathbf{X}|F(\mathbf{X})=0\}$，$\mathcal{Y} = \{\mathbf{Y}|F(\mathbf{Y})=1\}$。令 $R \subseteq \mathcal{X} \times \mathcal{Y}$。因为对任意 $\mathbf{X}$ 与 $\mathbf{Y}$，$|\psi_0^{\mathbf{X}}\rangle = |\psi_0^{\mathbf{Y}}\rangle$，所以有

$$\sum_{|\psi_0^{\mathbf{X}}\rangle,|\psi_0^{\mathbf{Y}}\rangle:(\mathbf{X},\mathbf{Y})\in R} |\langle \psi_0^{\mathbf{X}}|\psi_0^{\mathbf{Y}}\rangle| = |R| \tag{7.93}$$

若 $\mathcal{A}$ 能以至少 $1-\epsilon$ 的概率区分 $|\psi_t^{\mathbf{X}}\rangle$ 与 $|\psi_t^{\mathbf{Y}}\rangle$，则有

$$\sum_{(\mathbf{X},\mathbf{Y})\in R} |\langle \psi_t^{\mathbf{X}}|\psi_t^{\mathbf{Y}}\rangle| \leqslant 2\sqrt{\epsilon(1-\epsilon)}|R| \tag{7.94}$$

若 $\epsilon < \dfrac{1}{2}$，则

$$2\sqrt{\epsilon(1-\epsilon)}|R| < |R| \tag{7.95}$$

设 $W^j = \sum\limits_{(\mathbf{X},\mathbf{Y})\in R} \dfrac{1}{\sqrt{|\mathcal{X}||\mathcal{Y}|}}|\langle \psi_j^{\mathbf{X}}|\psi_j^{\mathbf{Y}}\rangle|$，则

$$W^0 - W^t \geqslant |R|\frac{(1-2\sqrt{\epsilon(1-\epsilon)})}{\sqrt{|\mathcal{X}||\mathcal{Y}|}} \tag{7.96}$$

$$\in \Omega\left(\frac{|R|}{\sqrt{|\mathcal{X}||\mathcal{Y}|}}\right) \tag{7.97}$$

若存在 $\Delta > 0$, 使得 $W^{j-1} - W^j \leqslant \Delta$, 则有

$$W^0 - W^t \leqslant \Delta \tag{7.98}$$

即

$$t \geqslant \frac{W^0 - W^t}{\Delta} \tag{7.99}$$

由式子 (7.99) 可得算法 $\mathcal{A}$ 的查询次数 t 的下界。

引理 7.9　对任意 a、$b \in \mathbb{R}$ 与 $r > 0$, 有

$$2ab \leqslant \frac{1}{r}a^2 + rb^2 \tag{7.100}$$

证明　由 $\left(\dfrac{a}{\sqrt{r}} - \sqrt{r}b\right)^2 \geqslant 0$ 可得

$$2ab \leqslant \frac{1}{r}a^2 + rb^2 \tag{7.101}$$

引理证毕。　　　　　　　　　　　　　　　　　　　　　　　　　　　　□

引理 7.10　对任意 $R \subseteq \mathcal{X} \times \mathcal{Y}$, 有 $W^{j-1} - W^j \leqslant 2\sqrt{ll'}$, 其中整数 l 与 l' 满足以下条件:

(1) 对每个 $\mathbf{X} \in \mathcal{X}$ 与 $i \in \{0, 1, \cdots, N-1\}$, 存在最多 l 个不同的 $\mathbf{Y} \in \mathcal{Y}$ 使得 $(\mathbf{X}, \mathbf{Y}) \in R$ 且 $X_i \neq Y_i$;

(2) 对每个 $\mathbf{Y} \in \mathcal{Y}$ 与 $i \in \{0, 1, \cdots, N-1\}$, 存在最多 l' 个不同的 $\mathbf{X} \in \mathcal{X}$ 使得 $(\mathbf{X}, \mathbf{Y}) \in R$ 且 $X_i \neq Y_i$。

证明　根据 W^j 的定义可得

$$W^{j-1} - W^j = \frac{1}{\sqrt{|\mathcal{X}||\mathcal{Y}|}} \sum_{(\mathbf{X}, \mathbf{Y}) \in R} \left(|\langle \psi_{j-1}^{\mathbf{X}} | \psi_{j-1}^{\mathbf{Y}} \rangle| - |\langle \psi_j^{\mathbf{X}} | \psi_j^{\mathbf{Y}} \rangle| \right) \tag{7.102}$$

$$\leqslant \frac{1}{\sqrt{|\mathcal{X}||\mathcal{Y}|}} \sum_{(\mathbf{X}, \mathbf{Y}) \in R} |\langle \psi_{j-1}^{\mathbf{X}} | \psi_{j-1}^{\mathbf{Y}} \rangle - \langle \psi_j^{\mathbf{X}} | \psi_j^{\mathbf{Y}} \rangle| \tag{7.103}$$

令

$$|\psi_{j-1}^{\mathbf{X}}\rangle = \sum_{i=0}^{N-1} \alpha_{i,j-1}^{\mathbf{X}} |i\rangle |\phi_{i,j-1}^{\mathbf{X}}\rangle \tag{7.104}$$

$$|\psi_{j-1}^{\mathbf{Y}}\rangle = \sum_{i=0}^{N-1} \alpha_{i,j-1}^{\mathbf{Y}}|i\rangle|\phi_{i,j-1}^{\mathbf{Y}}\rangle \tag{7.105}$$

定义查询算子：

$$\hat{O}_{\mathbf{X}}|i\rangle|\phi_{i,j-1}^{\mathbf{X}}\rangle = (-1)^{X_i}|i\rangle|\phi_{i,j-1}^{\mathbf{X}}\rangle \tag{7.106}$$

$$\hat{O}_{\mathbf{Y}}|i\rangle|\phi_{i,j-1}^{\mathbf{Y}}\rangle = (-1)^{Y_i}|i\rangle|\phi_{i,j-1}^{\mathbf{Y}}\rangle \tag{7.107}$$

有

$$|\psi_j^{\mathbf{X}}\rangle = U_j\hat{O}_{\mathbf{X}}|\psi_{j-1}^{\mathbf{X}}\rangle \tag{7.108}$$

$$= U_j\hat{O}_{\mathbf{X}}\left(\sum_{i:X_i\neq 1}\alpha_{i,j-1}^{\mathbf{X}}|i\rangle|\phi_{i,j-1}^{\mathbf{X}}\rangle + \sum_{i:X_i=1}\alpha_{i,j-1}^{\mathbf{X}}|i\rangle|\phi_{i,j-1}^{\mathbf{X}}\rangle\right) \tag{7.109}$$

$$= U_j\left(\sum_{i:X_i\neq 1}\alpha_{i,j-1}^{\mathbf{X}}|i\rangle|\phi_{i,j-1}^{\mathbf{X}}\rangle - \sum_{i:X_i=1}\alpha_{i,j-1}^{\mathbf{X}}|i\rangle|\phi_{i,j-1}^{\mathbf{X}}\rangle\right) \tag{7.110}$$

$$= U_j\left(|\psi_{j-1}^{\mathbf{X}}\rangle - 2\sum_{i:X_i=1}\alpha_{i,j-1}^{\mathbf{X}}|i\rangle|\phi_{i,j-1}^{\mathbf{X}}\rangle\right) \tag{7.111}$$

同理可得

$$|\psi_j^{\mathbf{Y}}\rangle = U_j\hat{O}_{\mathbf{Y}}|\psi_{j-1}^{\mathbf{Y}}\rangle \tag{7.112}$$

$$= U_j\left(|\psi_{j-1}^{\mathbf{Y}}\rangle - 2\sum_{i:Y_i=1}\alpha_{i,j-1}^{\mathbf{Y}}|i\rangle|\phi_{i,j-1}^{\mathbf{Y}}\rangle\right) \tag{7.113}$$

因此

$$\langle\psi_j^{\mathbf{X}}|\psi_j^{\mathbf{Y}}\rangle = \left(\langle\psi_{j-1}^{\mathbf{X}}| - 2\sum_{i:X_i=1}\alpha_{i,j-1}^{\mathbf{X}*}\langle i|\langle\phi_{i,j-1}^{\mathbf{X}}|\right)U_j^\dagger$$

$$U_j\left(|\psi_{j-1}^{\mathbf{Y}}\rangle - 2\sum_{i:Y_i=1}\alpha_{i,j-1}^{\mathbf{Y}}|i\rangle|\phi_{i,j-1}^{\mathbf{Y}}\rangle\right) \tag{7.114}$$

$$= \langle\psi_{j-1}^{\mathbf{X}}|\psi_{j-1}^{\mathbf{Y}}\rangle - 2\sum_{i:X_i=1}\alpha_{i,j-1}^{\mathbf{X}*}\alpha_{i,j-1}^{\mathbf{Y}}\langle\phi_{i,j-1}^{\mathbf{X}}|\phi_{i,j-1}^{\mathbf{Y}}\rangle$$

$$-2\sum_{i:Y_i=1}\alpha_{i,j-1}^{\mathbf{X}*}\alpha_{i,j-1}^{\mathbf{Y}}\langle\phi_{i,j-1}^{\mathbf{X}}|\phi_{i,j-1}^{\mathbf{Y}}\rangle \tag{7.115}$$

$$+4\sum_{i:X_i=Y_i=1}\alpha_{i,j-1}^{\mathbf{X}*}\alpha_{i,j-1}^{\mathbf{Y}}\langle\phi_{i,j-1}^{\mathbf{X}}|\phi_{i,j-1}^{\mathbf{Y}}\rangle \tag{}$$

$$=\langle\psi_{j-1}^{\mathbf{X}}|\psi_{j-1}^{\mathbf{Y}}\rangle-2\sum_{i:X_i\neq Y_i}\alpha_{i,j-1}^{\mathbf{X}*}\alpha_{i,j-1}^{\mathbf{Y}}\langle\phi_{i,j-1}^{\mathbf{X}}|\phi_{i,j-1}^{\mathbf{Y}}\rangle \tag{7.116}$$

所以

$$\langle\psi_{j-1}^{\mathbf{X}}|\psi_{j-1}^{\mathbf{Y}}\rangle-\langle\psi_{j}^{\mathbf{X}}|\psi_{j}^{\mathbf{Y}}\rangle=2\sum_{i:X_i\neq Y_i}\alpha_{i,j-1}^{\mathbf{X}*}\alpha_{i,j-1}^{\mathbf{Y}}\langle\phi_{i,j-1}^{\mathbf{X}}|\phi_{i,j-1}^{\mathbf{Y}}\rangle \tag{7.117}$$

因此

$$W^{j-1}-W^{j} \tag{7.118}$$

$$\leqslant\frac{1}{\sqrt{|\mathcal{X}||\mathcal{Y}|}}\sum_{(\mathbf{X},\mathbf{Y})\in R}|2\sum_{i:X_i\neq Y_i}\alpha_{i,j-1}^{\mathbf{X}*}\alpha_{i,j-1}^{\mathbf{Y}}\langle\phi_{i,j-1}^{\mathbf{X}}|\phi_{i,j-1}^{\mathbf{Y}}\rangle| \tag{7.119}$$

$$\leqslant\frac{1}{\sqrt{|\mathcal{X}||\mathcal{Y}|}}\sum_{(\mathbf{X},\mathbf{Y})\in R}2\sum_{i:X_i\neq Y_i}|\alpha_{i,j-1}^{\mathbf{X}*}\alpha_{i,j-1}^{\mathbf{Y}}\langle\phi_{i,j-1}^{\mathbf{X}}|\phi_{i,j-1}^{\mathbf{Y}}\rangle| \tag{7.120}$$

$$\leqslant\sum_{(\mathbf{X},\mathbf{Y})\in R}\sum_{i:X_i\neq Y_i}2\frac{|\alpha_{i,j-1}^{\mathbf{X}}|}{\sqrt{|\mathcal{X}|}}\frac{|\alpha_{i,j-1}^{\mathbf{Y}}|}{\sqrt{|\mathcal{Y}|}} \tag{7.121}$$

在引理 7.9 中，令 $a=\dfrac{|\alpha_{i,j-1}^{\mathbf{X}}|}{\sqrt{|\mathcal{X}|}}$，$b=\dfrac{|\alpha_{i,j-1}^{\mathbf{Y}}|}{\sqrt{|\mathcal{Y}|}}$，$r=\sqrt{\dfrac{l}{l'}}$，可得

$$W^{j-1}-W^{j} \tag{7.122}$$

$$\leqslant\sum_{(\mathbf{X},\mathbf{Y})\in R}\sum_{i:X_i\neq Y_i}\left(\sqrt{\frac{l'}{l}}\frac{|\alpha_{i,j-1}^{\mathbf{X}}|^2}{|\mathcal{X}|}+\sqrt{\frac{l}{l'}}\frac{|\alpha_{i,j-1}^{\mathbf{Y}}|^2}{|\mathcal{Y}|}\right) \tag{7.123}$$

$$=\sum_{(\mathbf{X},\mathbf{Y})\in R}\sum_{i:X_i\neq Y_i}\sqrt{\frac{l'}{l}}\frac{|\alpha_{i,j-1}^{\mathbf{X}}|^2}{|\mathcal{X}|}+\sum_{(\mathbf{X},\mathbf{Y})\in R}\sum_{i:X_i\neq Y_i}\sqrt{\frac{l'}{l}}\frac{|\alpha_{i,j-1}^{\mathbf{Y}}|^2}{|\mathcal{Y}|} \tag{7.124}$$

$$=\sum_{i}\sum_{\mathbf{X}\in\mathcal{X}}\sum_{\mathbf{Y}\in\mathcal{Y}:(\mathbf{X},\mathbf{Y})\in R,X_i\neq Y_i}\sqrt{\frac{l'}{l}}\frac{|\alpha_{i,j-1}^{\mathbf{X}}|^2}{|\mathcal{X}|}$$

$$+ \sum_i \sum_{\mathbf{Y} \in \mathcal{Y}} \sum_{\mathbf{X} \in \mathcal{X}:(\mathbf{X},\mathbf{Y}) \in R, X_i \neq Y_i} \sqrt{\frac{l}{l'}} \frac{|\alpha_{i,j-1}^{\mathbf{Y}}|^2}{|\mathcal{Y}|} \tag{7.125}$$

$$\leqslant \sum_i \sum_{\mathbf{X} \in \mathcal{X}} l \sqrt{\frac{l'}{l}} \frac{|\alpha_{i,j-1}^{\mathbf{X}}|^2}{|\mathcal{X}|} + \sum_i \sum_{\mathbf{Y} \in \mathcal{Y}} l' \sqrt{\frac{l}{l'}} \frac{|\alpha_{i,j-1}^{\mathbf{Y}}|^2}{|\mathcal{Y}|} \tag{7.126}$$

$$= \frac{\sqrt{ll'}}{|\mathcal{X}|} \sum_{\mathbf{X} \in \mathcal{X}} \sum_i |\alpha_{i,j-1}^{\mathbf{X}}|^2 + \frac{\sqrt{ll'}}{|\mathcal{Y}|} \sum_{\mathbf{Y} \in \mathcal{Y}} \sum_i |\alpha_{i,j-1}^{\mathbf{Y}}|^2 \tag{7.127}$$

$$= \frac{\sqrt{ll'}}{|\mathcal{X}|} \sum_{\mathbf{X} \in \mathcal{X}} 1 + \frac{\sqrt{ll'}}{|\mathcal{Y}|} \sum_{\mathbf{Y} \in \mathcal{Y}} 1 \tag{7.128}$$

$$= 2\sqrt{ll'} \tag{7.129}$$

引理证毕。 □

引理 7.11　对任意 $R \subseteq \mathcal{X} \times \mathcal{Y}$，若整数 l 与 l' 满足引理 7.10 的条件，则任意量子算法 $\mathcal{A}$ 以至少 $1 - \epsilon \left(\epsilon < \dfrac{1}{2} \right)$ 的概率区分 $|\psi_t^{\mathbf{X}}\rangle$ 与 $|\psi_t^{\mathbf{Y}}\rangle$ 的查询次数 t 满足

$$t \geqslant |R| \frac{(1 - 2\sqrt{\epsilon(1-\epsilon)})}{\sqrt{|\mathcal{X}||\mathcal{Y}|} 2\sqrt{ll'}} \in \Omega\left(\frac{|R|}{\sqrt{|\mathcal{X}||\mathcal{Y}|} \sqrt{ll'}} \right) \tag{7.130}$$

证明　令 $\Delta = 2\sqrt{ll'}$，结合不等式 (7.99) 与不等式 (7.96) 及引理 7.10 可得

$$t \geqslant \frac{W^0 - W^t}{\Delta} \tag{7.131}$$

$$\geqslant |R| \frac{(1 - 2\sqrt{\epsilon(1-\epsilon)})}{\sqrt{|\mathcal{X}||\mathcal{Y}|} \Delta} \tag{7.132}$$

$$= |R| \frac{(1 - 2\sqrt{\epsilon(1-\epsilon)})}{\sqrt{|\mathcal{X}||\mathcal{Y}|} 2\sqrt{ll'}} \tag{7.133}$$

$$\in \Omega\left(\frac{|R|}{\sqrt{|\mathcal{X}||\mathcal{Y}|} \sqrt{ll'}} \right) \tag{7.134}$$

引理证毕。 □

引理 7.12 对任意 $R \subseteq \mathcal{X} \times \mathcal{Y}$, 有 $|R| \geqslant \sqrt{|\mathcal{X}||\mathcal{Y}|mm'}$, 其中整数 m 与 m' 满足以下条件:

    (1) 对每个 $\mathbf{X} \in \mathcal{X}$ 存在至少 m 个不同的 $\mathbf{Y} \in \mathcal{Y}$ 使得 $(\mathbf{X}, \mathbf{Y}) \in R$;

    (2) 对每个 $\mathbf{Y} \in \mathcal{Y}$ 存在至少 m' 个不同的 $\mathbf{X} \in \mathcal{X}$ 使得 $(\mathbf{X}, \mathbf{Y}) \in R$。

证明　由于对每个 $\mathbf{X} \in \mathcal{X}$ 存在至少 m 个不同的 $\mathbf{Y} \in \mathcal{Y}$ 使得 $(\mathbf{X}, \mathbf{Y}) \in R$, 所以有 $|R| \geqslant m|\mathcal{X}|$。同理可得 $|R| \geqslant m'|\mathcal{Y}|$。$|R|$ 不小于 $m|\mathcal{X}|$ 与 $m'|\mathcal{Y}|$ 的平均值, 即

$$|R| \geqslant \frac{m|\mathcal{X}| + m'|\mathcal{Y}|}{2} \tag{7.135}$$

$$\geqslant \sqrt{|\mathcal{X}||\mathcal{Y}|mm'} \tag{7.136}$$

引理证毕。　　　　　　　　　　　　　　　　　　　　　　　　　　　□

定理 7.9　对任意 $R \subseteq \mathcal{X} \times \mathcal{Y}$, 若整数 l 与 l' 满足引理 7.10 的条件, 整数 m 与 m' 满足引理 7.12 的条件, 则任意量子算法 $\mathcal{A}$ 以至少 $1 - \epsilon \left(\epsilon < \dfrac{1}{2} \right)$ 的概率区分 $|\psi_t^{\mathbf{X}}\rangle$ 与 $|\psi_t^{\mathbf{Y}}\rangle$ 的查询复杂度为

$$Q_2(F) \in \Omega \left(\sqrt{\frac{mm'}{ll'}} \right) \tag{7.137}$$

证明　若整数 l 与 l' 满足引理 7.10 的条件, 则由引理 7.11 可得

$$t \geqslant |R| \frac{(1 - 2\sqrt{\epsilon(1-\epsilon)})}{\sqrt{|\mathcal{X}||\mathcal{Y}|} 2\sqrt{ll'}} \tag{7.138}$$

且若整数 m 与 m' 满足引理 7.12 的条件, 则由引理 7.12 可得

$$t \geqslant |R| \frac{(1 - 2\sqrt{\epsilon(1-\epsilon)})}{\sqrt{|\mathcal{X}||\mathcal{Y}|} 2\sqrt{ll'}} \tag{7.139}$$

$$\geqslant \sqrt{|\mathcal{X}||\mathcal{Y}|mm'} \frac{(1 - 2\sqrt{\epsilon(1-\epsilon)})}{\sqrt{|\mathcal{X}||\mathcal{Y}|} 2\sqrt{ll'}} \tag{7.140}$$

$$= \frac{1 - 2\sqrt{\epsilon(1-\epsilon)}}{2} \sqrt{\frac{mm'}{ll'}} \tag{7.141}$$

$$\in \Omega \left(\sqrt{\frac{mm'}{ll'}} \right) \tag{7.142}$$

即

$$Q_2(F) \in \Omega \left(\sqrt{\frac{mm'}{ll'}} \right) \tag{7.143}$$

定理证毕。　　　　　　　　　　　　　　　　　　　　　　　　　　　　　　□

例 7.14　为求解搜索问题的查询复杂度下界，令 $\mathcal{X}$ 为由 N 比特零串构成的单元素集，$\mathcal{Y}$ 为由恰好有一个 1 的 N 比特串构成的集合，令 $R = \mathcal{X} \times \mathcal{Y}$。对搜索问题，根据引理 7.10 与引理 7.12，可得 $m = N$，$m' = l = l' = 1$，根据定理 7.9 可得搜索问题下界为 $\Omega(\sqrt{N})$。

例 7.15　求 AND-OR 树问题下界。设 $\mathbf{X} = X_0 X_1 \cdots X_{N-1}$，布尔函数 F 定义如下：

$$\begin{aligned}
F(\mathbf{X}) = (X_0 \vee X_1 \vee \cdots \vee X_{M-1}) \wedge (X_M \vee X_{M+1} \vee \cdots \vee X_{2M-1}) \\
\wedge (X_{2M} \vee X_{2M+1} \vee \cdots \vee X_{3M-1}) \wedge \cdots \\
\wedge (X_{(M-1)M} \vee X_{(M-1)M+1} \vee \cdots \vee X_{M^2-1})
\end{aligned} \tag{7.144}$$

其中 $M = \sqrt{N}$（为简便设 N 是完全平方数）。

图 7.2 描述了计算 AND-OR 树问题的布尔函数 $F(\mathbf{X})$。

为使 $F(\mathbf{X}) = 1$，AND-OR 树中的每棵 OR 子树必须至少含一个 1。

在图 7.3 描述的 AND-OR 树中，由于每棵 OR 子树的输入都恰有一个 1，所以每棵 OR 子树都最终输出 1。因为 AND 树的输入都为 1，所以输出 $F(\mathbf{X}) = 1$。

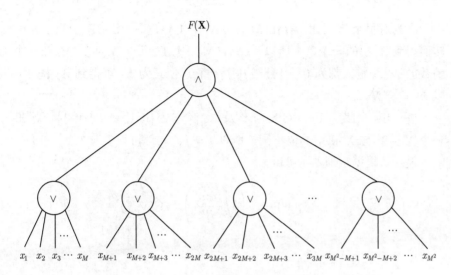

图 7.2 计算 AND-OR 树问题的布尔函数 $F(\mathbf{X})$

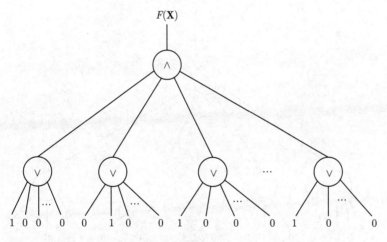

图 7.3 计算 AND-OR 树问题的布尔函数 $F(\mathbf{X})$，$F(\mathbf{X}) = 1$

定理 7.10 设 F 是计算 AND-OR 树问题的布尔函数，则有 $Q_2(F) \in \Omega(\sqrt{N})$。

证明 令 $\mathcal{X}$ 为在每个 OR 函数的 M 个输入上都有恰好一个 1 的串（如图 7.3 所示）。令 $\mathcal{Y}$ 为在一个 OR 函数上仅有 0 输入（如图 7.4 所示），其余 OR 函数上恰好有一个 1 的串。

因为对每个 $\mathbf{X} \in \mathcal{X}$，存在 $M = \sqrt{N}$ 个 1（在每一组 OR 函数中）可被翻转而得到 $\mathcal{Y}$ 中的一个串，所以 $m = \sqrt{N}$。因为对每个 $\mathbf{Y} \in \mathcal{Y}$，存在一个 OR 函数的 M 个输入都为 0，且翻转其中一个 0 使其为 1，可得到 $\mathcal{X}$ 中的串，所以 $m' = \sqrt{N}$。

进一步，因为对每一个 $\mathbf{X} \in \mathcal{X}$ 及每一个 $i \in \{0, 1, \cdots, N-1\}$，存在最多一个 $\mathbf{Y} \in \mathcal{Y}$ 与 $\mathbf{X}$ 在第 i 位不同，所以 $l = 1$。同理可得 $l' = 1$。

最后，根据定理 7.9 可得

$$Q_2(F) \in \Omega\left(\sqrt{\frac{mm'}{ll'}}\right) = \Omega(\sqrt{N}) \tag{7.145}$$

定理证毕。   □

存在查询复杂度为 $O(\sqrt{N})$ 的有界误差量子查询算法求解 AND-OR 树问题。求解 AND-OR 树问题的有界误差经典算法的查询复杂度为 $\Theta(N)$。

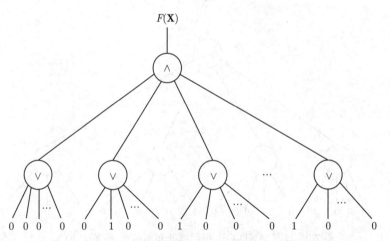

图 7.4　计算 AND-OR 树问题的布尔函数 $F(\mathbf{X})$，$F(\mathbf{X}) = 0$，有一棵 OR 子树输入全为 0

此外，还有加权敌对法、谱方法以及 Kolmogorov 方法[7]。这些方法本质上是等价的，对同一问题它们求得的量子查询复杂度下界是相等的。

习 题

7.17 证明用敌对法以有界误差计算函数 MAJORITY 的查询复杂度为 $\Omega(N)$。提示：令 X 为有 $\dfrac{N}{2}$ 个 1 的串，Y 为有 $\dfrac{N}{2}+1$ 个 1 的串。

7.18 证明用敌对法计算函数 PARITY 的量子查询复杂度为 $\Omega(N)$。

7.19 设计查询复杂度为 $O(\sqrt{N}\log N)$ 的有界误差量子查询算法求解 AND-OR 问题。

7.20 证明可以应用敌对法得到 $Q_2(F) \in \Omega(\sqrt{bs(F)})$。提示：令 $\mathcal{X}$ 为取得 $bs(F)$ 的串。

7.6 小结

量子计算复杂性是计算复杂性理论的重要部分[8-9]，它刻画在量子环境下对于问题求解的困难程度。

本章首先介绍计算复杂类的基本定义，包括经典计算复杂类与量子计算复杂类。然后给出量子查询模型的定义，以及经典查询复杂度与量子查询复杂度的定义。量子查询模型是一类重要的量子计算理论模型，它描述量子态在酉算子与查询算子作用下的演化过程。

然后，为了证明搜索问题查询复杂性的下界，我们证明了成功区分量子状态的概率下界。最后，详细介绍了求解问题的量子查询复杂度下界的两种重要方法，即多项式法与敌对法。

参考文献

[1] BUHRMAN H, DE WOLF R. Complexity measures and decision tree complexity: a survey[J]. Theoretical Computer Science, 2002, 288(1): 21-43.

[2] BEALS R, BUHRMAN H, CLEVE R, et al. Quantum lower bounds by polynomials[C]//Proceedings 39th Annual Symposium on Foundations of Computer Science (Cat. No.98CB36280). 1998: 352-361.

[3] QIU D W, ZHENG S G. Characterizations of symmetrically partial Boolean functions with exact quantum query complexity[A]. 2016: arXiv:1603.06505.

[4] QIU D W, ZHENG S G. Generalized Deutsch-Jozsa problem and the optimal quantum algorithm[J]. Physical Review A, 2018, 97(6): 062331.

[5] QIU D W, ZHENG S G. Revisiting Deutsch-Jozsa algorithm[J]. Information and Computation, 2020, 275: 104605.

[6] AMBAINIS A. Quantum lower bounds by quantum arguments[J]. Journal of Computer and System Sciences, 2002, 64(4): 750-767.

[7] ŠPALEK R, SZEGEDY M. All quantum adversary methods are equivalent[J]. Theory of Computing, 2006, 2(1): 1-18.

[8] BUHRMAN H. Quantum computing and communication complexity[J]. Bulletin of the EATCS, 2000, 70: 131-141.

[9] DE WOLF R. Quantum communication and complexity[J]. Theoretical Computer Science, 2002, 287(1): 337-353.

第 8 章　量子纠错

量子计算机与量子通信的实现需要量子纠错来处理噪声引起的误差问题。在信息论中，一般通过增加冗余信息来实现纠错。即使由于噪声干扰而导致部分信息受损，也可利用足够的冗余信息通过纠错来恢复信息。编码理论与信息论密切相关，是研究信息传输过程中信号编码规律的数学理论，其主要目标是构造性质良好的码，使得编码的信源消息经信道传输后，在接收端可实现纠错。经典纠错是量子纠错的基础，实现量子纠错需要新的方法。

8.1　经典比特翻转纠错

在经典信息论中，比特信息经含噪信道传输时可能会发生翻转。以下介绍经典比特翻转纠错的基本概念与方法。

设 Alice 通过含噪声的信道发送 1 个比特给 Bob，该比特发生翻转的概率为 $p\left(0 \leqslant p < \dfrac{1}{2}\right)$。即若 Alice 发送 1 个比特 b 给 Bob，则 Bob 以概率 p 接收 $\neg b$，以概率 $1-p$ 接收 b，如图 8.1 所示。

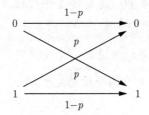

图 8.1　经典比特翻转

若 Alice 要通过含噪声的信道发送 1 个重要的比特信息给 Bob，传输过程中比特可能翻转，而 Bob 希望正确接收该比特，则可由经典的 3 比特重复码来纠错。以下给出经典的 3 比特重复码纠错的定义及相关定理。

定义 8.1　经典的 3 比特重复码定义为将 1 个比特信息重复 3 遍作为编码的信息，选取出现频率最高的比特信息作为解码的 1 个比特信息。

定理 8.1　若 Alice 要通过含噪声的信道发送 1 个比特信息给 Bob，比特发生翻转的概率为 $p\left(0 \leqslant p < \dfrac{1}{2}\right)$，则存在经典的 3 比特重复码纠错方法，使得恢复原比特的概率为 $1 - (3p^2 - 2p^3)$。

证明　首先，若 Alice 要发送的比特为 0，则她将 0 编码为 000；若 Alice 要发送的比特为 1，则她将 1 编码为 111。然后，Alice 发送编码的 3 个比特信息给 Bob。这 3 个比特信息在含噪声信道的传输过程中，最多有 1 个比特发生了翻转的概率为

$$\Pr[0 \text{ 个比特发生翻转}] + \Pr[1 \text{ 个比特发生翻转}]$$

$$=(1 - p)^3 + 3(1 - p)^2 p \tag{8.1}$$

$$=1 - (3p^2 - 2p^3) \tag{8.2}$$

在最多有 1 个比特发生了翻转的情况下，若 Bob 收到的 3 个比特信息为 abc，则他取 abc 中出现频率最高的 1 个比特信息作为解码的比特信息，该比特即为 Alice 原来发送的比特信息。　□

习　题

8.1　Alice 要通过含噪声的信道发送 1 个比特信息给 Bob，比特发生翻转的概率为 0.07，用经典的 3 比特重复码纠错方法，写出恢复原比特的概率。

8.2　Alice 要通过含噪声的信道发送 1 个比特信息给 Bob，比特发生翻转的概率为 $p\left(0 \leqslant p < \dfrac{1}{2}\right)$，若有两个比特发生翻转，用经典的 3 比特重复码纠错方法，能成功纠错吗？

8.2　量子比特翻转纠错

若 Alice 通过含噪声的信道发送量子态 $|\psi\rangle$ 给 Bob。根据量子态非克隆定理，Alice 不可能将态 $|\psi\rangle$ 编码为 $|\psi\rangle|\psi\rangle|\psi\rangle$。此外，Bob 不可以直接测量收到

的量子态，否则量子态将因塌缩而无法复原。

综上可知，量子纠错与经典纠错存在本质差异，不可直接用经典纠错的方法来处理量子误差问题，因此需要新的方法。现在，我们先考虑发生量子比特翻转错误，以下给出量子比特翻转定义及相关定理。

定义 8.2 设量子比特 $|\psi\rangle = \alpha|0\rangle + \beta|1\rangle$，若 $|\psi\rangle$ 变为 $|\neg\psi\rangle = \alpha|1\rangle + \beta|0\rangle$，则称 $|\psi\rangle$ 发生比特翻转。显然，$|\neg\psi\rangle = \sigma_x|\psi\rangle$，其中 $\sigma_x = \begin{bmatrix} 0 & 1 \\ 1 & 0 \end{bmatrix}$。

定义 8.3 设 $|\psi\rangle = \alpha|0\rangle + \beta|1\rangle$ 为需要传输的量子比特，若存在一个协议，发送者 Alice 将 $|\psi\rangle$ 编码为 $\alpha|0\rangle^{\otimes k} + \beta|1\rangle^{\otimes k}$，且传输过程中最多有 $k_1(k_1 \leqslant k)$ 个量子比特发生比特翻转，接收者 Bob 将收到的量子态解码后获得 $|\psi\rangle$，则称该协议为 (k_1, k)-比特翻转协议，其中 k 和 k_1 为正整数。

定理 8.2 若 Alice 通过含噪声的信道发送量子比特 $|\psi\rangle = \alpha|0\rangle + \beta|1\rangle$ 给 Bob，则存在 Alice 传给 Bob 的 $(1, 3)$-比特翻转协议。

证明 首先，Alice 通过图 8.2 的电路将量子态 $\alpha|0\rangle + \beta|1\rangle$ 编码为

$$\alpha|000\rangle + \beta|111\rangle \tag{8.3}$$

然后，通过含噪声的信道发送量子态 $\alpha|000\rangle + \beta|111\rangle$ 给 Bob，在传输过程中，该量子态的某个量子比特可能会发生比特翻转。

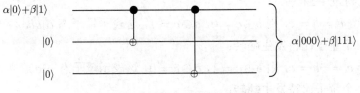

图 8.2 量子比特翻转编码电路

若 Bob 收到的量子态为 $\alpha|abc\rangle + \beta|\neg a\neg b\neg c\rangle$，则他通过图 8.3 的电路进行解码。该电路引入了两个辅助比特寄存校验码。校验码是能够发现或能够自动纠正错误的数据编码，也称作检错纠错码。

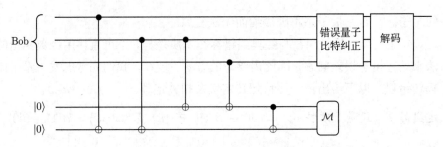

图 8.3　量子比特翻转解码电路

量子态 $\alpha|abc\rangle + \beta|\neg a\neg b\neg c\rangle$ 经图 8.3 电路的演化过程如下：

$$(\alpha|abc\rangle + \beta|\neg a\neg b\neg c\rangle))|00\rangle$$

$$=\alpha|abc\rangle|00\rangle + \beta|\neg a\neg b\neg c\rangle|00\rangle \tag{8.4}$$

$$\to \alpha|abc\rangle|b\oplus c\rangle|a\oplus c\rangle + \beta|\neg a\neg b\neg c\rangle|\neg b\oplus \neg c\rangle|\neg a\oplus \neg c\rangle \tag{8.5}$$

$$=\alpha|abc\rangle|b\oplus c\rangle|a\oplus c\rangle + \beta|\neg a\neg b\neg c\rangle|b\oplus c\rangle|a\oplus c\rangle \tag{8.6}$$

$$=(\alpha|abc\rangle + \beta|\neg a\neg b\neg c\rangle))|b\oplus c\rangle|a\oplus c\rangle \tag{8.7}$$

上述等式 (8.5) 是根据图 8.3 电路中的 5 个 CNOT 门得到的。然后，Bob 测量量子态 $(\alpha|abc\rangle + \beta|\neg a\neg b\neg c\rangle))|b\oplus c\rangle|a\oplus c\rangle$ 的第 4 个与第 5 个量子比特，即 $|b\oplus c\rangle$ 与 $|a\oplus c\rangle$，得到二进制表示的校验码。

若 $a = b = c$，则 $b\oplus c = 0$，$a\oplus c = 0$，这表示量子态 $\alpha|abc\rangle + \beta|\neg a\neg b\neg c\rangle$ 没有比特发生翻转；

若 $\neg a = b = c$，则 $b\oplus c = 0$，$a\oplus c = 1$，这表示量子态 $\alpha|abc\rangle + \beta|\neg a\neg b\neg c\rangle$ 的第 1 个量子比特发生翻转；

若 $a = \neg b = c$，则 $b\oplus c = 1$，$a\oplus c = 0$，这表示量子态 $\alpha|abc\rangle + \beta|\neg a\neg b\neg c\rangle$ 的第 2 个量子比特发生翻转；

若 $a = b = \neg c$，则 $b\oplus c = 1$，$a\oplus c = 1$，这表示量子态 $\alpha|abc\rangle + \beta|\neg a\neg b\neg c\rangle$ 的第 3 个量子比特发生翻转。

接着，Bob 根据校验码，对发生翻转的量子比特作用 σ_x 进行纠正，量子态演化如下：

$$\alpha|abc\rangle + \beta|\neg a\neg b\neg c\rangle \to \alpha|000\rangle + \beta|111\rangle \tag{8.8}$$

最后，Bob 解码如下：

$$\alpha|000\rangle + \beta|111\rangle \rightarrow (\alpha|0\rangle + \beta|1\rangle)|00\rangle \tag{8.9}$$

Bob 取第一个量子比特，即为 Alice 发送的量子态 $|\psi\rangle$，定理证毕。　　　　□

习　　题

8.3　在定理 8.2 的证明中，若 Alice 编码后的量子态 $\alpha|000\rangle + \beta|111\rangle$ 的第 2 个量子比特发生比特翻转，写出 Bob 解码阶段量子态的演化过程。

8.4　在定理 8.2 的证明中，若 Alice 编码后的量子态 $\alpha|000\rangle + \beta|111\rangle$ 的第 3 个量子比特发生比特翻转，写出 Bob 解码阶段量子态的演化过程。

8.3　量子相位翻转纠错

现在我们考虑发生量子相位翻转错误，以下给出量子相位翻转定义及相关定理。

定义 8.4　设量子比特 $|\psi\rangle = \alpha|0\rangle + \beta|1\rangle$，若 $|\psi\rangle$ 变为 $|\phi\rangle = \alpha|0\rangle - \beta|1\rangle$，则称 $|\psi\rangle$ 发生相位翻转。显然，$|\phi\rangle = \sigma_z|\psi\rangle$，其中 $\sigma_z = \begin{bmatrix} 1 & 0 \\ 0 & -1 \end{bmatrix}$。

定义 8.5　设 $|\psi\rangle = \alpha|0\rangle + \beta|1\rangle$ 为需要传输的量子比特，若存在一个协议，发送者 Alice 将 $|\psi\rangle$ 编码为 $\alpha|+\rangle^{\otimes k} + \beta|-\rangle^{\otimes k}$，且传输过程中最多有 $k_2(k_2 \leqslant k)$ 个量子比特发生相位翻转，接收者 Bob 将收到的量子态解码后获得 $|\psi\rangle$，则称该协议为 (k_2, k)-相位翻转协议，其中 k 和 k_2 为正整数。

定理 8.3　若 Alice 通过含噪声的信道发送量子比特 $|\psi\rangle = \alpha|0\rangle + \beta|1\rangle$ 给 Bob，则存在 Alice 传给 Bob 的 $(1, 3)$-相位翻转协议。

证明　首先，Alice 通过图 8.4 电路将量子态 $|\psi\rangle = \alpha|0\rangle + \beta|1\rangle$ 编码为

$$\alpha|+\rangle|+\rangle|+\rangle + \beta|-\rangle|-\rangle|-\rangle \tag{8.10}$$

然后，通过含噪声的信道发送量子态 $\alpha|+\rangle|+\rangle|+\rangle + \beta|-\rangle|-\rangle|-\rangle$ 给 Bob。在传输过程中，该量子态的某个量子比特可能会发生相位翻转。

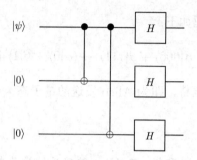

图 8.4　量子相位翻转编码电路

量子态 $\alpha|+\rangle|+\rangle|+\rangle + \beta|-\rangle|-\rangle|-\rangle$ 在信道传输过程中，若有量子比特发生相位翻转，则相当于算子 σ_z 作用在该量子比特上。算子 σ_z 在基 $\{|+\rangle, |-\rangle\}$ 上的作用如下：

$$\sigma_z|+\rangle = |-\rangle, \qquad \sigma_z|-\rangle = |+\rangle。 \tag{8.11}$$

若 Bob 收到 Alice 经含噪声的信道传输的量子态，则他通过图 8.5 的电路进行解码。

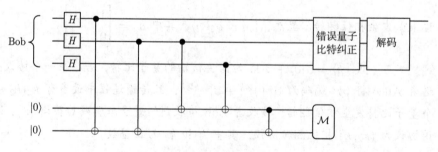

图 8.5　量子相位翻转解码电路

首先，Bob 对收到量子态的每个量子比特都应用 Hadamard 变换，将收到的量子态 $|+\rangle$ 变为 $|0\rangle$，将收到的量子态 $|-\rangle$ 变为 $|1\rangle$，此时不妨设量子态为 $\alpha|abc\rangle + \beta|\neg a \neg b \neg c\rangle$。然后，类似量子比特翻转纠错过程，利用校验码进行错误检测。若得到校验码 00，说明没有量子比特发生相位翻转；若得到校验码 01，说明第一个量子比特发生相位翻转；若得到校验码 10，说明第二个量子比特发生相位翻转；若得到校验码 11，说明第三个量子比特发生相位翻转。

最后解码：若某个量子比特发生相位翻转，则将算子 σ_z 作用在该量子比特上，即可恢复 Alice 原先要发的量子态 $|\psi\rangle$，定理证毕。

$\square$

习　题

8.5　在定理 8.3 的证明中，若 Alice 编码后的量子态 $\alpha|+\rangle|+\rangle|+\rangle + \beta|-\rangle|-\rangle|-\rangle$ 的第 1 个量子比特发生相位翻转，写出 Bob 解码阶段量子态的演化过程。

8.6　在定理 8.3 的证明中，若 Alice 编码后的量子态 $\alpha|+\rangle|+\rangle|+\rangle + \beta|-\rangle|-\rangle|-\rangle$ 的第 2 个量子比特发生相位翻转，写出 Bob 解码阶段量子态的演化过程。

8.4　Shor 码

一个自然的问题是，是否存在可以同时纠正量子比特翻转错误与量子相位翻转错误的方法？答案是有的，这可通过量子相位翻转纠错与量子比特翻转纠错级联的方式实现。以下给出一个相关定理，在该定理证明过程中，构造了一类称为 Shor 码[1] 的量子码。

定义 8.6　设 $|\psi\rangle = \alpha|0\rangle + \beta|1\rangle$ 为需要传输的量子比特，若存在一个协议，发送者 Alice 将 $|\psi\rangle$ 编码为

$$\alpha\frac{(|0\rangle^{\otimes k} + |1\rangle^{\otimes k})^{\otimes m}}{(\sqrt{2})^m} + \beta\frac{(|0\rangle^{\otimes k} - |1\rangle^{\otimes k})^{\otimes m}}{(\sqrt{2})^m}$$

其中 m 是块数，k 是每块含的比特数，且传输过程中，每一块最多有 k_1 个量子比特发生比特翻转，m 块中最多只有一块的 k_2 个量子比特发生相位翻转，接收者 Bob 将收到的量子态解码后获得 $|\psi\rangle$，则称该协议为 $(k_1, k_2, m[k])$-比特和相位翻转协议，其中 k，m，$k_1(k_1 \leqslant k)$ 和 $k_2(k_2 \leqslant k)$ 为正整数。

定理 8.4　若 Alice 通过含噪声的信道发送量子比特 $|\psi\rangle = \alpha|0\rangle + \beta|1\rangle$ 给 Bob，则存在 Alice 传给 Bob 的 $(1, 1, 3[3])$-比特和相位翻转协议。

证明　首先，Alice 运用量子相位翻转纠错码对 $|0\rangle$ 与 $|1\rangle$ 进行编码，即

$$|0\rangle \to |+++\rangle \tag{8.12}$$

$$|1\rangle \rightarrow |---\rangle \tag{8.13}$$

然后，Alice 运用量子比特翻转纠错码对 $|+\rangle$ 与 $|-\rangle$ 进行编码，即

$$|+\rangle = \frac{|0\rangle + |1\rangle}{\sqrt{2}} \rightarrow \frac{|000\rangle + |111\rangle}{\sqrt{2}} \tag{8.14}$$

$$|-\rangle = \frac{|0\rangle - |1\rangle}{\sqrt{2}} \rightarrow \frac{|000\rangle - |111\rangle}{\sqrt{2}} \tag{8.15}$$

因此，Alice 将量子态 $\alpha|0\rangle + \beta|1\rangle$ 编码为

$$\begin{aligned}
&\alpha\frac{(|000\rangle + |111\rangle)(|000\rangle + |111\rangle)(|000\rangle + |111\rangle)}{2\sqrt{2}} \\
&+\beta\frac{(|000\rangle - |111\rangle)(|000\rangle - |111\rangle)(|000\rangle - |111\rangle)}{2\sqrt{2}}
\end{aligned} \tag{8.16}$$

一般称式 (8.16) 中的量子态为 Shor 码。

Alice 可通过图 8.6 所示电路完成 Shor 码的编码。该编码电路将量子相位翻转纠错码与量子比特翻转纠错码级联起来，是构造新的量子纠错码的方法之一。

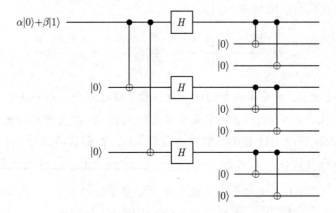

图 8.6　Shor 码编码电路

Alice 完成编码后，经含噪声的信道发送 Shor 码给 Bob。在传输过程中，Shor 码的其中一个量子比特发生比特翻转，另一个发生相位翻转，或者 Shor

码的某个量子比特同时发生比特翻转与相位翻转。Bob 收到可能已发生错误的量子态后，经图 8.7 的电路解码得到 Alice 原先发的量子态 $|\psi\rangle$。

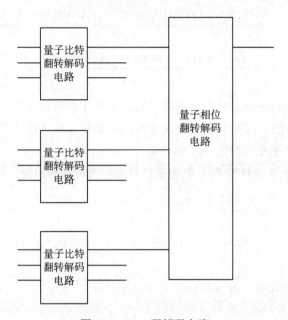

图 8.7　Shor 码解码电路

在图 8.7 的 Shor 码解码电路中，量子比特翻转解码电路的具体情况如图 8.3 所示，量子相位翻转解码电路的具体情况如图 8.5 所示。

在解码阶段，Bob 将收到 9 个量子比特分为 3 块，每块含 3 个量子比特。即第 1、2、3 个量子比特作为第 1 块，第 4、5、6 个量子比特作为第 2 块，第 7、8、9 个量子比特作为第 3 块。

首先，Bob 用量子比特翻转解码电路对每一块进行量子比特翻转纠错。然后，由于每块中的任意一个量子比特发生相位翻转，对于该块的影响是等价的，所以从三块中任取一块的任意一个量子比特进行量子相位翻转纠错即可。图 8.7 中的 Shor 码解码电路则是取每一块的第一个量子比特，即 Shor 码的第 1、4、7 个量子比特作为输入。最后，经量子相位翻转解码电路作用后，Bob 可恢复 Alice 原先发的量子态 $|\psi\rangle$。　　　　　　　　　　　　　　　□

注 8.1　Shor 码还可同时纠正对每块中的任意一个量子比特的比特翻转错误以及任意一块的任意多个量子比特的相位翻转错误。

例 8.1 假设 Shor 码的第 7 位量子比特同时发生相位翻转与比特翻转，则 Shor 码变为

$$
\begin{aligned}
&\alpha\frac{(|000\rangle+|111\rangle)(|000\rangle+|111\rangle)(|100\rangle-|011\rangle)}{2\sqrt{2}}\\
&+\beta\frac{(|000\rangle-|111\rangle)(|000\rangle-|111\rangle)(|100\rangle+|011\rangle)}{2\sqrt{2}}
\end{aligned}
\tag{8.17}
$$

首先，对每一块进行比特翻转纠错，得到 3 个两比特的校验码，它们分别为 00、00 和 01。这表示第 1 块没发生比特翻转，第 2 块没发生比特翻转，第 3 块的第 1 个量子比特发生了比特翻转。

然后，对第 3 块的第 1 个量子比特进行比特翻转纠错，得到量子态：

$$
\begin{aligned}
&\alpha\frac{(|000\rangle+|111\rangle)(|000\rangle+|111\rangle)(|000\rangle-|111\rangle)}{2\sqrt{2}}\\
&+\beta\frac{(|000\rangle-|111\rangle)(|000\rangle-|111\rangle)(|000\rangle+|111\rangle)}{2\sqrt{2}}
\end{aligned}
\tag{8.18}
$$

接着，进行相位翻转纠错，得到校验码 11，这表示第 3 块发生了相位翻转错误。

对第 3 块进行相位翻转纠错后，得到量子态：

$$
\begin{aligned}
&\alpha\frac{(|000\rangle+|111\rangle)(|000\rangle+|111\rangle)(|000\rangle+|111\rangle)}{2\sqrt{2}}\\
&+\beta\frac{(|000\rangle-|111\rangle)(|000\rangle-|111\rangle)(|000\rangle-|111\rangle)}{2\sqrt{2}}
\end{aligned}
\tag{8.19}
$$

即为 Shor 码。

习　题

8.7 在定理 8.4 的证明中，若 Shor 码的第 1 位与第 5 位量子比特同时发生比特翻转，且第 9 位量子比特发生相位翻转，写出纠错时的校验码与量子态演化过程。

8.8 在定理 8.4 的证明中，若 Shor 码的第 3 位与第 7 位量子比特同时发生比特翻转，且第 5 位量子比特发生相位翻转，写出纠错时的校验码与量子态演化过程。

8.5 线性码

在编码理论中，线性码是研究各类码的基础。线性码的编码方案和译码方案都非常简单。以下先给出码的一般定义，然后介绍线性码相关知识。

定义 8.7 设 Σ 为有限集，称其为字母表。由 Σ 中元素构成的有限序列称为字，Σ 上所有字的集合记为 Σ^*。设 $C \subseteq \Sigma^*$，若对任意 $c_1, c_2, \cdots, c_m, c_1', c_2', \cdots, c_n' \in C$，当

$$c_1 c_2 \cdots c_m = c_1' c_2' \cdots c_n' \tag{8.20}$$

时，一定有 $c_i = c_i'$（$1 \leqslant i \leqslant n$）且 $m = n$，则称 C 为字母表 Σ 上的码。

设 C 为 Σ 上的码，若 $|\Sigma| = q$，则称 C 为 q 元码。码中的字称为码字。码字中元素的个数称为码字长度。若码中所有码字长度都相等，则称为定长码，否则称为变长码。

例 8.2 令字母表 $\Sigma = \{0, 1\}$，$C = \{0, 10, 110, 111\}$。易知，C 是 Σ 上的一个二元变长码，其码字分别为 $0, 10, 110, 111$，码字长度分为 $1, 2, 3, 3$。

例 8.3 令字母表 $\Sigma = \{0, 1\}$，$C = \{0, 11, 011\}$。由码的定义知 C 不是码。

定义 8.8 设 F 是一个非空集，F 的成员称为元素或简称元。假定在 F 中规定了加法和乘法两种运算，对于 F 中任两个元素 a 和 b，记加法运算的结果为 $a + b$，乘法运算的结果为 $a \cdot b$，F 对于加法和乘法运算是封闭的，即要求对任意 $a, b \in F$，有 $a + b \in F$，$a \cdot b \in F$。若以下运算规则都成立：

(1) 对任意 $a, b \in F$，有

$$a + b = b + a \quad （加法交换律） \tag{8.21}$$

(2) 对任意 $a, b, c \in F$，有

$$(a + b) + c = a + (b + c) \quad （加法结合律） \tag{8.22}$$

(3) F 中有一个元素，把它记作 0，具有性质

$$a + 0 = a, \forall a \in F \tag{8.23}$$

(4) 对任意 $a \in F$, F 中有元 $-a$, 具有性质

$$a + (-a) = 0 \tag{8.24}$$

(5) 对任意 $a, b \in F$, 有

$$a \cdot b = b \cdot a \quad \text{(乘法交换律)} \tag{8.25}$$

(6) 对任意 $a, b, c \in F$, 有

$$(a \cdot b) \cdot c = a \cdot (b \cdot c) \quad \text{(乘法结合律)} \tag{8.26}$$

(7) F 中有一个不为零的元, 把它记作 1, 具有性质

$$a \cdot 1 = a, \forall a \in F \tag{8.27}$$

(8) 对任意 $a \in F$, 而 $a \neq 0$, F 中有元 a^{-1}, 具有性质

$$a \cdot a^{-1} = 1 \tag{8.28}$$

(9) 对任意 $a, b, c \in F$, 有

$$a \cdot (b + c) = a \cdot b + a \cdot c \quad \text{(分配律)} \tag{8.29}$$

则称 F 对于所规定的加法和乘法运算是一个域。

定义 8.9 如果域 F 中的元素个数是有限的, 那么称 F 为有限域。

例 8.4 若 p 为一个素数, 则集合 $\{0, 1, 2, \cdots, p-1\}$ 在模 p 加法和模 p 乘法下构成一个有限域, 记为 $\mathrm{GF}(p)$。

下文中, 字母表 Σ 取为 $\mathrm{GF}(p)$, 其中 $\mathrm{GF}(p)$ 表示含 p 个元素的有限域。令 $V(n, p) = \mathrm{GF}(p)^n$ 表示 $\mathrm{GF}(p)$ 上的 n 维向量空间。任意 $a \in V(n, p)$, a 有如下形式: $a = (a_1, a_2, \cdots, a_n)^{\mathrm{T}}$, $a_i \in \mathrm{GF}(p)$, $i = 1, 2, \cdots, n$。

以下给出汉明距离定义。

定义 8.10 设 $x, y \in V(n, p)$, x 和 y 的汉明距离为它们相异位个数, 记为 $d_H(x, y)$, 设 $x = x_1 x_2 \cdots x_n$, $y = y_1 y_2 \cdots y_n$, 即

$$d_H(x, y) = |\{i | x_i \neq y_i, 1 \leqslant i \leqslant n\}| \tag{8.30}$$

例 8.5　设 $x, y \in V(7, 2)$, $x = 1010101$, $y = 0001111$, 易得 $d_H(x, y) = 4$。
在 $V(7, 3)$ 中, $d_H(0120120, 0011222) = 5$。

定理 8.5　对任意 $x, y, z \in V(n, p)$, 汉明距离满足下述性质。

(1) 非负性: $d_H(x, y) \geqslant 0$, $d_H(x, y) = 0$ 当且仅当 $x = y$;

(2) 对称性: $d_H(x, y) = d_H(y, x)$;

(3) 三角不等式: $d_H(x, y) \leqslant d_H(x, z) + d_H(y, z)$。

由定理 8.5 可知, $V(n, p)$ 为一个距离空间, 亦称其为汉明空间。

现在, 我们考虑译码问题, 以下给出最近邻域译码的定义。

定义 8.11　设 $C \subseteq V(n, p)$ 是一个码, $x \in C$, 经信道传输后, 在接收端收到的向量为 y。将 y 译码为与 y 的汉明距离最小的 C 中的码字 z', 即 $z' \in \{z \mid \min\limits_{z \in C} d_H(z, y)\}$, 称其为最近邻域译码。

例 8.6　设 $C = \{000, 111\} \subseteq V(3, 2)$, $x = 000$ 为 C 中的一个码字。假设当码字 x 经信道传输后, 在接收端收到的向量为 $y = 001$。根据最近邻域译码, 向量 y 被译码为 C 中的码字 000。

码的最小距离是刻画码纠错性能的重要参数。以下给出码的最小距离定义。

定义 8.12　设 $C \subseteq V(n, p)$ 是一个码, 其最小距离定义为 C 中任意两个不同码字的汉明距离的最小值, 记为 $d(C)$, 即

$$d(C) = \min_{x, y \in C, x \neq y} d_H(x, y) \tag{8.31}$$

例 8.7　设码 $C = \{000, 001, 010\} \subseteq V(3, 2)$, 易得 C 的最小距离为 1。

定义 8.13　设 $C \subseteq V(n, p)$ 是一个码, $x \in C$, x 通过含噪信道发送, 接收端收到 $y \in V(n, p)$, 若 $d_H(x, y) = t$, 则称 x 发生 t 个错误。若能将向量 y 译码为 x, 则称 C 可完全纠正 x 的 t 个错误。

以下给出一个关于码的最小距离与其纠错性能关系的定理。

定理 8.6　设 $C \subseteq V(n, p)$ 是一个码, C 至多可纠正 t 个错误的充要条件为 $d(C) = 2t + 1$ 或 $d(C) = 2t + 2$。

证明 首先，证明充分性。设 $d(C) = 2t+1$ 或 $2t+2$。码字 x 经含噪信道发送后为向量 y，且 $d_H(x, y) \leqslant t$，则对任意 $x' \in C$ 且 $x' \neq x$，根据汉明距离的三角不等式性质，有

$$d_H(x, y) + d_H(y, x') \geqslant d_H(x, x') \tag{8.32}$$

$$\geqslant d(C) \tag{8.33}$$

$$\geqslant 2t+1 \tag{8.34}$$

因此，有

$$d_H(y, x') \geqslant 2t+1 - d_H(x, y) \tag{8.35}$$

$$\geqslant t+1 \tag{8.36}$$

$$> d_H(x, y) \tag{8.37}$$

根据最近邻域译码，向量 y 将有很大概率被译码为码字 x。

现在证明码 C 不能纠正 $t+1$ 个错误。由于 $d(C) = 2t+1$ 或 $2t+2$，所以存在 $x = x_1 x_2 \cdots x_n \in C$ 与 $x' = x'_1 x'_2 \cdots x'_n \in C$，使得 $d_H(x, x') = d(C) = 2t+1$ 或 $2t+2$。

若 $d_H(x, x') = d(C) = 2t+1$，不失一般性，令

$$x_i \neq x'_i, i = 1, \cdots, 2t+1 \tag{8.38}$$

$$x_j = x'_j, j = 2t+2, \cdots, n \tag{8.39}$$

令 $y = y_1 y_2 \cdots y_n$，且

$$y_i = \begin{cases} x_i, & 1 \leqslant i \leqslant t \\ x'_i, & t+1 \leqslant i \leqslant 2t+1 \\ x_i = x'_i, & 2t+2 \leqslant i \leqslant n \end{cases} \tag{8.40}$$

显然，有

$$d_H(y, x) = t+1 \text{ 且 } d_H(y, x') = t \tag{8.41}$$

由 (8.41) 式可得

$$d_H(y, x') < d_H(y, x) \tag{8.42}$$

根据最近邻域译码，向量 y 将有很大概率被译为码字 x'，不能被正确译为码字 x，即码 C 不能纠正 $t+1$ 个错误。

若 $d_H(x, x') = d(C) = 2t + 2$，不失一般性，令

$$x_i \neq x'_i, i = 1, \cdots, 2t + 2 \tag{8.43}$$

$$x_j = x'_j, j = 2t + 3, \cdots, n \tag{8.44}$$

令 $y = y_1 y_2 \cdots y_n$，且

$$y_i = \begin{cases} x_i, & 1 \leqslant i \leqslant t+1 \\ x'_i, & t+2 \leqslant i \leqslant 2t+2 \\ x_i = x'_i, & 2t+3 \leqslant i \leqslant n \end{cases} \tag{8.45}$$

显然，有

$$d_H(y, x) = t + 1 \text{ 且 } d_H(y, x') = t + 1 \tag{8.46}$$

由式 (8.46) 可得

$$d_H(y, x') = d_H(y, x) \tag{8.47}$$

根据最近邻域译码，向量 y 可能被译为码字 x'，也可能译为码字 x，即码 C 不能完全纠正 $t+1$ 个错误。综上可得，码 C 至多可纠正 t 个错误。

现在证明必要性。若码 C 至多可纠正 t 个错误，则必有

$$2t + 1 \leqslant d(C) \leqslant 2t + 2 \tag{8.48}$$

否则，若 $d(C) \geqslant 2t + 3 = 2(t+1) + 1$，由充分性可知，码 C 可纠正 $t+1$ 个错误，这与码 C 至多可纠正 t 个错误矛盾。另一方面，若 $d(C) \leqslant 2t$，由充分性可知，码 C 可纠正的错误数目不大于 $t-1$，这与码 C 至多可纠正 t 个错误矛盾。因此，$d(C) = 2t + 1$ 或 $d(C) = 2t + 2$，定理证毕。　　　　□

下面讨论一类重要的码——线性码，首先给出一个命题。

命题 8.1 若 C 是 $V(n, p)$ 的一个子空间，则 C 是一个 p 元线性码。

定义 8.14 若 $C \subseteq V(n, p)$ 是一个维数为 k 的 p 元线性码，则称 C 为 p 元 $[n, k]$ 线性码；若 p 元 $[n, k]$ 线性码的最小距离为 d，则称其为 p 元 $[n, k, d]$ 线性码。

例 8.8 $C = \{0000000, 0001111, 0110011, 1010101, 0111100, 1011010,$
$\qquad\qquad 1100110, 1101001\}$ 是一个二元 $[7, 3, 4]$ 线性码。

由于一个 p 元 $[n, k]$ 线性码 C 是 $V(n, p)$ 的一个 k 维子空间，所以只需给定 C 的一组基即可完全生成线性码 C。以下给出生成矩阵定义。

定义 8.15 设 C 为一个 p 元 $[n, k]$ 线性码，将 C 的一组基中的元素作为行向量构成一个 $k \times n$ 阶矩阵 G，称 G 为线性码 C 的生成矩阵。

例 8.9 一个二元 $[3, 1]$ 线性码

$$C = \{000, 111\} \tag{8.49}$$

的生成矩阵为 $G = \begin{bmatrix} 1 & 1 & 1 \end{bmatrix}$。

例 8.10 一个二元 $[7, 4, 3]$ 线性码

$$
\begin{aligned}
C = \{&0000000, 0001111, 0110011, 1010101, \\
&0111100, 1011010, 1100110, 1101001, \\
&1111111, 1110000, 1001100, 0101010, \\
&1000011, 0100101, 0011001, 0010110\}
\end{aligned} \tag{8.50}
$$

的生成矩阵为

$$
G = \begin{bmatrix}
1 & 0 & 0 & 0 & 0 & 1 & 1 \\
0 & 1 & 0 & 0 & 1 & 0 & 1 \\
0 & 0 & 1 & 0 & 1 & 1 & 0 \\
0 & 0 & 0 & 1 & 1 & 1 & 1
\end{bmatrix} \tag{8.51}
$$

以下给出线性码的陪集的定义。

定义 8.16 设 C 是一个 p 元 $[n,k]$ 线性码，对任意 $a \in V(n,p)$，令

$$a + C = \{a + x | x \in C\} \tag{8.52}$$

则称 $a + C$ 为 C 的一个陪集。

例 8.11 对于 $V(2,2)$ 上的一个二元 $[2,1]$ 线性码 $C = \{00, 11\}$，其陪集有两个，分别为 $\{00, 11\}$ 与 $\{01, 10\}$。

以下给出向量空间 $V(n,p)$ 上的向量内积运算。

设 $\boldsymbol{x} = x_1 x_2 \cdots x_n, \boldsymbol{y} = y_1 y_2 \cdots y_n \in V(n,p)$，$\boldsymbol{x}$ 和 $\boldsymbol{y}$ 的内积为

$$\boldsymbol{x} \cdot \boldsymbol{y} = x_1 y_1 + x_2 y_2 + \cdots + x_n y_n \tag{8.53}$$

上式等号右边运算为模 p 运算。若对任意 $\boldsymbol{x}, \boldsymbol{y} \in V(n,p)$，有 $\boldsymbol{x} \cdot \boldsymbol{y} = 0$，则称 $\boldsymbol{x}$ 与 $\boldsymbol{y}$ 是正交的。

以下介绍对偶码。

命题 8.2 设 C 是一个 p 元 $[n,k]$ 线性码，令

$$C^{\perp} = \{\boldsymbol{x} \in V(n,p) | \forall \boldsymbol{y} \in C, \boldsymbol{x} \cdot \boldsymbol{y} = 0\} \tag{8.54}$$

则 $C^{\perp}$ 是 $V(n,p)$ 的一个子空间，称 $C^{\perp}$ 为 C 的对偶码。

证明 由加法和数乘的封闭性易证 $C^{\perp}$ 是 $V(n,p)$ 的一个子空间。 □

例 8.12 对于一个二元 $[7,4,3]$ 线性码

$$
\begin{aligned}
C = \{ & 0000000, 0001111, 0110011, 1010101, \\
& 0111100, 1011010, 1100110, 1101001, \\
& 1111111, 1110000, 1001100, 0101010, \\
& 1000011, 0100101, 0011001, 0010110 \}
\end{aligned} \tag{8.55}
$$

可验证

$$
\begin{aligned}
C^{\perp} = \{ & 0000000, 0001111, 0110011, 1010101, \\
& 0111100, 1011010, 1100110, 1101001 \}
\end{aligned} \tag{8.56}
$$

事实上，$C^{\perp}$ 是一个二元 $[7,3,4]$ 线性码。

以下给出校验矩阵定义。

定义 8.17 设 C 为一个 p 元 $[n,k]$ 线性码，则 $C^{\perp}$ 的生成矩阵称为 C 的校验矩阵。

因为对偶码 $C^{\perp}$ 的基不是唯一的，所以 C 的校验矩阵也不唯一。

命题 8.3 设 C 是一个 p 元 $[n,k]$ 线性码，有如下结论成立：

(1) C 的校验矩阵是一个 $(n-k) \times n$ 阶矩阵。

(2) 若 $\boldsymbol{H}$ 是 C 的校验矩阵，则有

$$C = \{\boldsymbol{x} \in V(n,q)|\boldsymbol{x}\boldsymbol{H}^{\mathrm{T}} = \boldsymbol{0}\} \tag{8.57}$$

该命题的证明留作习题。

例 8.13 设二元 $[7,3,4]$ 线性码 $C = \{0000000, 0001111, 0110011, 1010101,$
$0111100, 1011010, 1100110, 1101001\}$，则它的一个校验矩阵为

$$\boldsymbol{H} = \begin{bmatrix} 1 & 0 & 0 & 0 & 0 & 1 & 1 \\ 0 & 1 & 0 & 0 & 1 & 0 & 1 \\ 0 & 0 & 1 & 0 & 1 & 1 & 0 \\ 0 & 0 & 0 & 1 & 1 & 1 & 1 \end{bmatrix} \tag{8.58}$$

命题 8.4 设 C 是一个二元 $[n,k]$ 线性码，那么有

$$\sum_{y \in C}(-1)^{x \cdot y} = \begin{cases} |C|, & x \in C^{\perp} \\ 0, & x \notin C^{\perp} \end{cases} \tag{8.59}$$

证明 当 $x \in C^{\perp}$，对于 $y \in C$，有 $(-1)^{x \cdot y} = 1$，从而 $\sum\limits_{y \in C}(-1)^{x \cdot y} = |C|$。当 $x \notin C^{\perp}$，则存在 $s \in C$，使 $x \cdot s = 1$。令 $f(x) = x + s$，$x \in C$，则 f 是从 C 到 C 的双射。因此

$$\sum_{y \in C}(-1)^{x \cdot y} + \sum_{y \in C}(-1)^{x \cdot y} = \sum_{y \in C}(-1)^{x \cdot y} + \sum_{y \in C}(-1)^{x \cdot (y+s)} \tag{8.60}$$

$$= [1 + (-1)^{x \cdot s}]\sum_{y \in C}(-1)^{x \cdot y} \tag{8.61}$$

$$= 0 \tag{8.62}$$

$\square$

汉明码是一类特殊的线性码。以下给出二元汉明码定义。

定义 8.18　设 r 是一个正整数，$\boldsymbol{H}$ 是一个 $r \times (2^r - 1)$ 阶矩阵，其列向量由 $V(r, 2)$ 中所有不同的非零向量构成，称以 $\boldsymbol{H}$ 为校验矩阵的线性码为二元汉明码，记为 $\mathrm{Ham}(r, 2)$。

注 8.2　$\mathrm{Ham}(r, 2)$ 指的是一类等价的码中的任意一个。在等价的意义下，$\mathrm{Ham}(r, 2)$ 是唯一的，这里等价是指码 C 和 C' 有相同的参数，都为 p 元 $[n, k, d]$ 线性码。

显然，$\mathrm{Ham}(r, 2)$ 的码长为 $n = 2^r - 1$，维数为 $k = n - r = 2^r - 1 - r$。因此，$\mathrm{Ham}(r, 2)$ 是一个二元 $[2^r - 1, 2^r - 1 - r]$ 线性码。

例 8.14　对于 $r = 3$，$\mathrm{Ham}(3, 2)$ 的其中一个校验矩阵为

$$\boldsymbol{H} = \begin{bmatrix} 0 & 0 & 0 & 1 & 1 & 1 & 1 \\ 0 & 1 & 1 & 0 & 0 & 1 & 1 \\ 1 & 0 & 1 & 0 & 1 & 0 & 1 \end{bmatrix} \tag{8.63}$$

可验证 $\mathrm{Ham}(3, 2)$ 的最小距离为 3，所以 $\mathrm{Ham}(3, 2)$ 是一个二元 $[7, 4, 3]$ 线性码。

习　题

8.9　证明定理 8.5 中关于汉明距离的三个性质成立。

8.10　设 $C = \{1100, 1010, 1001, 0110, 0101, 0011\}$ 是一个二元码，求码 C 的最小距离。

8.11　证明命题 8.3 的两个结论成立。

8.12　设 C 是一个 q 元 $[n, k]$ 线性码，其生成矩阵为 $\boldsymbol{G}$，校验矩阵为 $\boldsymbol{H}$，证明 $\boldsymbol{G}\boldsymbol{H}^{\mathrm{T}} = 0$。

8.13　设 C 是一个 q 元 $[3, 1]$ 线性码，其生成矩阵为 $\boldsymbol{G} = \begin{bmatrix} 1 & 1 & 1 \end{bmatrix}$，写出 C 的校验矩阵。

8.6 CSS 码

在 1995 年至 1997 年，Calderbank、Shor[2] 和 Steane[3] 等分别构造了一类以经典线性码为基础的量子码，一般称其为 CSS 码。以下给出 CSS 码定义及相关定理。

定义 8.19 $\mathbb{C}^{2^n}$ 的每个维数大于等于 1 的复向量子空间称为一个量子码。

定义 8.20 设 C_1 和 C_2 分别为二元线性码 $[n, k_1]$ 和 $[n, k_2]$，且 $C_2 \subseteq C_1$，任意给定一个 $x \in C_1$，记

$$|x + C_2\rangle = \frac{1}{\sqrt{|C_2|}} \sum_{y \in C_2} |x + y\rangle \tag{8.64}$$

并记

$$\text{CSS}(C_1, C_2) = \{|x + C_2\rangle | x \in C_1\} \tag{8.65}$$

称其为量子码 $\text{CSS}(C_1, C_2)$。

对任意 $x, x' \in C_1$，$|x' + C_2\rangle = \frac{1}{\sqrt{|C_2|}} \sum_{y' \in C_2} |x' + y'\rangle$，$\text{CSS}(C_1, C_2)$ 中内积定义为

$$\langle x' + C_2 | x + C_2 \rangle = \frac{1}{|C_2|} \sum_{y', y \in C_2} \langle x' + y' | x + y \rangle$$

命题 8.5 上述 $\text{CSS}(C_1, C_2)$ 是一个 $[n, 2^{k_1 - k_2}]$ 线性码。

证明 易证 $\text{CSS}(C_1, C_2)$ 满足加法与数乘封闭性。 $\square$

C_2 在 C_1 中的陪集是 $\{|x + C_2\rangle | x \in C_1\}$。进一步可以证明 CSS 码可以纠正 t 个量子比特翻转和相位翻转错误。

定理 8.7 设 C_1 和 C_2 分别为二元线性码 $[n, k_1]$ 和 $[n, k_2]$，C_1 和 $C_2^{\perp}$ 的校验矩阵分别为 H_1 和 H_2。若 $C_2 \subseteq C_1$，且 C_1 和 $C_2^{\perp}$ 都可纠正 t 个比特翻转错误，则 $\text{CSS}(C_1, C_2)$ 码最多可纠正 t 个量子比特翻转和 t 个相位翻转错误。

证明 $\text{CSS}(C_1, C_2)$ 为由量子态

$$\frac{1}{\sqrt{|C_2|}} \sum_{y \in C_2} |x + y\rangle \tag{8.66}$$

构成的码。

易证，若 $x, x' \in C_1$，$x - x' \in C_2$，则 $|x + C_2\rangle = |x' + C_2\rangle$；若 $x, x' \in C_1$，$x - x' \notin C_2$，则 $|x + C_2\rangle$ 与 $|x' + C_2\rangle$ 正交。要证 $\langle x + C_2 | x' + C_2 \rangle = 0$，只需证 $A \cap B = \varnothing$，其中 $A = \{x + y | y \in C_2\}$，$B = \{x' + y | y \in C_2\}$，从而 $|x + C_2\rangle$ 与 $|x' + C_2\rangle$ 不含有相同的基。若 $|x + C_2\rangle$ 与 $|x' + C_2\rangle$ 不正交，则 $A \cap B \neq \varnothing$。即存在 $y, y' \in C_2$，使 $x + y = x' + y'$，从而 $x - x' = y' - y \in C_2$。矛盾，故 $|x + C_2\rangle$ 与 $|x' + C_2\rangle$ 正交。

以下证明可利用线性码 C_1 与线性码 $C_2^\perp$ 的纠错性质来检测和纠正量子错误。

首先，用一个 n 位比特向量 e_b 来描述 n 个量子比特的量子比特翻转错误，用一个 n 位比特向量 e_p 来描述 n 个量子比特的量子相位翻转错误，其中分量为 1 表示对应的量子比特发生翻转，0 表示没发生翻转。由 C_1 和 $C_2^\perp$ 都可纠正 t 个比特翻转和 t 个相位翻转错误可知 $|e_b| \leqslant t$，$|e_p| \leqslant t$。

若 $|x + C_2\rangle$ 发生比特与相位翻转错误，则该态变为

$$\frac{1}{\sqrt{|C_2|}} \sum_{y \in C_2} (-1)^{(x+y) \cdot e_p} |x + y + e_b\rangle \tag{8.67}$$

为检测比特翻转错误，引入辅助比特 $|0\rangle$ 来存储 C_1 的校验码。

通过应用 C_1 的校验矩阵 H_1，使得量子态 $|x + y + e_b\rangle|0\rangle$ 变为量子态 $|x + y + e_b\rangle|H_1(x + y + e_b)\rangle$。

由于 $x + y \in C_1$，所以 $|x + y + e_b\rangle|H_1(x + y + e_b)\rangle = |x + y + e_b\rangle|H_1 e_b\rangle$。因此经校验矩阵 H_1 作用后，得到以下态：

$$\frac{1}{\sqrt{|C_2|}} \sum_{y \in C_2} (-1)^{(x+y) \cdot e_p} |x + y + e_b\rangle|H_1 e_b\rangle \tag{8.68}$$

通过测量辅助比特得到结果 $H_1 e_b$，检测到发生比特翻转错误。丢弃辅助比特，得到以下态：

$$\frac{1}{\sqrt{|C_2|}} \sum_{y \in C_2} (-1)^{(x+y) \cdot e_p} |x + y + e_b\rangle \tag{8.69}$$

由于 C_1 可以纠正 t 个比特翻转错误，所以由校验码 $H_1 e_b$ 可唯一推得 e_b。其具体过程如下：存在 $m \in V(n, 2)$，使得 $H_1 e_b = H_1 m$，从而 $H_1(m - e_b) = 0$，

令 $m - e_b = h$，则 $h \in C_1$。进一步 h 经过比特翻转错误 e_b 变成 m，由于 $|e_b| \leqslant t$，C_1 可以纠正 t 个比特翻转错误，从而通过纠正 m 得到 h，进而得到 e_b，完成差错检测。

然后，在 e_b 所示的比特翻转位上应用 NOT 门，纠正比特翻转错误后，得到以下态：

$$\frac{1}{\sqrt{|C_2|}} \sum_{y \in C_2} (-1)^{(x+y) \cdot e_p} |x + y\rangle \tag{8.70}$$

接着，为检测相位翻转错误，对每个量子比特应用 Hadamard 变换，得到以下态：

$$\frac{1}{\sqrt{|C_2| 2^n}} \sum_{z \in \{0,1\}^n} \sum_{y \in C_2} (-1)^{(x+y) \cdot (e_p + z)} |z\rangle \tag{8.71}$$

令 $z' \equiv z + e_p$，(8.71) 式中的态可表示如下：

$$\frac{1}{\sqrt{|C_2| 2^n}} \sum_{z' \in \{0,1\}^n} \sum_{y \in C_2} (-1)^{(x+y) \cdot z'} |z' + e_p\rangle \tag{8.72}$$

由于

$$\sum_{y \in C_2} (-1)^{y \cdot z'} = \begin{cases} |C_2|, & z' \in C_2^\perp \\ 0, & z' \notin C_2^\perp \end{cases} \tag{8.73}$$

所以 (8.72) 式中的态可表示如下：

$$\sqrt{\frac{|C_2|}{2^n}} \sum_{z' \in C_2^\perp} (-1)^{x \cdot z'} |z' + e_p\rangle \tag{8.74}$$

从 (8.74) 式看出，经过 Hadamard 变换，相位翻转错误可以转换成比特翻转错误。

通过应用 $C_2^\perp$ 的校验矩阵 H_2，得到校验码 $H_2 e_p$。根据校验码 $H_2 e_p$，可唯一得到 e_p。其具体过程如下：存在 $a \in V(n, 2)$，使得 $H_2 e_p = H_2 a$，从而 $H_2(a - e_b) = 0$，令 $a - e_b = h'$，则 $h' \in C_2^\perp$。进一步 h' 经过比特翻转错误 e_p 变成 a，由于 $|e_p| \leqslant t$，$C_2^\perp$ 可以纠正 t 个比特翻转错误，从而通过纠正 a 得到 h'，进而得到 e_p，完成差错检测。

校正 e_p 指示的错误比特，得到以下态：

$$\sqrt{\frac{|C_2|}{2^n}} \sum_{z' \in C_2^\perp} (-1)^{x \cdot z'} |z'\rangle \tag{8.75}$$

最后对每一个量子比特实施 Hadamard 变换来完成纠错。

等价地，这是 (8.74) 式表示的量子态中的 $e_p = 0$ 时，对该态实施 Hadamard 变换的结果。由于 Hadamard 变换与自身的逆变换相等，所以变换后得到式 (8.70) 中当 $e_p = 0$ 时的量子态，即

$$\frac{1}{\sqrt{|C_2|}} \sum_{y \in C_2} |x + y\rangle \tag{8.76}$$

这就通过纠错得到 (8.66) 式中的量子态。定理证毕。　　　　□

例 8.15　设 C_1 为二元 $[7, 4, 3]$ 线性码，

$$
\begin{aligned}
C_1 = \{ &0000000, 0001111, 0110011, 1010101, \\
&0111100, 1011010, 1100110, 1101001, \\
&1111111, 1110000, 1001100, 0101010, \\
&1000011, 0100101, 0011001, 0010110 \}
\end{aligned} \tag{8.77}
$$

它最多能纠正 1 个比特翻转错误，C_2 为 C_1 的对偶码，则 $\text{CSS}(C_1, C_2)$ 为 $[7, 2]$ 量子纠错码，其可纠正 1 个比特翻转和相位翻转错误。该 $\text{CSS}(C_1, C_2)$ 量子码称为 Steane 码，其编码如下：

$$
\begin{aligned}
|0000000 + C_2\rangle = \frac{1}{\sqrt{8}}(&|0000000\rangle + |0001111\rangle + |0110011\rangle + |1010101\rangle + \\
&|0111100\rangle + |1011010\rangle + |1100110\rangle + |1101001\rangle)
\end{aligned} \tag{8.78}
$$

$$
\begin{aligned}
|1111111 + C_2\rangle = \frac{1}{\sqrt{8}}(&|1111111\rangle + |1110000\rangle + |1001100\rangle + |0101010\rangle + \\
&|1000011\rangle + |0100101\rangle + |0011001\rangle + |0010110\rangle)
\end{aligned} \tag{8.79}
$$

习　题

8.14　设 C_1 为例 8.15中的二元 $[7,4,3]$ 线性码，C_2 为 C_1 对偶码，证明：

(1) 若 $x, x' \in C_1$，$x - x' \in C_2$，则 $|x + C_2\rangle = |x' + C_2\rangle$；

(2) 若 $x, x' \in C_1$，$x - x' \notin C_2$，则 $|x + C_2\rangle$ 与 $|x' + C_2\rangle$ 正交。

8.15　设 C_1 为例 8.15中的二元 $[7,4,3]$ 线性码，C_2 为 C_1 对偶码。写出 C_2 在 C_1 中的所有陪集。

8.16　设 C_1 为例 8.15中的二元 $[7,4,3]$ 线性码，C_2 为 C_1 对偶码，对于 $\mathrm{CSS}(C_1, C_2)[7,2]$ 量子码，若其第 1 个量子比特发生比特翻转，第 7 个量子比特发生相位翻转，根据定理 8.7 写出纠错阶段量子态的演化过程。

8.7　* 稳定子码

从 1996 年至 1997 年，Gottesman 和 Calderbank 等[4-6] 发现了量子纠错码的群结构，引入了稳定子的概念，发展了一套量子纠错码的系统构造理论。以下介绍稳定子码的基本理论。

首先，举一个与稳定子概念相关的例子。

例 8.16　对于量子态

$$|\psi\rangle = \frac{|00\rangle + |11\rangle}{\sqrt{2}} \tag{8.80}$$

可验证其满足

$$(X \otimes X)|\psi\rangle = |\psi\rangle \tag{8.81}$$

$$(Z \otimes Z)|\psi\rangle = |\psi\rangle \tag{8.82}$$

称 $|\psi\rangle$ 被算子 $X \otimes X$ 和 $Z \otimes Z$ 稳定。

与稳定子密切相关的概念是 Pauli 算子群。在矩阵乘法下，由 Pauli 矩阵与 ± 1，$\pm i$ 相乘构成的矩阵是一个群，称为单比特 Pauli 算子群，记为

$$G_1 \equiv \{\pm I, \pm iI, \pm X, \pm iX, \pm Y, \pm iY, \pm Z, \pm iZ\} \tag{8.83}$$

进一步，在矩阵乘法下，n 比特 Pauli 算子群记为

$$G_n \equiv \{P_1 \otimes P_2 \otimes \cdots \otimes P_n | P_j \in G_1, j = 1, 2, \cdots, n\} \tag{8.84}$$

以下给出稳定子的定义。

定义 8.21　设 $S \subseteq G_n$ 是一个子群，V_S 为由 n 位量子态构成的向量空间。若对任意 $|\psi\rangle \in V_S$，对任意 $T \in S$，有 $|\psi\rangle = T|\psi\rangle$，则称 V_S 被 S 稳定，S 为 V_S 的稳定子。

以下给出群的生成元集定义。

定义 8.22　设 G 为一个群，群中乘法为 $\cdot$，且 $g_1, \cdots, g_l$ 是 G 中的元素，若对任意 $g \in G$，存在 $g_1, \cdots, g_l$，使得 $g = g_1 \cdot g_2 \cdot \cdots \cdot g_l$，则称 $g_1, \cdots, g_l$ 为群 G 的生成元集，记为 $G = \langle g_1, \cdots, g_l \rangle$。

例 8.17　设 $S = \{I \otimes I \otimes I, Z_1 \otimes Z_2 \otimes I, I \otimes Z_2 \otimes Z_3, Z_1 \otimes I \otimes Z_3\}$ 是个集合，在矩阵乘法下构成一个群。由于 $Z_1 \otimes I \otimes Z_3 = (Z_1 \otimes Z_2 \otimes I)(I \otimes Z_2 \otimes Z_3)$ 且 $I = (Z_1 \otimes Z_2 \otimes I)^2$，所以 $S = \langle Z_1 \otimes Z_2 \otimes I, I \otimes Z_2 \otimes Z_3 \rangle$。

以下给出独立生成元集的定义。

定义 8.23　设 G 是一个群，群中乘法为 $\cdot$，它的一个生成元集为 $g_1, \cdots, g_l$，若移除 $g_1, \cdots, g_l$ 中任意一个元 g_i，都有

$$\langle g_1, \cdots, g_{i-1}, g_{i+1}, \cdots, g_l \rangle \neq \langle g_1, \cdots, g_l \rangle \tag{8.85}$$

则称 $g_1, \cdots, g_l$ 为独立的生成元集。

以下给出群中元可相互交换的定义。

定义 8.24　设 G 是一个群，群中乘法为 $\cdot$，若任意 $g_i, g_j \in G$，有 $g_i \cdot g_j = g_j \cdot g_i$，则称元 g_i 与 g_j 可相互交换。

以下给出稳定子码的定义。

命题 8.6　设 $S \subseteq G_n$ 是一个子群，若 $-I \notin S$，S 有 $n-k$ 个独立的生成元，且它们可交换，即 $S = \langle g_1, \cdots, g_{n-k} \rangle$，$-I \notin S$，则 V_S 是一个 2^k 维的向量空间。

定义 8.25   设 $S \subseteq G_n$ 是一个子群，其中 $-I \notin S$ 且 S 有 $n-k$ 个独立的生成元，且它们可交换，即 $S = \langle g_1, \cdots, g_{n-k} \rangle$，称被 S 稳定的向量空间 V_S 为 $[n, 2^k]$ 稳定子码，记为 $C(S)$。

例 8.18   对于 7 个量子比特的 Steane 码，其稳定子的一个生成元集构成如图 8.8 所示。

名称	算子
g_1	$I\ \ I\ \ I\ \ X\ \ X\ \ X\ \ X$
g_2	$I\ \ X\ \ X\ \ I\ \ I\ \ X\ \ X$
g_3	$X\ \ I\ \ X\ \ I\ \ X\ \ I\ \ X$
g_4	$I\ \ I\ \ I\ \ Z\ \ Z\ \ Z\ \ Z$
g_5	$I\ \ Z\ \ Z\ \ I\ \ I\ \ Z\ \ Z$
g_6	$Z\ \ I\ \ Z\ \ I\ \ Z\ \ I\ \ Z$

图 8.8　Steane 码的稳定子生成元

例 8.19   对于 9 个量子比特的 Shor 码，其稳定子的一个生成元集构成如图 8.9 所示。

名称	算子
g_1	$Z\ \ Z\ \ I\ \ I\ \ I\ \ I\ \ I\ \ I\ \ I$
g_2	$I\ \ Z\ \ Z\ \ I\ \ I\ \ I\ \ I\ \ I\ \ I$
g_3	$I\ \ I\ \ I\ \ Z\ \ Z\ \ I\ \ I\ \ I\ \ I$
g_4	$I\ \ I\ \ I\ \ I\ \ Z\ \ Z\ \ I\ \ I\ \ I$
g_5	$I\ \ I\ \ I\ \ I\ \ I\ \ I\ \ Z\ \ Z\ \ I$
g_6	$I\ \ I\ \ I\ \ I\ \ I\ \ I\ \ I\ \ Z\ \ Z$
g_7	$X\ \ X\ \ X\ \ X\ \ X\ \ X\ \ I\ \ I\ \ I$
g_8	$I\ \ I\ \ I\ \ X\ \ X\ \ X\ \ X\ \ X\ \ X$

图 8.9　Shor 码的稳定子生成元

8.8　* 二元量子 MDS 码

量子码是 Hilbert 空间 $\mathbb{C}^{2^n}$ 的一个子空间。在量子码中，有三个基本参数分别为码字长度 n，码的维数 2^k 和最小距离 d。在二元量子码中，码的参数要满足辛格尔顿界 (Singleton bound)。辛格尔顿界是当 n 及 d 给定时，码的维数 2^k 的一个上界。量子极大距离可分码记为量子 MDS (Maximum Distance Separable) 码，是一类重要的量子纠错码，其易于构造、编码和译码、具有较强的纠错能力和实用性、还具有很好的代数结构。本节主要介绍二元量子 MDS 码[7]。

在量子码中，量子错误通常用酉算子描述，它作用在复向量空间 $\mathbb{C}^{2^n}$。

单个量子态的任何变化都可表示为 Pauli 算子的线性组合的作用。一个 n 位量子比特上的量子错误具有如下形式：

$$\epsilon = i^\lambda \omega_1 \otimes \omega_2 \otimes \cdots \otimes \omega_n$$

其中 $\lambda \in \{0, 1, 2, 3\}$，$\omega_j \in \{I, \sigma_x, \sigma_y, \sigma_z\}$，$j = 1, \cdots, n$。

所有的量子错误可由下列算子群构成：

$$E_n = \left\{ i^\lambda \omega_1 \otimes \omega_2 \otimes \cdots \otimes \omega_n \,\middle|\, \lambda \in \{0, 1, 2, 3\}, \omega_j \in \{I, \sigma_x, \sigma_y, \sigma_z\} \right\}$$

令 $e = i^\lambda \omega_1 \otimes \omega_2 \otimes \cdots \otimes \omega_n$，$e' = i^{\lambda'} \omega_1' \otimes \omega_2' \otimes \cdots \otimes \omega_n'$，群 E_n 的运算 · 定义为

$$e \cdot e' = i^{\lambda + \lambda'} \omega_1 \omega_1' \otimes \omega_2 \omega_2' \otimes \cdots \otimes \omega_i \omega_i' \cdots \otimes \omega_n \omega_n'$$

其中 ω_i 作用在量子态的第 i 位上，$i = 1, \cdots, n$。

定义 8.26　设 $e \in E_n$，则 e 的量子权定义为

$$\omega(e) = |\{j | 1 \leqslant j \leqslant n, \omega_j \neq I\}|$$

设 $\{|0\rangle, |1\rangle, \cdots, |k\rangle, \cdots, |2^n - 1\rangle\}$ 是 $\mathbb{C}^{2^n}$ 上的一组正交模基，$\{|0\rangle, |1\rangle, \cdots, |2^k - 1\rangle\}$ 为量子码 Q 的一组正交模基。

定义 8.27　设 Q 为一个二元量子码，任意向量 $|\mu\rangle \in Q$，$|\mu\rangle = |a_1\rangle \otimes |a_2\rangle \otimes \cdots \otimes |a_n\rangle$，$a_i \in \{0, 1\}$，$i = 1, 2, \cdots, n$，$|\mu\rangle$ 称为 Q 的码字，n 称为 Q 的码长。

定义 8.28　设 Q 是码长为 n 的量子码。任取 Q 中两个正交的码字 $|\nu\rangle$ 和 $|\mu\rangle$（即 $\langle\nu|\mu\rangle = 0$），若对于任意 $e_1, e_2 \in E_n(l) = \{e \in E_n | \omega(e) \leqslant l\}$，有 $\langle\nu|e_1 e_2|\mu\rangle = 0$，则称 Q 最多可纠正 l 位量子错误 $(0 \leqslant l \leqslant n)$。

命题 8.7　设 Q 是码长为 n 的量子码。如果 Q 最多可纠正 l 位量子错误，则任意 $e \in E_n(2l)$，Q 中任意的两个正交的码字 $|\nu\rangle$ 和 $|\mu\rangle$ 满足 $\langle\nu|e|\mu\rangle = 0$。

定理 8.8　量子码 Q 最多可纠正 l 位量子错误，当且仅当对于每个 $e \in E_n(2l)$，$PeP = \lambda_e P$，其中 λ_e 是只与 e 有关的复数，P 是 $\mathbb{C}^{2^n}$ 到 Q 上的投影算子。

证明　"$\Leftarrow$" 对于 $|c\rangle, |c'\rangle \in Q$，$\langle c|c'\rangle = 0$，则对每个 $e \in E_n(l)$，

$$\langle c|e|c'\rangle = \langle cP|e|Pc'\rangle$$

$$= \langle c|PeP|c'\rangle$$

$$= \langle c|\lambda_e P|c'\rangle$$

$$= \lambda_e \langle c|c'\rangle = 0$$

"$\Rightarrow$" 若 $|c\rangle$, $|c'\rangle$ 是 Q 中的正交模基，则 $|c+c'\rangle$, $|c-c'\rangle$ 也是 Q 中的正交模基。由于 Q 最多可纠正 l 位量子错误，故任意 $e \in E_n(2l)$，$\langle c+c'|e|c-c'\rangle = \langle c|e|c\rangle - \langle c'|e|c'\rangle = 0$，从而 $\langle c|e|c\rangle = \langle c'|e|c'\rangle$。设 Q 的正交模基 $\{|c_1\rangle, |c_2\rangle, \cdots, |c_{2^k}\rangle\}$，故

$$PeP = \left(\sum_{i=1}^{2^k} |c_i\rangle\langle c_i|\right) e \left(\sum_{j=1}^{2^k} |c_j\rangle\langle c_j|\right)$$

$$= \sum_{i,j=1}^{2^k} |c_i\rangle\langle c_i|e|c_j\rangle\langle c_j|$$

$$= \lambda_e P$$

其中 $\lambda_e = \langle c_i|e|c_i\rangle$，$P = \sum\limits_{i=1}^{2^k} |c_i\rangle\langle c_i|$。　　　　　　　　　　　　　　$\square$

定义 8.29　设 Q 是码长为 n 的量子码，称满足下述性质的最大正整数 $d(d \leqslant n)$ 是 Q 的最小距离：若对任意的 $|\nu\rangle$，$|\mu\rangle \in Q$ 满足 $\langle\nu|\mu\rangle = 0$，且任意 $e \in E_n$ 满足 $\omega(e) \leqslant d-1$，则有 $\langle\nu|e|\mu\rangle = 0$。

量子码 Q 通常表示为 $[[n, 2^k, d]]$，其中 n 是码长，2^k 是码的维数，d 是最小距离。和经典情形类似，量子码的三个参数 n，k 和 d 是相互关联的，以下对此作具体讨论。

定义 8.30 设 $(G, \cdot)$ 为一个群，$\cdot$ 为群中的运算，$N \subseteq G$，若 G 中每个元 a 都可与 N 中每个元交换，即 $a \cdot N = N \cdot a$，则称 N 为群的中心。

例如群 E_n 的中心 $C(E_n) = \{\pm I, \pm iI\}$，这里 $\pm I = \pm I_1 \otimes I_2 \otimes \cdots \otimes I_n$，$\pm iI = \pm iI_1 \otimes I_2 \otimes \cdots \otimes I_n \in E_n$，记 $\overline{E_n} = E_n / C(E_n) = \{e \cdot C(E_n) | \forall e \in E_n\}$。

定义 8.31 设 Q 为 $[[n, 2^k, d]]$ 的量子码，$l = \left[\dfrac{d-1}{2} \right]$。如果 $\mathbb{C}^{2^n}$ 的线性子空间 $\{\overline{e}Q | \overline{e} \in \overline{E_n}, \omega(\overline{e}) \leqslant l\}$ 彼此正交，其中 $\overline{e}Q$ 表示算子 $\overline{e}$ 和 Q 中的每个码字作乘法 $\cdot$，那么称 Q 为纯量子码。

定理 8.9（量子 Hamming 界） 若 Q 是一个纯量子码 $[[n, 2^k, d]]$，则

$$2^n \geqslant 2^k \sum_{i=0}^{l} 3^i \binom{n}{i}$$

证明 首先有 $\overline{e}Q$ 的维数等于 Q 的维数 2^k，这是因为酉算子 $\overline{e}$ 作用在 Q 的一组正交模基 $\{|c_1\rangle, |c_2\rangle, \cdots, |c_{2^k}\rangle\}$ 上，$\{\overline{e}|c_1\rangle, \overline{e}|c_2\rangle, \cdots, \overline{e}|c_{2^k}\rangle\}$ 仍是正交模基。且在 n 位量子比特中取 i 位有 $\binom{n}{i}$ 种方法，故量子权为 i 的 e 共有 $3^i \binom{n}{i}$ 个。进一步由纯量子码的定义可知，$\sum\limits_{i=0}^{l} 3^i \binom{n}{i}$ 个向量子空间 $\overline{e}Q$ 彼此正交，所以整个空间的维数 2^n 大于等于这些子空间维数之和，即 $2^n \geqslant 2^k \sum\limits_{i=0}^{l} 3^i \binom{n}{i}$。 □

定义 8.32 设 Q 为 $[[n, 2^k]]$ 的量子码，P 是 C^{2^n} 到 Q 上的投影算子，令

$$P = \sum_{i=0}^{2^k - 1} |i\rangle\langle i|$$

$$S_n = \{e = \sigma_0 \otimes \cdots \otimes \sigma_{n-1} | \sigma_j \in \{I, \sigma_x, \sigma_y, \sigma_z\}, j = 0, 1, \cdots, n-1\}$$

定义

$$B_i = \frac{1}{2^{2k}} \sum_{\substack{e \in S_n \\ \omega(e) = i}} \text{Tr}^2(eP)$$

$$B_i^\perp = \frac{1}{2^k} \sum_{\substack{e \in S_n \\ \omega(e)=i}} \mathrm{Tr}(ePeP)$$

其中 $0 \leqslant i \leqslant n$。称

$$B(x,y) = \sum_{i=0}^{n} B_i x^{n-i} y^i$$

$$B^\perp(x,y) = \sum_{i=0}^{n} B_i^\perp x^{n-i} y^i \in \mathbb{R}[x,y]$$

为量子码 Q 的权多项式，这里 $\mathbb{R}[x,y]$ 表示二元实系数多项式构成的集合。

定理 8.10 若 Q 为 $[[n, 2^k, d]]$ 的量子码，则有如下结论：

(1) $B_0 = B_0^\perp = 1$，$B_i^\perp \geqslant B_i \geqslant 0$ $(0 \leqslant i \leqslant n)$；

(2) 若 $t \leqslant n-1$，有 $B_i^\perp = B_i$ $(0 \leqslant i \leqslant t)$，而 $B_{t+1}^\perp > B_{t+1}$，则 Q 的最小距离 d 为 $t+1$。

证明 (1) 由于 P 是投影算子，从而 P 在 Q 上为恒等算子，于是 $\mathrm{Tr}(P) = \mathrm{Tr}(P^2) = 2^k$，所以 $B_0 = \frac{1}{2^{2k}} \mathrm{Tr}^2(P) = 1$，$B_0^\perp = \frac{1}{2^k} \mathrm{Tr}(P^2) = 1$。由定义 8.32 知 $B_i \geqslant 0$。对于线性算子 A 和 B，由 Cauchy-Schwarz 不等式 $\mathrm{Tr}^2(A^\dagger B) \leqslant \mathrm{Tr}(A^\dagger A) \cdot \mathrm{Tr}(B^\dagger B)$（等式成立当且仅当 $A = \alpha B, \alpha \in \mathbb{C}$），以及 $\mathrm{Tr}(AB) = \mathrm{Tr}(BA)$ 知，对于 $e \in S_n$，有

$$\mathrm{Tr}^2(eP) = \mathrm{Tr}^2(ePPP)$$

$$= \mathrm{Tr}^2(PePP)$$

$$\leqslant \mathrm{Tr}(PePPeP)\,\mathrm{Tr}\left(P^2\right)$$

$$= 2^k \cdot \mathrm{Tr}(ePeP)$$

从而有 $B_i^\perp \geqslant B_i$，且 $\mathrm{Tr}^2(eP) = 2^k \cdot \mathrm{Tr}(ePeP)$ 当且仅当 $PeP = \lambda_e P$。

(2) 由 $B_i, B_i^\perp$ 的定义知，对 $0 \leqslant i \leqslant n$，

$$B_j^\perp = B_j \ (0 \leqslant j \leqslant i) \Leftrightarrow \mathrm{Tr}^2(eP) = 2^k \cdot \mathrm{Tr}(ePeP), \ (\forall e \in S_n, w(e) \leqslant i)$$

$$\Leftrightarrow PeP = \lambda_e P, \quad (\forall e \in E_n(i)) \tag{8.86}$$

其中 $E_n(i) = \{e \in E_n | \omega(e) \leqslant i\}$。根据定理 8.8 可知，(8.86) 式右边又等价于：若 $c, c' \in Q$，$\langle c|c' \rangle = 0$，则对每个 $e \in E_n(i)$，$\langle c|e|c' \rangle = 0$。因此由最小距离 d 的定义可得 $d = t + 1$。定理证毕。　　　　　　　　　　　　□

定义 8.33　任意给定一个正整数 n，称

$$P_i(x) = \sum_{j=0}^{i} (-1)^j 3^{i-j} \binom{x}{j} \binom{n-x}{i-j}, \quad (0 \leqslant i \leqslant n)$$

为 Krawtchouk 多项式，这里 x 是实数，$\binom{x}{j} = \dfrac{x!}{j!(x-j)!}$。

$P_i(x)$ 是关于 x 的 i 次多项式，即 $\deg(P_i(x)) = i$，例如

$$P_0(x) = 1$$

$$P_1(x) = 3n - 4x$$

$$P_2(x) = \frac{1}{2}\left(16x^2 + 8(1 - 3n)x + 9n(n-1)\right)$$

关于 $P_i(x)$ 有如下引理。

引理 8.1　$P_i(x)$ 具有性质：

(1)（对称性）$3^i \binom{n}{i} P_j(i) = 3^j \binom{n}{j} P_i(j)$，其中 $0 \leqslant i, j \leqslant n$。

(2)（正交性）

$$\sum_{i=0}^{n} P_r(i) P_i(s) = 4^n \delta_{rs}$$

$$\sum_{i=0}^{n} 3^i \binom{n}{i} P_r(i) P_s(i) = 4^n \cdot 3^r \binom{n}{r} \delta_{rs}$$

(3) 每个实系数多项式 $f(x) \in \mathbb{R}[x]$ 可以表示为

$$f(x) = \sum_{i=0}^{d} f_i P_i(x)$$

其中 $f_i \in \mathbb{R}$，$d = \deg(f(x))$，并且系数 f_i 表示为

$$f_i = 4^{-n} \sum_{j=0}^{n} f(j) P_j(i)$$

(4) 设量子码 $[[n, 2^k]]$ 的权多项式为 $B(x, y) = \sum\limits_{t=0}^{n} B_t x^{n-t} y^t$ 和 $B^\perp(x, y) = \sum\limits_{t=0}^{n} B_t^\perp x^{n-t} y^t$ ，则

$$B_i = \frac{1}{2^{n+k}} \sum_{j=0}^{n} P_i(j) B_j^\perp$$

证明   (1) $\forall z \in \mathbb{R}$，由 $P_i(x)$ 的定义知

$$
\begin{aligned}
\sum_{i=0}^{n} P_i(j) z^i &= \sum_{i=0}^{n} \sum_{\mu=0}^{i} (-1)^\mu 3^{i-\mu} \binom{n-j}{i-\mu} \binom{j}{\mu} z^i \\
&= \sum_{\mu=0}^{n} (-1)^\mu \binom{j}{\mu} \sum_{i=\mu}^{n} 3^{i-\mu} \binom{n-j}{i-\mu} z^i \\
&= \sum_{\mu=0}^{n} (-1)^\mu \binom{j}{\mu} z^\mu \sum_{i=0}^{n-j} 3^i \binom{n-j}{i} z^i \\
&= (1-z)^j (1+3z)^{n-j}
\end{aligned}
$$

所以，$\forall \omega \in \mathbb{R}$，

$$
\begin{aligned}
\sum_{i,j=0}^{n} 3^j \binom{n}{j} P_i(j) z^i \omega^j &= \sum_{j=0}^{n} \binom{n}{j} (3\omega)^j \left(\frac{1-z}{1+3z} \right)^j (1+3z)^n \\
&= (1+3z)^n \left(1 + 3\omega \cdot \frac{1-z}{1+3z} \right)^n \\
&= (1 + 3z + 3\omega - 3z\omega)^n
\end{aligned}
\tag{8.87}
$$

(8.87) 式关于 z 和 ω 是对称的，从而左边也是对称的，故有

$$\sum_{i,j=0}^{n} 3^j \binom{n}{j} P_i(j) z^i \omega^j = \sum_{i,j=0}^{n} 3^i \binom{n}{i} P_j(i) z^i \omega^j$$

因此 $3^j \binom{n}{j} P_i(j) = 3^i \binom{n}{i} P_j(i)$。

(2) 由 (1) 中证明可知

$$\sum_{r,s=0}^{n}\sum_{i=0}^{n}3^i\binom{n}{i}P_r(i)P_s(i)z^r\omega^s$$

$$=\sum_{i=0}^{n}3^i\binom{n}{i}(1-z)^i(1+3z)^{n-i}(1-\omega)^i(1+3\omega)^{n-i}$$

$$=[(1+3z)(1+3\omega)+3(1-z)(1-\omega)]^n$$

$$=(4+12z\omega)^n=4^n(1+3z\omega)^n$$

比较最后等式两边的系数得出 $\sum_{i=0}^{n}3^i\binom{n}{i}P_r(i)P_s(i)=4^n3^r\binom{n}{r}\delta_{rs}$。另一个正交性很容易由 (1) 中 $P_i(x)$ 的对称性给出。

(3) 由 $\deg(P_i(x))=i$ 可将 $f(x)$ 展开为 $\sum_{i=0}^{d}f_iP_i(x)$，再根据正交性可得

$$\sum_{j=0}^{n}f(j)P_j(i)=\sum_{j=0}^{n}P_j(i)\sum_{k=0}^{n}f_kP_k(j)$$

$$=\sum_{k=0}^{n}f_k\sum_{j=0}^{n}P_j(i)P_k(j)$$

$$=4^nf_i$$

(4) 由 MacWilliams 恒等式 $B(x,y)=\dfrac{1}{K}B^\perp\left(\dfrac{x+3y}{2},\dfrac{x-y}{2}\right)$ 知

$$\sum_{t=0}^{n}B_tx^{n-t}y^t=\frac{1}{2^k}\sum_{i=0}^{n}B_i^\perp\left(\frac{x+3y}{2}\right)^{n-i}\left(\frac{x-y}{2}\right)^i$$

$$=\frac{1}{2^{n+k}}\sum_{i=0}^{n}B_i^\perp\sum_{\lambda,\mu\geqslant 0}\binom{n-i}{\lambda}\binom{i}{\mu}x^{n-i-\lambda}(3y)^\lambda x^{i-\mu}(-y)^\mu$$

于是

$$B_t = \frac{1}{2^{n+k}} \sum_{i=0}^{n} B_i^{\perp} \sum_{\substack{\lambda,\mu>0 \\ \lambda+\mu=t}} \binom{n-i}{\lambda}\binom{i}{\mu} 3^{\lambda}(-1)^{\mu}$$

$$= \frac{1}{2^{n+k}} \sum_{i=0}^{n} B_i^{\perp} P_t(i)$$

引理证毕。   □

现在利用 Krawtchouk 多项式来估计量子码的界，这也是经典码中常用的方法。

引理 8.2   设 $f(x)$ 为实系数多项式且它关于 $P_i(x)$ 的展开式为

$$f(x) = \sum_{i=0}^{n} f_i P_i(x) \, (f_i \in \mathbb{R})$$

如果

(1) $f_i \geqslant 0$，其中 $0 \leqslant i \leqslant n$；

(2) $f(j) > 0$，其中 $0 \leqslant j \leqslant d-1$，$f(j) \leqslant 0$，其中 $d \leqslant j \leqslant n$；

那么对量子码 $Q\,[[n,2^k,d]]$，有

$$2^k \leqslant 2^{-n} \max_{0 \leqslant j \leqslant d-1} \frac{f(j)}{f_j}$$

证明   由引理 8.1 和本引理的条件可知

$$2^{n+k} \sum_{i=0}^{d-1} f_i B_i \leqslant 2^{n+k} \sum_{i=0}^{n} f_i B_i = \sum_{i=0}^{n} f_i \sum_{j=0}^{n} B_j^{\perp} P_i(j)$$

$$= \sum_{j=0}^{n} B_j^{\perp} \sum_{i=0}^{n} f_i P_i(j) = \sum_{j=0}^{n} B_j^{\perp} f(j)$$

$$\leqslant \sum_{j=0}^{d-1} B_j^{\perp} f(j)$$

$$= \sum_{j=0}^{d-1} B_j f(j) \text{ (根据定理 8.10)}$$

从而

$$2^{n+k} \leqslant \frac{\sum\limits_{j=0}^{d-1} B_j f(j)}{\sum\limits_{j=0}^{d-1} B_j f_j} \leqslant \max_{0 \leqslant j \leqslant d-1} \frac{f(j)}{f_j}$$

引理证毕。 □

定理 8.11 （量子 Singleton 界）如果对于任意量子码 $[[n, 2^k, d]]$，若 $d \leqslant \dfrac{n}{2} + 1$，则有 $k \leqslant n - 2d + 2$。

证明 考虑如下实系数多项式

$$f(x) = 4^{n-d+1} \prod_{j=d}^{n} \left(1 - \frac{x}{j}\right) = 4^{n-d+1} \frac{\binom{n-x}{n-d+1}}{\binom{n}{n-d+1}}$$

函数值 $f(j)$ 满足引理 8.2 的 (2)。下面计算 $f(x) = \sum\limits_{i \geqslant 0} f_i P_i(x)$ 中的系数 f_i。

为此，考虑

$$\sum_{\lambda=0}^{n} 3^\lambda \binom{n}{\lambda} f(\lambda) z^\lambda = \frac{4^{n-d+1}}{\binom{n}{n-d+1}} \sum_{\lambda=0}^{n} 3^\lambda \binom{n}{\lambda} \binom{n-\lambda}{n-d+1} z^\lambda$$

$$= 4^{n-d+1} \sum_{\lambda=0}^{n} \binom{d-1}{\lambda} (3z)^\lambda = 4^{n-d+1} (1 + 3z)^{d-1}$$

另外，

$$\sum_{\lambda=0}^{n} 3^\lambda \binom{n}{\lambda} f(\lambda) z^\lambda = \sum_{\lambda=0}^{n} 3^\lambda \binom{n}{\lambda} z^\lambda \sum_{i=0}^{n} f_i P_i(\lambda)$$

$$= \sum_{i,\lambda=0}^{n} 3^i \binom{n}{i} z^\lambda f_i P_\lambda(i)$$

$$= \sum_{i=0}^{n} 3^i \binom{n}{i} f_i \sum_{\lambda=0}^{n} P_\lambda(i) z^\lambda$$

$$= \sum_{i=0}^{n} 3^i \binom{n}{i} f_i (1 + 3z)^n \left(\frac{1-z}{1+3z}\right)^i$$

于是

$$\sum_{i=0}^{n} 3^i \binom{n}{i} f_i \left(\frac{1-z}{1+3z}\right)^i = \frac{4^{n-d+1}}{(1+3z)^{n-d+1}} \tag{8.88}$$

记 $\omega = \dfrac{1-z}{1+3z}$，则 $z = \dfrac{1-\omega}{1+3\omega}$，代入式 (8.88) 可得

$$\sum_{i=0}^{n} 3^i \binom{n}{i} f_i \omega^i = \frac{4^{n-d+1}}{\left(\dfrac{4}{1+3\omega}\right)^{n-d+1}} = (1+3\omega)^{n-d+1}$$

$$= \sum_{i=0}^{n-d+1} \binom{n-d+1}{i} 3^i \omega^i$$

这说明

$$f_i = \frac{\binom{n-d+1}{i}}{\binom{n}{i}} = \frac{\binom{n-i}{d-1}}{\binom{n}{d-1}}, \quad (0 \leqslant i \leqslant n)$$

并且满足引理 8.2 的 (1)。故利用引理 8.2，

$$2^k \leqslant 2^{-n} \max_{0 \leqslant j \leqslant d-1} \frac{f(j)}{f_j}$$

$$= 2^{-n} \max_{0 \leqslant j \leqslant d-1} \left\{ 4^{n-d+1} \frac{\binom{n-j}{n-d+1})\binom{n}{d-1}}{\binom{n}{n-d+1}\binom{n-j}{d-1}} \right\}$$

$$= 2^{n-2d+2} \max_{0 \leqslant j \leqslant d-1} \frac{\binom{n-j}{n-d+1}}{\binom{n-j}{d-1}}$$

令

$$g(j) = \frac{\binom{n-j}{n-d+1}}{\binom{n-j}{d-1}} \ (0 \leqslant j \leqslant d-1)$$

则当 $d \leqslant \dfrac{n}{2} + 1$ 时，

$$\frac{g(j)}{g(j+1)} = \frac{n-j-d+1}{d-1-j} \geqslant 1$$

于是有 $2^k \leqslant 2^{n-2d+2} g(0) = 2^{n-2d+2}$ 成立，定理证毕。 $\qquad\square$

定义 8.34　设 C 为量子码 $[[n, 2^k, d]]$，若 $k = n - 2d + 2$（满足量子 Singleton 界），则称 C 为量子 MDS 码。

8.9　小结

量子通信中，由于各种噪声和量子自身的相干性，极易引发量子信息出错。为了克服由此引发的信息出错，量子信息学引入了经典信息学中的信道编码体系，即通过构造信息状态的自身重复、增加冗余方法达到系统能够自动纠正出错信息的目的，确保信息无误。量子纠错编码是对抗量子消相干效应的重要手段，是保证量子计算和量子通信有效运行的关键技术。

本章从经典比特纠错出发，先介绍经典 3 比特重复码，接着重点介绍量子比特纠错的基本理论。设计编码电路和解码电路，引入校验码处理量子比特翻转和相位翻转引起的错误。给出了 Shor 码、最近邻域译码、线性码、CSS 码、稳定子码的定义及与它们相关的定理。

参考文献

[1] SHOR P W. Scheme for reducing decoherence in quantum computer memory[J]. Physical Review A, 1995, 52: R2493-R2496.

[2] CALDERBANK A R, SHOR P W. Good quantum error-correcting codes exist[J]. Physical Review A, 1996, 54: 1098-1105.

[3] STEANE A. Multiple-particle interference and quantum error correction[J]. Proceedings of the Royal Society of London. Series A: Mathematical, Physical and Engineering Sciences, 1996, 452(1954): 2551-2577.

[4] GOTTESMAN D. Stabilizer codes and quantum error correction[M]. California Institute of Technology, 1997.

[5] GOTTESMAN D. Class of quantum error-correcting codes saturating the quantum Hamming bound[J]. Physical Review A, 1996, 54: 1862-1868.

[6] CALDERBANK A R, RAINS E M, SHOR P W, et al. Quantum error correction and orthogonal geometry[J]. Physical Review Letters, 1997, 78(3): 405-408.

[7] 冯克勤，陈豪. 量子纠错码[M]. 北京: 科学出版社, 2010.